高等职业教育土木建筑大类专业系列规划教材

建筑力学

沈养中 ▣ 编 著

清华大学出版社

北 京

内 容 简 介

本书共分 12 章,内容包括:绪论、刚体静力分析基础、力系的平衡、弹性变形体静力分析基础、杆件的内力、杆件的应力与强度、杆件的变形与刚度、压杆稳定、几何组成分析、静定结构的内力、静定结构的位移、超静定结构的内力与位移。每章前有内容提要和学习要求,每章后有习题,书后附有习题参考答案。

本书可作为高等职业学校、高等专科学校、成人高校和本科院校举办的二级职业技术学院和民办高校的建筑工程类相关专业,以及道桥、市政和水利类等相关专业的建筑力学课程的教材及专升本考试用书,也可作为有关工程技术人员的参考用书。

图书在版编目(CIP)数据

建筑力学/沈养中编著. —北京:清华大学出版社,2018(2024.2重印)

(高等职业教育土木建筑大类专业系列规划教材)

ISBN 978-7-302-49642-7

Ⅰ.①建…　Ⅱ.①沈…　Ⅲ.①建筑科学-力学-高等职业教育-教材　Ⅳ.①TU311

中国版本图书馆 CIP 数据核字(2018)第 033886 号

责任编辑:杜　晓
封面设计:曹　来
责任校对:袁　芳
责任印制:沈　露

出版发行:清华大学出版社
　　　　网　　　址:https://www.tup.com.cn,https://www.wqxuetang.com
　　　　地　　　址:北京清华大学学研大厦 A 座　　　　　邮　　编:100084
　　　　社 总 机:010-83470000　　　　　　　　　　　　邮　　购:010-62786544
　　　　投稿与读者服务:010-62776969,c-service@tup.tsinghua.edu.cn
　　　　质量反馈:010-62772015,zhiliang@tup.tsinghua.edu.cn
　　　　课件下载:https://www.tup.com.cn,010-62770175-4278
印 装 者:三河市龙大印装有限公司
经　　销:全国新华书店
开　　本:185mm×260mm　　　印　　张:14.5　　　字　　数:347 千字
版　　次:2018 年 5 月第 1 版　　　　　　　　　　　　印　　次:2024 年 2 月第 4 次印刷
定　　价:45.00 元

产品编号:077751-01

前　言

　　建筑物在力和其他因素作用下，承受和传递荷载的建筑结构将产生变形，并且存在发生破坏的可能性。为确保建筑物的安全、美观与经济，必须对结构的力学行为进行分析和计算。"建筑力学"课程讲述对杆件结构的力学行为进行分析计算的理论和方法。"建筑力学"课程在土建大类各专业中是一门承上启下的十分重要的技术基础课程，它以高等数学和物理学为基础，同时又是钢筋混凝土结构、砌体结构、钢结构、房屋建筑学、结构抗震及建筑施工等后继课程的基础。建筑力学是从事建筑设计和施工的工程技术人员应该具备的必不可少的基础理论。

　　本书的宗旨是在较少的学时内，使读者掌握建筑力学的基本原理和基本方法，使读者具有分析和解决基本建筑力学问题的能力，为今后的学习和工作打下坚实的基础。

　　本书按照内力—应力和强度—变形和刚度这种常规的工程设计思路，从杆件到杆件结构、静定到超静定这种传统的认知过程进行内容的编排。

　　本书的特色是少而精。力求精选传统内容，深入浅出，通俗易懂，强调基本概念，重视宏观分析，理论推导从简或略去，降低计算难度，突出工程应用，注重职业技能和素质的培养。

　　本书由江苏建筑职业技术学院沈养中编著，课件由河北水利电力学院李桐栋、郭玉霞制作。

　　本书由同济大学博士生导师张若京教授审阅。他对书稿提出了许多宝贵意见，对此，编著者表示衷心的感谢。在本书的编写过程中，许多同行提出了很好的意见和建议，在此一并表示衷心的感谢。

　　鉴于编著者水平有限，书中难免会有不妥之处，敬请同行和广大读者批评、指正。

沈养中

2018 年 1 月

目　录

第 1 章　绪论·· 1
　1.1　建筑力学的研究对象 ································ 1
　　1.1.1　结构的概念·· 1
　　1.1.2　结构的分类·· 2
　　1.1.3　建筑力学的主要研究对象················ 4
　1.2　建筑力学的研究任务 ································ 4
　　1.2.1　静力分析的概念······························· 4
　　1.2.2　结构正常工作的基本要求················· 5
　　1.2.3　建筑力学的基本研究任务················· 5
　习题·· 6

第 2 章　刚体静力分析基础·························· 7
　2.1　刚体与变形体 ································ 7
　2.2　力的概念和性质 ································ 8
　　2.2.1　力的概念·· 8
　　2.2.2　静力学公理·· 9
　　2.2.3　三力平衡汇交定理 ··························· 10
　　2.2.4　汇交力系的合成 ······························ 11
　2.3　力对点之矩·· 11
　　2.3.1　力矩的概念 ···································· 11
　　2.3.2　合力矩定理···································· 11
　　2.3.3　力矩的计算 ···································· 11
　2.4　力偶的概念和性质······························· 12
　　2.4.1　力偶的概念···································· 12
　　2.4.2　力偶矩的计算 ································ 13
　　2.4.3　力偶的性质 ···································· 13
　　2.4.4　平面力偶系的合成 ························· 13
　2.5　约束与约束力·· 14
　　2.5.1　约束与约束力的概念······················ 14
　　2.5.2　工程中常见的约束与约束力 ············· 14

2.6 结构的计算简图 ··· 17
2.6.1 结构计算简图的概念 ·························· 17
2.6.2 杆件结构的简化 ······························· 17
2.7 受力分析与受力图 ······································· 20
2.7.1 画受力图的步骤 ······························· 20
2.7.2 画受力图的注意事项 ·························· 23
习题 ··· 23

第3章 力系的平衡 ·· 26
3.1 平面力系向一点的简化 ································· 26
3.1.1 平面力系的概念 ······························· 26
3.1.2 力的平移定理 ·································· 27
3.1.3 平面力系向一点简化的结果 ················· 28
3.1.4 力在坐标轴上的投影 ·························· 28
3.1.5 主矢和主矩的计算 ···························· 30
3.1.6 平面力系向一点简化结果的讨论 ············ 30
3.2 平面力系的平衡方程及其应用 ······················ 30
3.2.1 平面力系的平衡方程 ·························· 30
3.2.2 平面力系平衡方程的应用 ···················· 33
3.2.3 平面力系的几个特殊情形 ···················· 33
3.2.4 物体系统的平衡问题 ·························· 37
习题 ··· 39

第4章 弹性变形体静力分析基础 ···························· 42
4.1 变形固体的基本假设 ···································· 42
4.2 内力与应力 ·· 43
4.2.1 内力的概念 ···································· 43
4.2.2 截面法 ··· 44
4.2.3 应力的概念 ···································· 45
4.3 变形与应变 ·· 46
4.3.1 应变的概念 ···································· 46
4.3.2 应力与应变的关系 ···························· 46
4.4 杆件变形的形式 ·· 47
4.4.1 基本变形 ······································· 47
4.4.2 组合变形 ······································· 48
4.5 材料在拉压时的力学性能 ······························ 48
4.5.1 材料在拉伸时的力学性能 ···················· 48
4.5.2 材料在压缩时的力学性能 ···················· 51
4.5.3 极限应力、许用应力和安全因数 ············· 52

习题 ……………………………………………………………………………………………… 52

第 5 章　杆件的内力 ……………………………………………………………………… 54

5.1　杆件在拉压时的内力 ………………………………………………………………… 54

5.1.1　拉压的工程实例和计算简图 ………………………………………………… 54

5.1.2　轴力和轴力图 ………………………………………………………………… 55

5.2　杆件在扭转时的内力 ………………………………………………………………… 57

5.2.1　扭转的工程实例和计算简图 ………………………………………………… 57

5.2.2　外力偶矩的计算 ……………………………………………………………… 57

5.2.3　扭矩和扭矩图 ………………………………………………………………… 58

5.3　杆件在弯曲时的内力 ………………………………………………………………… 60

5.3.1　弯曲的工程实例和计算简图 ………………………………………………… 60

5.3.2　剪力和弯矩 …………………………………………………………………… 62

5.3.3　剪力图和弯矩图 ……………………………………………………………… 65

习题 ……………………………………………………………………………………………… 73

第 6 章　杆件的应力与强度 ……………………………………………………………… 76

6.1　杆件在拉压时的应力与强度 ………………………………………………………… 76

6.1.1　拉压杆横截面上的正应力 …………………………………………………… 76

6.1.2　拉压杆的强度计算 …………………………………………………………… 77

6.2　圆轴在扭转时的应力与强度 ………………………………………………………… 79

6.2.1　圆轴在扭转时横截面上的切应力 …………………………………………… 79

6.2.2　圆轴的扭转强度计算 ………………………………………………………… 80

6.3　梁在弯曲时的应力与强度 …………………………………………………………… 82

6.3.1　梁在弯曲时横截面上的正应力 ……………………………………………… 82

6.3.2　梁在弯曲时横截面上的切应力 ……………………………………………… 84

6.3.3　梁的弯曲强度计算 …………………………………………………………… 86

6.3.4　提高梁弯曲强度的主要措施 ………………………………………………… 89

6.4　杆件在组合变形时的应力与强度 …………………………………………………… 91

6.4.1　组合变形的工程实例和分析方法 …………………………………………… 91

6.4.2　斜弯曲 ………………………………………………………………………… 92

6.4.3　压缩(拉伸)与弯曲 …………………………………………………………… 94

6.4.4　偏心压缩(拉伸) ……………………………………………………………… 95

6.5　连接件的剪切与挤压强度 …………………………………………………………… 97

6.5.1　工程中的连接和连接件 ……………………………………………………… 97

6.5.2　连接件的剪切强度计算 ……………………………………………………… 97

6.5.3　连接件的挤压强度计算 ……………………………………………………… 98

习题 ……………………………………………………………………………………………… 100

第7章　杆件的变形与刚度 ··· 105

　7.1　杆件在拉压时的变形 ··· 105

　　7.1.1　纵向变形 ··· 105

　　7.1.2　胡克定律 ··· 106

　　7.1.3　横向变形 ··· 107

　7.2　圆轴在扭转时的变形与刚度 ··· 108

　　7.2.1　圆轴在扭转时的变形 ·· 108

　　7.2.2　圆轴的扭转刚度计算 ·· 108

　7.3　梁在弯曲时的变形与刚度 ··· 109

　　7.3.1　用积分法求梁在弯曲时的变形 ·· 109

　　7.3.2　用叠加法求梁在弯曲时的变形 ·· 112

　　7.3.3　梁的弯曲刚度计算 ··· 113

　习题 ··· 114

第8章　压杆稳定 ·· 116

　8.1　压杆稳定的概念 ··· 116

　8.2　压杆的临界力与临界应力 ·· 117

　　8.2.1　细长压杆的临界力 ··· 117

　　8.2.2　压杆的临界应力 ··· 120

　8.3　压杆的稳定校核 ·· 121

　　8.3.1　安全因数法和折减因数法 ·· 121

　　8.3.2　提高压杆稳定性的主要措施 ·· 124

　习题 ··· 126

第9章　几何组成分析 ·· 127

　9.1　概述 ·· 127

　　9.1.1　几何不变体系和几何可变体系 ·· 127

　　9.1.2　几何组成分析的目的 ·· 128

　　9.1.3　刚片、自由度和约束的概念 ··· 128

　9.2　几何不变体系的基本组成规则 ··· 130

　　9.2.1　基本组成规则 ··· 130

　　9.2.2　对瞬变体系的进一步分析 ·· 132

　9.3　几何组成分析举例 ·· 133

　9.4　体系的几何组成与静定性的关系 ·· 135

　9.5　平面杆件结构的分类 ··· 135

　习题 ··· 137

第10章　静定结构的内力 ·· 138

　10.1　多跨静定梁 ·· 138

10.1.1　多跨静定梁的工程实例和计算简图 …………………………… 138

10.1.2　多跨静定梁的内力计算和内力图绘制 ………………………… 139

10.2　静定平面刚架 ……………………………………………………………… 141

10.2.1　静定平面刚架的工程实例和计算简图 …………………………… 141

10.2.2　静定平面刚架的内力计算和内力图绘制 ………………………… 142

10.3　静定平面桁架 ……………………………………………………………… 144

10.3.1　静定平面桁架的工程实例和计算简图 …………………………… 144

10.3.2　静定平面桁架的内力计算 ………………………………………… 146

10.4　静定平面组合结构 ………………………………………………………… 149

10.4.1　静定平面组合结构的工程实例和计算简图 ……………………… 149

10.4.2　静定平面组合结构的内力计算和内力图绘制 …………………… 150

10.5　三铰拱 ……………………………………………………………………… 152

10.5.1　三铰拱的工程实例和计算简图 …………………………………… 152

10.5.2　三铰拱的内力计算 ………………………………………………… 153

10.5.3　合理拱轴的概念 …………………………………………………… 156

习题 …………………………………………………………………………………… 157

第 11 章　静定结构的位移 …………………………………………………………… 160

11.1　概述 ………………………………………………………………………… 160

11.1.1　位移的概念 ………………………………………………………… 160

11.1.2　位移计算的目的 …………………………………………………… 161

11.2　静定结构在荷载作用下的位移计算 ……………………………………… 161

11.2.1　荷载作用下的位移计算公式 ……………………………………… 161

11.2.2　几种典型结构的位移计算公式 …………………………………… 162

11.2.3　虚拟力状态的设置 ………………………………………………… 164

11.3　图乘法 ……………………………………………………………………… 165

11.3.1　图乘法的适用条件和图乘公式 …………………………………… 165

11.3.2　图乘计算中的几个问题 …………………………………………… 166

习题 …………………………………………………………………………………… 172

第 12 章　超静定结构的内力与位移 ………………………………………………… 174

12.1　概述 ………………………………………………………………………… 174

12.1.1　超静定结构的概念 ………………………………………………… 174

12.1.2　超静定次数的确定 ………………………………………………… 175

12.2　力法 ………………………………………………………………………… 177

12.2.1　力法的基本原理 …………………………………………………… 177

12.2.2　力法的典型方程 …………………………………………………… 179

12.2.3　力法的计算步骤 …………………………………………………… 179

12.2.4　超静定结构的位移计算 …………………………………………… 182

12.3 位移法……………………………………………………………… 184
　　12.3.1 位移法的基本原理……………………………………… 184
　　12.3.2 位移法的典型方程……………………………………… 188
　　12.3.3 位移法的计算步骤……………………………………… 190
12.4 力矩分配法………………………………………………………… 193
　　12.4.1 力矩分配法的基本原理………………………………… 193
　　12.4.2 单结点的力矩分配法…………………………………… 196
　　12.4.3 多结点的力矩分配法…………………………………… 198
习题………………………………………………………………………… 201

参考文献…………………………………………………………………… 205

附录 1　型钢规格表（GB/T 706—2016）………………………………… 206

附录 2　习题参考答案…………………………………………………… 215

第1章 绪论

内容提要

本章介绍结构的概念及其分类,建筑力学的研究对象和任务。

学习要求

1. 了解结构的概念和分类,了解建筑力学的主要研究对象。
2. 了解平衡状态和平衡力系等概念。
3. 了解结构的静力分析、强度、刚度、稳定性和几何组成的概念,了解建筑力学的基本研究任务。

1.1 建筑力学的研究对象

1.1.1 结构的概念

建筑工程中的各类建筑物,在建造及使用过程中都要承受各种力的作用。工程中习惯把主动作用于建筑物上的外力称为**荷载**。例如重力、风压力、水压力、土压力、车辆对桥梁的作用力和地震对建筑物的作用力等都属于荷载。在建筑物中承受和传递荷载而起骨架作用的部分或体系称为**建筑结构**,简称**结构**。最简单的结构可以是一根梁或一根柱,例如图1.1中的吊车梁、柱等。但往往一个结构是由多个结构元件所组成的,这些结构元件称为**构件**。

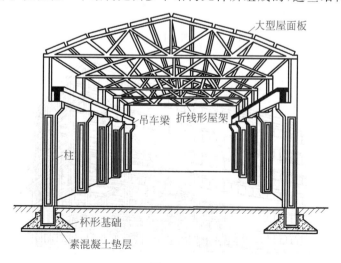

图 1.1

图 1.1 所示为由屋架、柱、吊车梁、屋面板及基础等构件组成的单层工业厂房结构。

1.1.2 结构的分类

1. 按几何特征分类

工程中一般结构按几何特征分为杆件结构[图 1.2(a)]、板壳结构[图 1.2(b)、(c)]和实体结构[图 1.2(d)]。

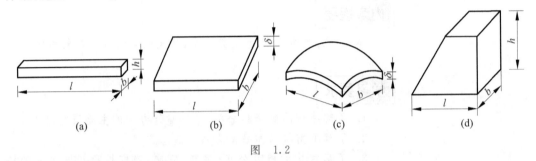

图 1.2

1) 杆件结构

由杆件组成的结构称为**杆件结构**。杆件的几何特征是它的长度 l 远大于其横截面的宽度 b 和高度 h[图 1.2(a)]。**横截面和轴线**是杆件的两个主要几何因素,前者指的是垂直于杆件长度方向的截面,后者则为所有横截面形心的连线(图 1.3)。若杆件的轴线为直线,则称为**直杆**,所有横截面都相同的直杆称为**等直杆**[图 1.3(a)];若为曲线,则称为**曲杆**[图 1.3(b)]。图 1.1 所示单层工业厂房、图 1.4 所示房屋框架、图 1.5 所示楼盖中主次梁、图 1.6 所示桥梁和图 1.7 所示钢筋混凝土屋架等都是杆件结构。

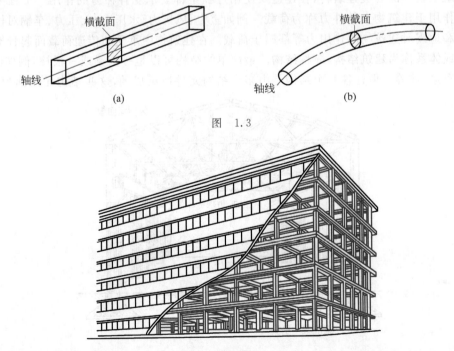

图 1.3

图 1.4

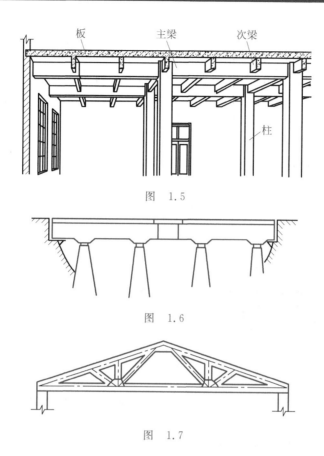

图　1.5

图　1.6

图　1.7

2) 板壳结构

由薄板或薄壳组成的结构称为**板壳结构**。薄板和薄壳的几何特征是它们的长度 l 和宽度 b 远大于其厚度 δ[图 1.2(b)、(c)]。当构件为平面状时称为薄板[图 1.2(b)]；当构件为曲面状时称为薄壳[图 1.2(c)]。板壳结构也称为**薄壁结构**。图 1.5 所示楼盖中的平板就是薄板，图 1.8 所示蓄水池是由平板和柱壳组成的板壳结构，图 1.9 和图 1.10 所示屋顶分别是三角形折板结构和长筒壳结构，图 1.11 所示体育馆屋顶是薄壳结构。

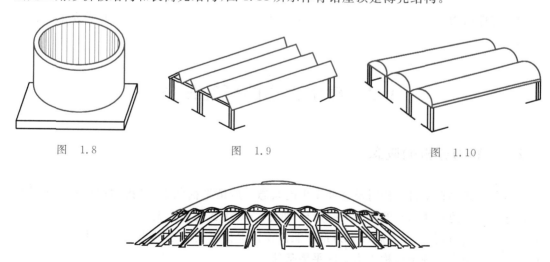

图　1.8　　　　　　　　　图　1.9　　　　　　　　　图　1.10

图　1.11

3）实体结构

如果结构的长 l、宽 b、高 h 三个尺度为同一量级，则称为**实体结构**[图 1.2(d)]。例如挡土墙（图 1.12）、水坝和块形基础等都是实体结构。

除了上面三类结构外，在工程中还会遇到悬索结构（图 1.13）、充气结构等其他类型的结构。

2. 按空间特征分类

1）平面结构

组成结构的所有构件的轴线及外力都在同一平面内的结构称为**平面结构**（图 1.6、图 1.7、图 1.13）。

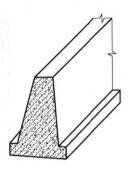

图 1.12

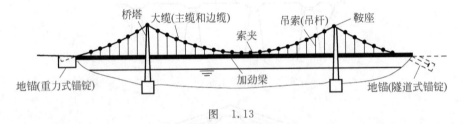

图 1.13

2）空间结构

组成结构的所有构件的轴线及外力不在同一平面内的结构称为**空间结构**（图 1.1、图 1.4、图 1.5、图 1.8～图 1.12）。

实际结构都是空间的，但在计算时，根据其实际受力特点，有许多可简化为平面结构来处理，例如图 1.1 所示厂房结构（参看第 2 章 2.6 节）。但有些空间结构不能简化为平面结构，必须按空间结构来分析。

1.1.3　建筑力学的主要研究对象

在建筑工程中，杆件结构是应用最为广泛的结构形式。杆件结构可分为**平面杆件结构**和**空间杆件结构**两类。建筑力学的主要研究对象是杆件结构。本课程主要研究平面杆件结构。

1.2　建筑力学的研究任务

1.2.1　静力分析的概念

各种建筑物在正常工作时总是处于**平衡状态**。所谓平衡状态，是指物体相对于地球处于静止或做匀速直线运动的状态。一般地，处于平衡状态的物体上所受的力不止一个而是若干个，我们把这若干个力总称为**力系**。能使物体保持平衡状态的力系称为**平衡力系**。平衡力系所必须满足的条件称为力系的**平衡条件**。

结构在荷载作用下处于平衡状态,作用于结构及各构件上的外力构成了各种力系。建筑力学首先要研究各种力系的简化及平衡条件。根据这些平衡条件,可以由作用于结构上的已知力求出各未知力,这个过程称为**静力分析**。静力分析是对结构和构件进行力学计算的基础。

1.2.2 结构正常工作的基本要求

结构的主要作用是承受和传递荷载。在荷载作用下,结构的各构件内部会产生内力并伴有变形。要使建筑物按预期功能正常工作,结构必须满足以下基本要求。

(1) 结构和构件应具有足够的**强度**。所谓强度,是指结构和构件抵抗破坏的能力。如果结构在预定荷载作用下能安全工作而不破坏,则认为它满足了强度要求。

(2) 结构和构件应具有足够的**刚度**。所谓刚度,是指结构和构件抵抗变形的能力。一个结构受荷载作用,虽然有了足够的强度,但变形过大,也会影响正常使用。例如屋面檩条变形过大,屋面会漏水;吊车梁变形过大,吊车就不能正常行驶。如果结构在荷载作用下的变形在正常使用允许的范围内,则认为它满足了刚度要求。

(3) 结构和构件应具有足够的**稳定性**。所谓稳定性,是指结构和构件保持原有形状平衡状态的能力。例如受压的细长柱,当压力增大到一定数值时,柱就不能维持原有直线形状的平衡状态,就会突然弯曲,从而导致结构破坏,这种现象称为**丧失稳定性**。如果结构的各构件在荷载作用下能够保持其原有形状的平衡状态,则认为它满足了稳定性要求。

(4) 构件必须按一定几何组成规律组成结构,以确保在预定荷载作用下,结构能维持其原有的几何形状。

1.2.3 建筑力学的基本研究任务

结构和构件的强度、刚度和稳定性,与其本身的几何形状、尺寸大小、所用材料、荷载情况以及工作环境等都有着非常密切的关系。一般地,为构件选用较好的材料和较大的截面尺寸,那么强度、刚度和稳定性的要求是可以满足的,但是这样做可能造成材料的浪费和结构的笨重。由此可见,结构的安全性与经济性之间是存在矛盾的。建筑力学就是为解决这一矛盾而形成的科学。

综合上述,建筑力学的基本研究任务就是研究结构的强度、刚度和稳定性问题,为此提供相关的计算方法和实验技术,为构件选择合适的材料、合理的截面形式和尺寸,以及研究结构的几何组成规律和合理形式,以确保安全和经济两方面的要求。

建筑力学是建筑工程类专业的一门重要的技术基础课程,是研究建筑结构力学计算理论和方法的科学,也是从事建筑设计和施工的工程技术人员应具备的必不可少的基础理论。

习 题

1.1 何谓结构？结构按其几何特征可分为几类？结构按其空间特征可分为几类？建筑力学的主要研究对象是哪类结构？

1.2 试举出几个结构的实例。

1.3 什么是静力分析？

1.4 结构正常工作必须满足哪些基本要求？

1.5 建筑力学的基本研究任务是什么？

第2章 刚体静力分析基础

内容提要

本章介绍刚体与变形体的概念,力的概念和性质,力矩的概念和计算,力偶的概念和性质,约束与约束力的概念,工程中常见的约束与约束力,结构的计算简图,物体的受力分析与受力图。这些内容构成了刚体静力分析的基础。

学习要求

1. 了解刚体和变形体的概念,理解力的概念和性质,理解力矩的概念,熟练掌握力矩的计算,理解力偶的概念和性质。
2. 理解约束与约束力的概念,掌握工程中常见约束的性质、简化表示和约束力的画法。
3. 了解结构计算简图的概念,掌握杆件结构计算简图的选取方法。
4. 熟练掌握物体的受力分析,正确画出受力图。

2.1 刚体与变形体

所谓**刚体**是指在外力的作用下,其内部任意两点之间的距离始终保持不变的物体。这是一个理想化的**力学模型**。实际上物体在受到外力作用时,其内部各点间的相对距离都要发生改变,从而引起物体形状和尺寸的改变,即物体产生了变形。当物体的变形很小时,变形对研究物体的平衡和运动规律的影响很小,可以略去不计,这时可把物体抽象为刚体,从而使问题的研究大为简化。但当研究的问题与物体的变形密切相关时,即使是极其微小的变形也必须加以考虑,这时就必须把物体抽象为**变形体**这一力学模型。例如,在研究结构或构件的平衡问题时,我们可以把它们视为刚体;而在研究结构或构件的强度、刚度和稳定性问题时,虽然结构或构件的变形非常微小,但必须把它们看作变形体。

2.2　力的概念和性质

2.2.1　力的概念

1. 力的定义

力是物体间相互的机械作用,这种作用使物体的运动状态或形状发生改变。

人们在生活和生产中,由于对肌肉紧张收缩的感觉,逐渐产生了对力的感性认识。后又逐渐认识到:物体运动状态和形状的改变,都是由于其他物体对该物体施加力的结果。这些力有的是通过物体间的直接接触产生的,例如机车牵引车厢的拉力、物体之间的压力、摩擦力等;有的是通过"场"对物体的作用,例如地球引力场对物体产生的重力、电场对电荷产生的引力或斥力等。虽然物体间这些相互作用力的来源和产生的物理本质不同,但它们对物体作用的结果都是使物体的运动状态或形状发生改变。因此,将它们概括起来加以抽象而形成了"力"的概念。

2. 力的效应

力对物体的作用结果称为**力的效应**。力使物体运动状态(速度)发生改变的效应称为**运动效应**或**外效应**;力使物体的形状发生改变的效应称为**变形效应**或**内效应**。

力的运动效应又分为**移动效应**和**转动效应**两种。例如,球拍作用于乒乓球上的力如果不通过球心,则球在向前运动的同时还绕球心旋转。前者为移动效应,后者为转动效应。

3. 力的三要素

实践表明,力对物体的效应取决于力的大小、方向和作用点,称之为**力的三要素**。

在国际单位制(SI)中,力的大小的单位为 N(牛顿)或 kN(千牛顿)。

力的方向包含方位和指向。例如,力的方向是"铅直向下","铅直"是力的方位,"向下"则是力的指向。

力的作用点是指力在物体上的作用位置。实际上,力总是作用在一定的面积或体积范围内,是**分布力**。但当力作用的范围与物体相比很小以至于可以忽略其大小时,就可近似地看成一个点。作用于一点上的力称为**集中力**。

当力分布在一定的体积内时,称为**体分布力**,例如物体自身的重力;当力分布在一定面积上时,称为**面分布力**,例如水对容器壁的压力;当力沿狭长面积或体积分布时,称为**线分布力**,例如细长梁的重力。分布力的大小用**力的集度**表示。体分布力集度的单位为 N/m^3 或 kN/m^3;面分布力集度的单位为 N/m^2 或 kN/m^2;线分布力集度的单位为 N/m 或 kN/m。

4. 力的表示

力既有大小又有方向,因而力是矢量。

(1) 集中力可用带箭头的直线段表示(图 2.1)。该线段的长度按一定比例尺绘出表示力的大小;线段的箭头指向表示力的方向;线段的始端[图 2.1(a)]或终端[图 2.1(b)]表示力的作用点。通过力的作用点 A 并沿着力的方位的直线,称为**力的作**

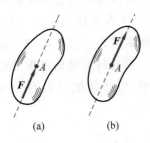

(a)　　　(b)

图　2.1

用线。规定用黑体字母 **F** 表示力,而用普通字母 F 表示力的大小。

(2) 分布力的集度通常用 q 表示。若 q 为常量,则该分布力称为**均布力**;否则,就称为**非均布力**。图 2.2(a)表示作用于楼板上的向下的面分布力;图 2.2(b)表示搁置在墙上的梁沿其长度方向作用着向下的线分布力,其集度 $q=2\text{kN/m}$;它们都是均布力。图 2.2(c)表示作用于挡土墙单位长度墙段上的土压力,图 2.2(d)表示作用于地下室外墙单位长度墙段上的土压力和地下水压力,它们都是非均布的线分布力。

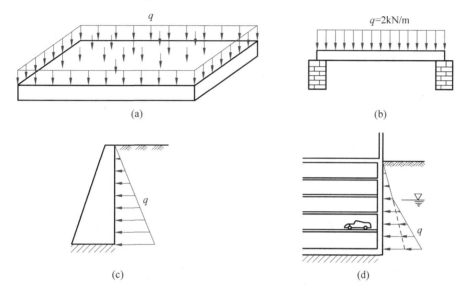

图 2.2

5. 等效力系和合力的概念

作用于一个物体上的若干个力称为**力系**。如果两个力系对物体的运动效应完全相同,则该两力系称为**等效力系**。如果一个力与一个力系等效,则此力称为该力系的**合力**,而该力系中的各力称为合力的**分力**。

2.2.2 静力学公理

静力学公理是人们从长期的观察和实践中总结出来,又经过实践的反复检验,证明是符合客观实际的普遍规律。它们是研究力系简化和平衡的基本依据。现介绍如下。

1. 二力平衡公理

作用于同一刚体上的两个力使刚体保持平衡的充分必要条件是这两个力大小相等、方向相反、作用在同一直线上。

受两个力作用处于平衡的构件称为**二力构件**。

2. 加减平衡力系公理

在作用于刚体上的任一已知力系中,加上或减去任一平衡力系,并不改变原力系对刚体的效应。

由上述公理可得如下推论:作用于刚体上的力可沿其作用线移动到该刚体上任一点,而不改变此力对刚体的效应。这一推论称为力的可传性原理。

必须指出,上面两个公理只适用于刚体,不适用于变形体。例如,绳索的两端若受到大小相等、方向相反、沿同一直线的两个压力的作用,则其不会平衡[图 2.3(a)];变形杆在平衡力系 F_1、F_2 作用下产生拉伸变形[图 2.3(b)],若除去这一对平衡力,则杆就不会发生变形;若将力 F_1、F_2 分别沿作用线移到杆的另一端,则杆将产生压缩变形[图 2.3(c)]。

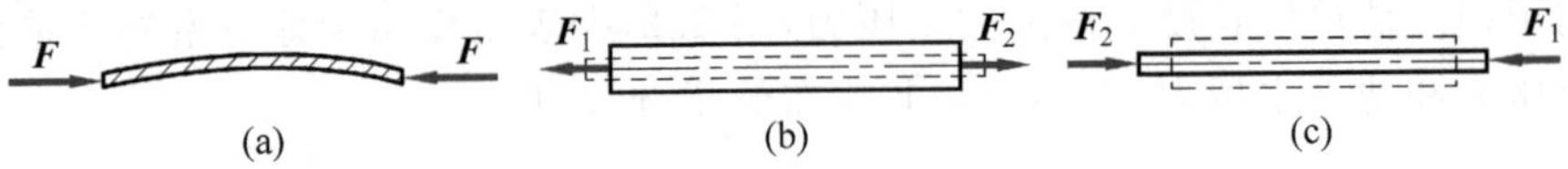

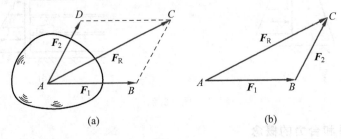

图　2.3

3. 力的平行四边形法则

作用于物体上同一点的两个力,可以合成为一个合力。合力的作用点仍在该点,合力的大小和方向由以这两个力为邻边构成的平行四边形的对角线所表示的矢量来确定[图 2.4(a)],即

$$F_R = F_1 + F_2$$

有时为了方便,可由 A 点作矢量 F_1,再由 F_1 的末端 B 作矢量 F_2,则矢量 $\overrightarrow{AC}$ 即为合力 F[图 2.4(b)]。这种求合力的方法称为力的三角形法则。

图　2.4

4. 作用与反作用定律

两物体间相互作用的力总是大小相等、方向相反、沿同一直线,分别作用于该两物体上。

5. 刚化原理

如果把在某一力系作用下处于平衡状态的变形体刚化为刚体,则该物体的平衡状态不会改变。

由此可知,作用于刚体上的力系所必须满足的平衡条件,在变形体平衡时也同样必须遵守。但刚体的平衡条件是变形体平衡的必要条件,而非充分条件。

2.2.3　三力平衡汇交定理

由静力学公理容易证明:当刚体受三个力作用而平衡时,若其中两个力的作用线相交于一点,则第三个力的作用线也通过该交点,且此三个力的作用线在同一平面内(图 2.5)。

必须指出,三力平衡汇交定理给出的是不平行的三个力平衡的必要条件,而不是充分条件,即该定理的逆定理不

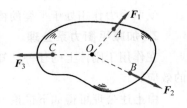

图　2.5

一定成立。

2.2.4 汇交力系的合成

作用于物体上同一点的 n 个力 $F_1,F_2,\cdots,F_n$ 组成的力系,称为**汇交力系**。

由力的平行四边形法则,采用两两合成的方法(图 2.6),汇交力系可合成为一个合力 F_R,合力等于力系中各力的矢量和,即

$$F_R = F_1 + F_2 + \cdots + F_n = \sum F_i \quad (2.1)$$

合力的作用线通过汇交点。

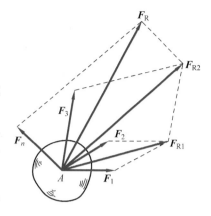

图 2.6

2.3 力对点之矩

2.3.1 力矩的概念

用扳手拧紧螺母时,作用于扳手上的力 F 使扳手绕 O 点转动(图 2.7),其转动效应不仅与力的大小和方向有关,而且与 O 点到力作用线的距离 d 有关。因此,将乘积 Fd 冠以适当的正负号,称为力 F 对 O 点之矩,简称**力矩**,它是力 F 使物体绕 O 点转动效应的度量,用 $M_O(F)$(或在不致产生误解的情况下简写成 M_O)表示,即

$$M_O(F) = \pm Fd \quad (2.2)$$

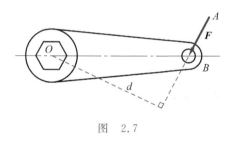

图 2.7

O 点称为**矩心**,d 称为**力臂**。式中的正负号用来区别力 F 使物体绕 O 点转动的方向,并规定:力 F 使物体绕 O 点逆时针转动时为正,反之为负。

由式(2.2)可知,当力等于零或力的作用线通过矩心时力矩等于零。

力矩的单位为 N·m 或 kN·m。

2.3.2 合力矩定理

对于有合力的力系,可以证明:合力对平面内任一点之矩等于各分力对同一点之矩的代数和,即

$$M_O(F_R) = M_O(F_1) + M_O(F_2) + \cdots + M_O(F_n) = \sum M_O(F_i) \quad (2.3)$$

这就是**合力矩定理**。

2.3.3 力矩的计算

力矩的计算有以下两种方法。

（1）按定义计算。利用式（2.2），找力臂、求乘积、定符号。

（2）利用合力矩定理计算。将力分解为两个力臂已知或易于求出的分力，然后利用合力矩定理计算。在许多情况中，这种方法较为简便。

【例2.1】 挡土墙（图2.8）重 $W_1=30\text{kN}$、$W_2=60\text{kN}$，所受土压力的合力 $F=40\text{kN}$。试问该挡土墙是否会绕 A 点向左倾倒？

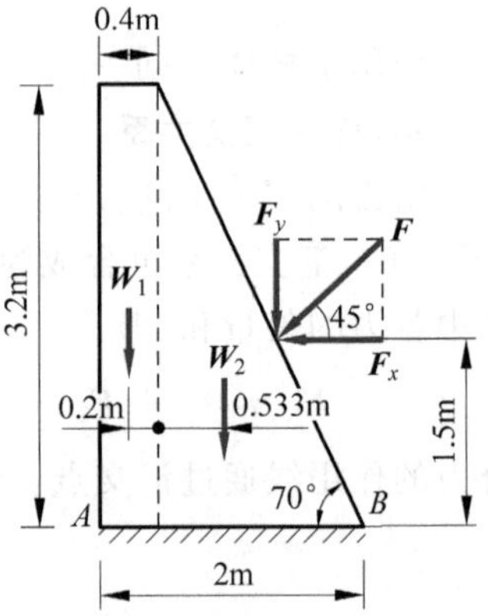

【解】 计算各力对 A 点的力矩：

$M_A(W_1)=-W_1\times0.2\text{m}=-30\text{kN}\times0.2\text{m}=-6\text{kN}\cdot\text{m}$

$M_A(W_2)=-W_2\times(0.4+0.533)\text{m}=-60\text{kN}\times0.933\text{m}$

$\qquad\qquad=-56\text{kN}\cdot\text{m}$

$M_A(F)=M_A(F_x)+M_A(F_y)$

$\qquad\quad=F\cos45°\times1.5\text{m}-F\sin45°\times(2-1.5\cot70°)\text{m}$

$\qquad\quad=40\text{kN}\times0.707\times1.5\text{m}-40\text{kN}\times0.707\times1.454\text{m}$

$\qquad\quad=42.42\text{kN}\cdot\text{m}-41.12\text{kN}\cdot\text{m}=1.3\text{kN}\cdot\text{m}$

其中力 F 对 A 点的力矩是根据合力矩定理计算的。

各力对 A 点力矩的代数和为

$$M_A=M_A(W_1)+M_A(W_2)+M_A(F)$$

$$=-6\text{kN}\cdot\text{m}-56\text{kN}\cdot\text{m}+1.3\text{kN}\cdot\text{m}$$

$$=-60.7\text{kN}\cdot\text{m}$$

负号表示各力使挡土墙绕 A 点作顺时针转动，即挡土墙不会绕 A 点向左倾倒。

挡土墙的重力以及土压力的竖向分力对 A 点的力矩是使墙体稳定的力矩，而土压力的水平分力对 A 点的力矩是使墙体倾覆的力矩。

图 2.8

2.4 力偶的概念和性质

2.4.1 力偶的概念

在日常生活和工程中，经常会遇到物体受大小相等、方向相反、作用线互相平行的两个力作用的情形。例如，汽车司机用双手转动方向盘[图2.9(a)]，钳工用丝锥攻螺纹[图2.9(b)]等。实践证明，这样的两个力 F、F' 对物体只产生转动效应，而不产生移动效应。把这种由

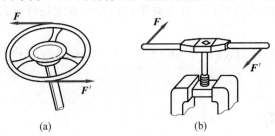

(a)　　　　　　　　(b)

图 2.9

两个大小相等、方向相反且不共线的平行力组成的力系称为**力偶**,用符号(F,F')表示。

力偶所在的平面称为**力偶的作用面**,力偶的两个力作用线间的距离称为**力偶臂**。

2.4.2 力偶矩的计算

在力偶作用面内任取一点 O 为矩心(图2.10),设 O 点与力 F 的距离为 x,力偶臂为 d,则力偶的两个力对 O 点之矩的和为

$$M_O(F) + M_O(F') = -F(x+d) + F'x = Fd$$

这一结果与 O 点的位置无关。因此,将力偶的力 F 与力偶臂 d 的乘积冠以适当的正负号,作为力偶对物体转动效应的度量,称为**力偶矩**,用 M 表示,即

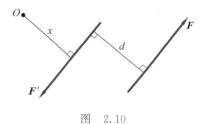

$$M = \pm Fd \qquad (2.4)$$

式中的正负号规定为:力偶的转向是逆时针时为正,反之为负。

图 2.10

力偶矩的单位与力矩的单位相同。

实践表明,力偶对物体的转动效应决定于力偶矩的大小、转向和力偶作用面的方位,这三者称为**力偶的三要素**。

2.4.3 力偶的性质

力偶作为一种特殊力系,具有如下独特的性质。

(1)力偶对物体不产生移动效应,因此力偶没有合力。一个力偶既不能与一个力等效,也不能和一个力平衡。力与力偶是表示物体间相互机械作用的两个基本元素。

(2)作用于刚体的同一平面内的两个力偶等效的充分必要条件是力偶矩彼此相等。

(3)只要力偶矩保持不变,力偶可在其作用面内任意搬移,或者可以同时改变力偶中的力的大小和力偶臂的长短,力偶对刚体的效应不变。

由上可见,力偶除了用其力和力偶臂表示外[图2.11(a)],也可以用力偶矩表示[图2.11(b)、(c)]。图中箭头表示力偶矩的转向,M 则表示力偶矩的大小。

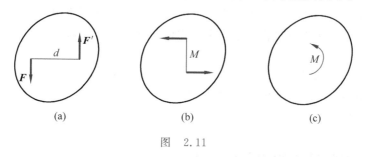

(a)　　　　　　　　(b)　　　　　　　　(c)

图 2.11

2.4.4 平面力偶系的合成

设在刚体的某平面内作用有两个力偶 M_1 和 M_2[图2.12(a)],力偶 M_1 为逆时针转向,

其矩 M_1 为正值；力偶 M_2 为顺时针转向，其矩 M_2 为负值。任选一线段 $AB=d$ 作为公共力偶臂，将力偶 M_1、M_2 搬移，并把力偶中的力分别改变为[图 2.12(b)]

$$F_1 = F_1' = \frac{M_1}{d}, \quad F_2 = F_2' = -\frac{M_2}{d}$$

根据力偶的性质(3)，图 2.12(a)与图 2.12(b)是等效的。设 $\boldsymbol{F}_1$ 与 $\boldsymbol{F}_2$ 的合力为 $\boldsymbol{F}_R$，$\boldsymbol{F}_1'$ 与 $\boldsymbol{F}_2'$ 的合力为 $\boldsymbol{F}_R'$[图 2.12(c)]，于是，力偶 M_1 与 M_2 可合成为一个合力偶，其矩为

$$M = F_R d = (F_1 - F_2)d = M_1 + M_2$$

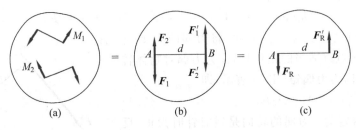

图　2.12

若有 n 个力偶作用于刚体的某一平面内，这种力系称为**平面力偶系**。采用上面的方法合成，平面力偶系可合成为一个合力偶，合力偶的矩等于力偶系中各力偶矩的代数和，即

$$M = M_1 + M_2 + \cdots + M_n = \sum M_i \tag{2.5}$$

2.5　约束与约束力

2.5.1　约束与约束力的概念

在空间可做任意运动的物体称为**自由体**。例如在空中飞行的飞机、火箭。如果物体受到某种限制，在某些方向不能自由运动，那么这样的物体称为非**自由体**。例如放在桌面上的书，它受到桌面的限制不能向下运动。阻碍非自由体运动的限制条件称为**约束**。通常，限制条件是由非自由体周围的其他物体构成，因而也将阻碍非自由体运动的周围物体称为约束。上述的桌面就是书的约束。

约束必然对物体作用一定的力以阻碍物体运动，这种力称为**约束力**，有时也称为**约束反力**（简称为**反力**）。约束力总是作用于约束与物体的接触处，其方向总是与约束所能限制的运动方向相反。

能主动地使物体运动或有运动趋势的外力，称为**主动力**或荷载。物体所受的主动力一般是已知的，而约束力是由主动力的作用而引起，它是未知的。因此，对约束力的分析就成为十分重要的问题。

2.5.2　工程中常见的约束与约束力

1. 柔索

绳索、胶带、链条等柔性物体可简化为**柔索约束**。这种约束只能限制物体沿着柔索伸长

的方向运动,而不能限制其他方向的运动。因此,柔索的约束力的方向沿着它的中心线且背离物体,即为拉力(图 2.13)。

2. 光滑接触面

如果两个物体接触面之间的摩擦力很小,可忽略不计,就构成**光滑接触面**约束。这种约束只能限制物体沿着接触点处的公法线朝接触面方向运动,而不能限制沿其他方向的运动。因此,光滑接触面的约束力的方向沿接触面在接触点处的公法线,且指向物体,即为压力(图 2.14)。这种约束力也称为**法向反力**。

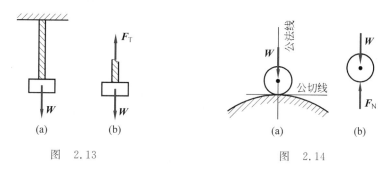

图　2.13　　　　图　2.14

3. 光滑铰链

在两个构件上各钻有同样大小的圆孔,并用圆柱形销钉连接起来[图 2.15(a)]。如果销钉和圆孔是光滑的,那么销钉只限制两构件在垂直于销钉轴线的平面内相对移动,而不限制两构件绕销钉轴线的相对转动。这样的约束称为**光滑铰链**,简称**铰链**或**铰**。图 2.15(b)是它的简化表示。

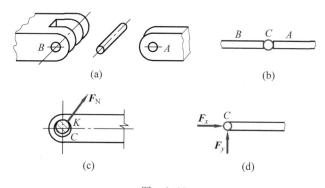

图　2.15

当两个构件有沿销钉径向相对移动的趋势时,销钉与构件以光滑圆柱面接触,因此销钉给构件的约束力 F_N 沿接触点 K 的公法线方向,指向构件且通过圆孔中心[图 2.15(c)]。由于接触点 K 一般不能预先确定,所以约束力 F_N 的方向也不能预先确定。因此,铰链的约束力作用在垂直于销钉轴线的平面内,通过圆孔中心,方向由系统的构造与受力状况确定(以下简称方向待定)。这种约束力通常用两个正交分力 F_x 和 F_y 来表示[图 2.15(d)],两分力的指向是假定的。

4. 固定铰支座

用铰链连接的两个构件中,如果其中一个构件是固定在基础或静止机架上的支座[图 2.16(a)],则这种约束称为**固定铰支座**,简称**铰支座**。图 2.16(b)~(e)是它的几种简化表示。固定铰支座的约束力与铰链的情形相同[图2.16(f)]。

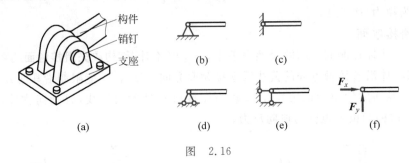

图　2.16

5. 活动铰支座

如果在支座与支承面之间装上几个滚子,使支座可沿支承面移动,就成为**活动铰支座**,也称为**辊轴支座**[图2.17(a)]。图2.17(b)~(d)是它的几种简化表示。如果支承面是光滑的,这种支座不限制构件沿支承面移动和绕销钉轴线的转动,只限制构件沿支承面法线方向的移动。因此,活动铰支座的约束力垂直于支承面,通过铰链中心,指向待定[图2.17(e)]。

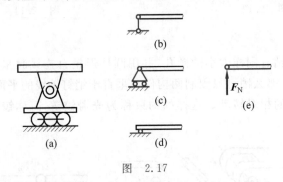

图　2.17

6. 定向支座

定向支座能限制构件的转动和垂直于支承面方向的移动,但允许构件沿平行于支承面的方向移动[图2.18(a)]。因此,定向支座的约束力为一个垂直于支承面、指向待定的力和一个转向待定的力偶。图2.18(b)是它的简化表示和约束力的表示。当支承面与构件轴线垂直时,定向支座的简化表示和约束力的表示如图2.18(c)所示。

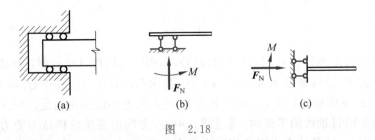

图　2.18

7. 固定端

若静止的物体与构件的一端紧密相连,使其既不能移动也不能转动,则构件所受的约束称为**固定端约束**。例如房屋建筑中墙壁对雨罩或阳台的约束[图2.19(a)],即为固定端约束。固定端的约束力为一个方向待定的力和一个转向待定的力偶。这个方向待定的力通常用两个正交分力来表示。图 2.19(b)、(c)分别为固定端约束的简化表示和约束力表示,约束力的方向是假定的。

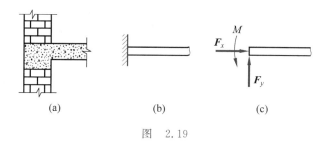

图　2.19

工程实际中的约束往往比较复杂,必须根据具体实际情况分析约束对物体运动的限制,然后确定其约束力。

2.6　结构的计算简图

2.6.1　结构计算简图的概念

在对某一结构进行力学分析时,由于实际结构的受力和变形情况比较复杂,完全按照结构的实际工作状态进行分析往往是困难的,所以必须对结构加以简化,忽略某些次要因素,根据其主要因素取简化图形来计算。这种简化后的图形称为**结构的计算简图**。本书今后所称的结构都是指其计算简图。

选取结构计算简图的原则如下:

(1) 必须使计算简图尽可能正确地反映结构的实际情况。

(2) 忽略次要因素,便于分析计算。

要很好地符合这两项原则,选取最合理的计算简图,不仅需要有较丰富的实践经验,还需要有较完备的力学知识,才能分析主、次要因素的相互关系,有时还要借助模型试验或现场实测才能确定较合理的计算简图。对于工程中一些常用的结构形式,其计算简图经实践证明都比较合理,因此可以直接采用。

2.6.2　杆件结构的简化

在选取杆件结构的计算简图时,通常对实际结构从以下几个方面进行简化。

1. 结构体系的简化

结构体系的简化就是把有些实际空间结构简化或分解为若干个平面结构。

2. 杆件的简化

杆件用其轴线表示。直杆简化为直线,其长度则用轴线交点间的距离来确定;曲杆简化为曲线。

3. 结点的简化

杆件间的相互连接处称为结点。结点可简化为以下两种基本类型。

1) 铰结点

铰结点的特征是所连各杆不能相对移动,但可以绕结点中心相对转动,在结点处各杆之间的夹角可以改变。在实际工程中,用铰结点连接杆件的情况很少。例如,在图2.20(a)所示木结构的结点构造中,是用钢板和螺栓将各杆端连接起来的,各杆之间不能有相对移动,但可允许有微小的相对转动,故可作为铰结点处理,其简图如图2.20(b)所示。

2) 刚结点

刚结点的特征是所连各杆之间既不能相对移动,也不能绕结点中心相对转动,各杆之间的夹角在变形前后保持不变。例如,图2.21(a)为钢筋混凝土结构的结点构造图,其简图如图2.21(b)所示。

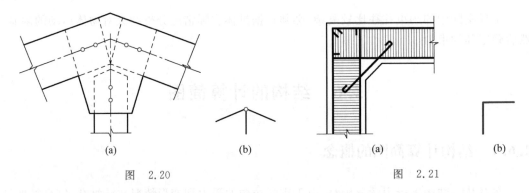

图 2.20　　　　　　　　　　　　　　　　图 2.21

在实际结构的某些结点处,有些杆件为刚性连接,同时也有些杆件为铰链连接,这类结点是刚结点和铰结点的组合,称为**组合结点**[图2.22(a)],其简图如图2.22(b)所示。

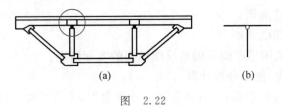

图 2.22

4. 支座的简化

把结构与基础或支承部分连接起来的装置称为**支座**。平面结构的支座根据其支承情况的不同可简化为活动铰支座、固定铰支座、定向支座和固定端支座等几种典型支座。对于重要结构,如公路和铁路桥梁,通常制作比较正规的典型支座,以使支座的约束力的大小和作用点的位置能够与设计情况较好地符合;对于一般结构,则往往是一些比较简单的非典型支座,这就必须将它们简化为相应的典型支座。下面举例说明。

(1) 在房屋建筑中,常在某些构件的支承处垫上沥青杉板之类的柔性材料[图2.23(a)],当构件受到荷载作用时,它的端部可以在水平方向作微小移动,也可以作微小的转动,因此可简化为活动铰支座。

(2) 图2.23(b)表示一木梁的端部,它通常是与埋设在混凝土垫块中的锚栓相连接,在荷载作用下,梁的水平移动和竖向移动都被限制,但仍可作微小的转动,因此可简化为固定铰支座。

(3) 图2.23(c)所示屋架的端部支承在柱上,并将预埋在屋架和柱上的两块钢板焊接起来,它可以阻止屋架的移动,但因焊接的长度有限,屋架仍可作微小的转动,因此可简化为固定铰支座。

（4）图2.23(d)、(e)所示插入杯形基础内的钢筋混凝土柱,若用沥青麻丝填实[图2.23(d)],则柱脚的移动被限制,但仍可作微小的转动,因此可简化为固定铰支座;若用细石混凝土填实[图2.23(e)],当柱插入杯口深度符合一定要求时,则柱脚的移动和转动都被限制,因此可简化为固定端支座。

（5）图2.23(f)所示悬挑阳台梁,其插入墙体内的部分有足够的长度,梁端的移动和转动都被限制,因此可简化为固定端支座。

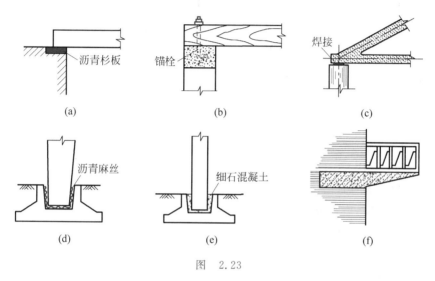

图 2.23

5. 荷载的简化和分类

荷载是作用于结构上的主动力。荷载一般简化为**集中荷载**和**分布荷载**。

作用于结构上的荷载可作如下分类。

1）按荷载作用的久暂

（1）恒载。**恒载**是指长期作用于结构上的荷载。例如,结构的自重、永久固定于结构上的设备的重力等,其大小、位置、方向都不变。

（2）活载。**活载**是指暂时作用于结构上且位置可以变动的荷载。例如,人群荷载、风荷载、雪荷载、车辆荷载、吊车荷载等。

2）按荷载作用的性质

（1）静荷载。**静荷载**是指其大小、位置和方向都不随时间变化或变化极为缓慢的荷载。例如,结构的自重、水压力和土压力等。

（2）动荷载。**动荷载**是指其大小、位置和方向随时间迅速变化的荷载。例如,冲击荷载、突加荷载以及动力机械运动时产生的荷载等。有些动荷载如车辆荷载、风荷载和地震作用荷载等,一般可将其大小扩大若干倍后按静荷载处理,但在特殊情况下要按动荷载考虑。

下面举例说明结构的简化过程和如何选取其计算简图。

【例2.2】 试选取图1.1所示单层工业厂房的计算简图。

【解】 （1）结构体系的简化。该单层工业厂房是由许多横向平面单元[图2.24(a)]通过屋面板和吊车梁等纵向构件联系起来的空间结构。由于各个横向平面单元相同,且作用于结构上的荷载一般又是沿厂房纵向均匀分布的,因此作用于结构上的荷载可通过纵向构件分配到各个横向平面单元上。这样就可不考虑结构整体的空间作用,把一个空间结构简化为若干个彼此独立的平面结构来进行分析、计算。

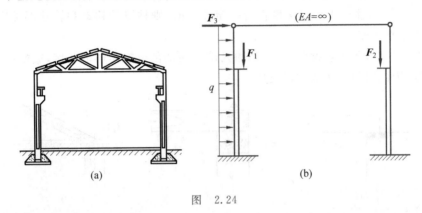

图　2.24

（2）构件的简化。立柱因上下截面不同,可用粗细不同的两段轴线表示。屋架因其平面内刚度很大,可简化为一刚度为无限大的直杆。

（3）结点与支座的简化。屋架与柱顶通常采用螺栓连接或焊接,可视为铰结点。立柱下端与基础连接牢固,嵌入较深,可简化为固定端支座。

（4）荷载的简化。由吊车梁传到柱子上的压力,因吊车梁与牛腿接触面积较小,可用集中力 F_1、F_2 表示;屋面上的风荷载简化为作用于柱顶的一水平集中力 F_3;而柱子所受水平风力可按平面单元负荷宽度简化为均布线荷载。

经过上述简化,即可得到厂房横向平面单元的计算简图,如图 2.24(b)所示。

2.7　受力分析与受力图

2.7.1　画受力图的步骤

在求解工程中的力学问题时,一般首先需要根据问题的已知条件和待求量,选择一个或几个物体作为**研究对象**,然后分析它受到哪些力的作用,其中哪些是已知的,哪些是未知的,此过程称为**受力分析**。

对研究对象进行受力分析的步骤如下:

（1）取分离体。将研究对象从与其联系的周围物体中分离出来,单独画出。这种分离出来的研究对象称为**分离体**。

（2）画主动力和约束力。画出作用于研究对象上的全部主动力和约束力。这样得到的图称为**受力图**或**分离体图**。

画受力图是求解建筑力学问题的重要一步,读者应当熟练地掌握它。下面举例说明受力图的画法。

【例 2.3】 小车连同货物共重 W,由绞车通过钢丝绳牵引沿斜面匀速上升[图 2.25(a)]。不计车轮与斜面间的摩擦,试画出小车的受力图。

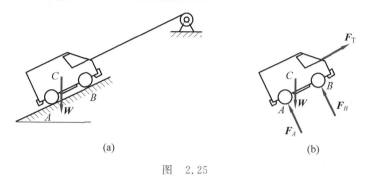

图　2.25

【解】 将小车从钢丝绳和斜面的约束中分离出来,单独画出。作用于小车上的主动力为 W,其作用点为重心 C,方向铅直向下。作用于小车上的约束力有:钢丝绳的约束力 F_T,方向沿绳的中心线且背离小车;斜面的约束力 F_A、F_B,分别作用于车轮与斜面的接触点 A、B,方向垂直于斜面且指向小车。图 2.25(b)所示为小车的受力图。

【例 2.4】 简单承重结构[图 2.26(a)]中,悬挂的重物重 W,横梁 AB 和斜杆 CD 的自重不计。试分别画出斜杆 CD、横梁 AB 及整体的受力图。

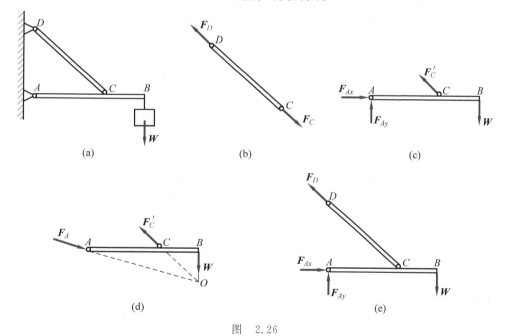

图　2.26

【解】 (1)画斜杆 CD 的受力图。取斜杆 CD 为研究对象,将其单独画出。斜杆 CD 两端均为铰链约束,约束力 F_C、F_D 分别通过 C 点和 D 点。由于不计杆的自重,故斜杆 CD 为二力构件。F_C 与 F_D 大小相等,方向相反,沿 C、D 两点连线。本题可判定 F_C、F_D 为拉力,不易判断时可假定指向。图 2.26(b)所示为斜杆 CD 的受力图。

(2)画横梁 AB 的受力图。取横梁 AB 为研究对象,将其单独画出。横梁 AB 的 B 处受到主动力 W 的作用(悬挂的重物通过绳索对 B 处的作用力)。C 处受到斜杆 CD 的作用

力 F_C'，F_C' 与 F_C 互为作用力与反作用力。A 处为固定铰支座，约束力用两个正交分力 F_{Ax}、F_{Ay} 表示，指向假定。图 2.26(c)所示为横梁 AB 的受力图。

横梁 AB 的受力图也可根据三力平衡汇交定理画出。横梁的 A 处为固定铰支座，其约束力 F_A 的方向未知，但由于横梁只受到三个力的作用而处于平衡，其中两个力 W、F_C' 的作用线相交于 O 点，因此 F_A 的作用线也通过 O 点，指向假定[图 2.26(d)]。

（3）画整体的受力图。作用于整体上的力有：主动力 W，约束力 F_D 及 F_{Ax}、F_{Ay}，指向假定。图 2.26(e)所示为整体的受力图。

（4）讨论。本题的整体受力图上为什么不画出力 F_C 与 F_C' 呢？这是因为，力 F_C 与 F_C' 是承重结构整体内两物体之间的相互作用力，这种力称为**内力**。根据作用与反作用定律，内力总是成对出现的，并且大小相等、方向相反、沿同一直线，对承重结构整体来说，F_C 与 F_C' 这一对内力自成平衡，不必画出。因此，在画研究对象的受力图时，只需画出外部物体对研究对象的作用力，这种力称为**外力**。但应注意，外力与内力不是固定不变的，它们可以随研究对象的不同而变化。例如力 F_C 与 F_C'，若以整体为研究对象，则为内力；若以斜杆 CD 或横梁 AB 为研究对象，则为外力。

本题若只需画出横梁或整体的受力图，则在画 C 处或 D 处的约束力时，仍须先考虑斜杆的受力情况。由此可见，在画研究对象的约束力时，一般应先观察有无与二力构件有关的约束力，若有，将其先画出，然后再画出其他的约束力。

【例 2.5】 组合梁 AB 的 D、E 处分别受到力 F 和力偶 M 的作用[图 2.27(a)]，梁的自重不计，试分别画出整体、BC 部分及 AC 部分的受力图。

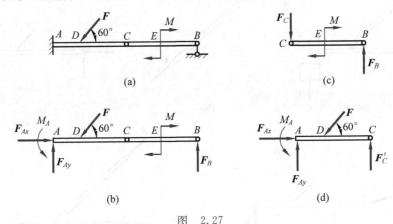

图　2.27

【解】（1）画整体的受力图。作用于整体上的力有：主动力 F、主动力偶矩 M，约束力 F_{Ax}、F_{Ay}、M_A 及 F_B，约束力的指向与转向均为假定。图 2.27(b)所示为整体的受力图。

（2）画 BC 部分的受力图。取 BC 部分为研究对象，将其单独画出。BC 部分的 E 处受到主动力偶矩 M 的作用。B 处为活动铰支座，约束力 F_B 垂直于支承面；C 处为铰链约束，约束力 F_C 通过铰链中心。由于力偶必须与力偶相平衡，故 F_B 的方向铅直向上，F_C 的方向铅直向下。它们组成一个力偶，与已知主动力偶平衡。图 2.27(c)所示为 BC 部分的受力图。

（3）画 AC 部分的受力图。取 AC 部分为研究对象，将其单独画出。AC 部分的 D 处受到主动力 F 的作用。C 处的约束力为 F_C'，F_C' 与 F_C 互为作用力与反作用力。A 处为固定端，约束力为 F_{Ax}、F_{Ay}、M_A，指向与转向均为假定。图 2.27(d)所示为 AC 部分的受力图。

2.7.2 画受力图的注意事项

通过以上例题可以看出，为保证受力图的正确性，不能多画力、少画力和错画力。为此，应着重注意以下几点。

（1）遵循约束的性质。凡研究对象与周围物体相连接处，都有约束力。约束力的个数和方向必须严格按约束的性质去画，当约束力的指向不能预先确定时，可以假定。

（2）遵循力与力偶的性质。主要有二力平衡公理、三力平衡汇交定理、作用与反作用定律。若作用力的方向一经确定（或假定），则反作用力的方向必与之相反。

（3）只画外力，不画内力。

习　题

2.1　若不计自重，习题 2.1 图所示结构中构件 AC 是否是二力构件？若考虑自重，情况又怎样？

2.2　当求铰 C 的约束力时，能否将作用于 D 点的力 F 沿其作用线移到 E 点（习题 2.2 图）？为什么？

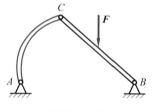

习题 2.1 图

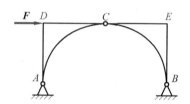

习题 2.2 图

2.3　习题 2.3 图所示各梁的支座处的约束力是否相同？为什么？

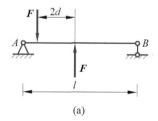

(a)

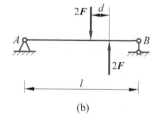

(b)

习题 2.3 图

2.4　试计算习题 2.4 图所示各力 F 对 O 点之矩。

2.5　已知习题 2.5 图所示水平放置的矩形钢板的长 $a=4\mathrm{m}$，宽 $b=2\mathrm{m}$，为使钢板恰好转动，顺长边需加两个力 F 与 F'，并且 $F=F'=100\mathrm{kN}$。在钢板上怎样加力可使所用的力最小而钢板也能转动？求出此最小力的值。

2.6　一砖烟囱高 48m，自重 $W=4000\mathrm{kN}$，烟囱底面直径 $AB=4.6\mathrm{m}$，受风荷载如习题 2.6 图所示。试问烟囱是否会绕 B 点倾倒？

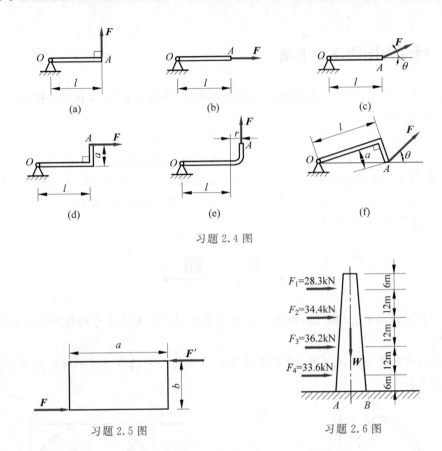

习题 2.4 图

习题 2.5 图

习题 2.6 图

2.7 试选取习题 2.7 图所示挡水墙的计算简图。

2.8 试选取习题 2.8 图所示装配式钢筋混凝土门架的计算简图。

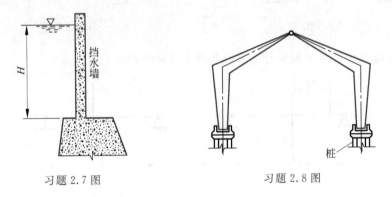

习题 2.7 图

习题 2.8 图

2.9 试分别画出习题 2.9 图所示各物体的受力图。假定所有接触面都是光滑的,图中凡未标出自重的物体,其自重不计。

2.10 试分别画出习题 2.10 图所示各物体系中指定物体的受力图。假定所有接触面都是光滑的,图中凡未标出自重的物体,其自重不计。(a)图杆 AC,杆 BC,整体;(b)图杆 AC,杆 BC,整体;(c)图杆 AC,杆 BC,整体;(d)图杆 AC,杆 BD,杆 CE,整体;(e)图圆柱体 O,杆 AC,杆 BC;(f)图构件 AB,构件 BCD,构件 DEM,构件 MN。

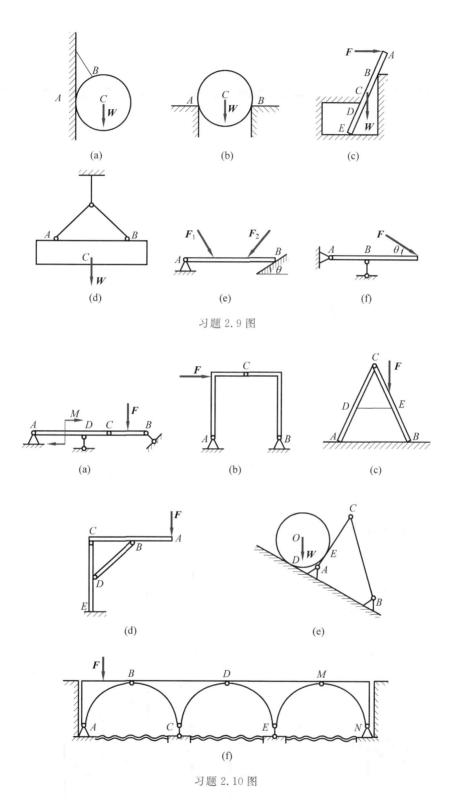

习题 2.9 图

习题 2.10 图

第3章 力系的平衡

内容提要

作用于物体上的力系分为平面力系和空间力系,工程中最常见的是平面力系。本章介绍平面力系向一点简化的结果及其计算,由此得到平面力系的平衡条件和平衡方程,着重讨论平衡方程的应用和物体系统平衡问题的解法。本章是刚体静力分析的重点。

学习要求

1. 理解力的平移定理。
2. 了解平面力系的简化理论和简化结果。
3. 熟练掌握力在坐标轴上投影的计算。
4. 理解各种平面力系的平衡方程,熟练掌握运用平衡方程求解平衡问题的步骤和技巧。

3.1 平面力系向一点的简化

3.1.1 平面力系的概念

如果作用于物体上各力的作用线都在同一平面内,则这种力系称为**平面力系**。这是工程中最常见的一种力系。例如,图 3.1 所示用起重机吊装钢筋混凝土大梁,作用于梁上的力有梁的重力 W、绳索对梁的拉力,这三个力的作用线都在同一铅直平面内,组成一个平面力系。又如,屋架受到屋面自重和积雪等重力荷载 W、风力 F 以及支座处约束力 F_{Ax}、F_{Ay}、F_B 的作用,这些力的作用线在同一平面内组成一个平面力系(图 3.2)。

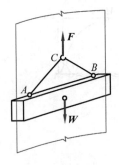

图 3.1

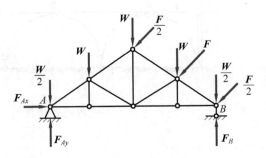

图 3.2

有时物体本身及作用于其上的各力都对称于某一平面,则作用于物体上的力系就可简化为该对称平面内的平面力系。例如水坝[图 3.3(a)],通常取单位长度的坝段进行受力分析,并将坝段所受的力简化为作用于坝段中央平面内的一个平面力系[图 3.3(b)]。

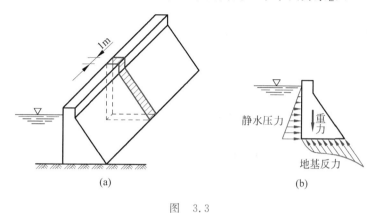

图 3.3

3.1.2 力的平移定理

为了得到平面力系的平衡条件和平衡方程,需要研究平面力系向一点的简化。平面力系向一点简化的理论基础是力的平移定理。

设在刚体上 A 点作用一个力 $\boldsymbol{F}$,现要将它平行移动到刚体内任一点 O[图 3.4(a)],而不改变它对刚体的效应。为此,可在 O 点加上一对平衡力 $\boldsymbol{F}'$ 和 $\boldsymbol{F}''$,并使它们的作用线与力 $\boldsymbol{F}$ 的作用线平行,且 $F'=F''=F$[图 3.4(b)]。根据加减平衡力系公理,三个力 $\boldsymbol{F}$、$\boldsymbol{F}'$、$\boldsymbol{F}''$ 与原力 $\boldsymbol{F}$ 对刚体的效应相同。力 $\boldsymbol{F}$、$\boldsymbol{F}''$ 组成一个力偶,其力偶矩 M 等于原力 $\boldsymbol{F}$ 对 O 点之矩,即

$$M = M_O(\boldsymbol{F}) = Fd$$

这样,就把作用于 A 点的力 $\boldsymbol{F}$ 平行移动到了任一点 O,但同时必须附加一个相应的力偶,称为附加力偶[图 3.4(c)]。由此得到力的平移定理:作用于刚体上的力可以平行移动到刚体内任一指定点,但必须同时附加一个力偶,此附加力偶的矩等于原力对指定点之矩。

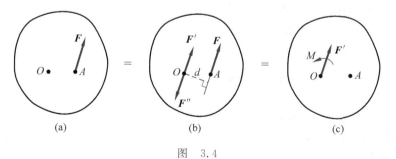

图 3.4

根据力的平移定理,也可以将同一平面内的一个力和一个力偶合成为一个力,合成的过程就是图 3.4 所示的逆过程。

力的平移定理不仅是力系向一点简化的理论依据,而且也是分析力对物体作用效应的

一个重要方法。例如,在设计厂房的柱时,通常都要将作用于牛腿上的力 F[图 3.5(a)]平移到柱的轴线上[图 3.5(b)],可以看出,轴向力 F' 使柱压缩,而力偶矩 M 将使柱弯曲。

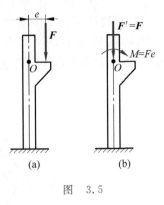

图 3.5

3.1.3 平面力系向一点简化的结果

设在刚体上作用一个平面力系 $F_1,F_2,\cdots,F_n$,各力的作用点分别为 $A_1,A_2,\cdots,A_n$[图 3.6(a)]。为了分析此力系对刚体的作用效应,在刚体上力系的作用平面内任选一点 O,称 O 点为**简化中心**。利用力的平移定理,将各力平移到 O 点,得到一个作用于 O 点的平面汇交力系 $F_1',F_2',\cdots,F_n'$ 和一个附加的平面力偶系 $M_{O1},M_{O2},\cdots,M_{On}$ [图 3.6(b)],这些附加力偶的矩分别等于原力系中的各力对 O 点之矩,即

$$M_{O1}=M_O(F_1),M_{O2}=M_O(F_2),\cdots,M_{On}=M_O(F_n)$$

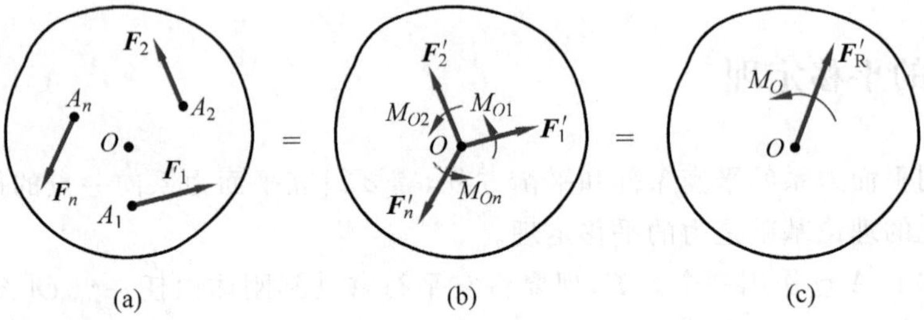

图 3.6

平面汇交力系 $F_1',F_2',\cdots,F_n'$ 可合成为一个作用于 O 点的力 F_R',即

$$F_R'=F_1'+F_2'+\cdots+F_n'$$

因

$$F_1'=F_1,F_2'=F_2,\cdots,F_n'=F_n$$

故

$$F_R'=F_1+F_2+\cdots+F_n=\sum F_i \tag{3.1}$$

力 F_R' 等于原力系中各力的矢量和,称为原力系的**主矢**。

平面力偶系(力偶矩分别为 $M_{O1},M_{O2},\cdots,M_{On}$)可合成为一个力偶,这个力偶的矩 M_O 为

$$M_O=M_{O1}+M_{O2}+\cdots+M_{On}=\sum M_{Oi} \tag{3.2}$$

力偶矩 M_O 等于原力系中各力对简化中心之矩的代数和,称为原力系对简化中心 O 的**主矩**。因此,原力系就简化为作用于 O 点的一个力和一个力偶[图 3.6(c)]。

如果选取的简化中心不同,由式(3.1)和式(3.2)可见,主矢不会改变,故主矢与简化中心的位置无关;但力系中各力对不同简化中心的矩一般是不相等的,因而主矩一般与简化中心的位置有关。

3.1.4 力在坐标轴上的投影

为了计算主矢,本小节先介绍力在坐标轴上投影的概念和计算。

在力 F 作用的平面内建立直角坐标系 Oxy（图 3.7）。由力 F 的起点 A 和终点 B 分别作 x 轴的垂线，设垂足分别为 a_1、b_1，将线段 a_1b_1 冠以适当的正负号称为力 F 在 x 轴上的投影，用 X 表示，即

$$X = \pm a_1 b_1$$

投影的正负号规定如下：若从 a_1 到 b_1 的方向与 x 轴正向一致，则取正号；反之则取负号。同样，力 F 在 y 轴上的投影 Y 为

$$Y = \pm a_2 b_2$$

力在坐标轴上的投影是代数量。

设力 F 与 x、y 轴正向的夹角分别为 α、β，由图 3.7 得

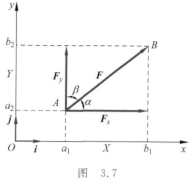

图 3.7

$$\left. \begin{array}{l} X = F\cos\alpha \\ Y = F\cos\beta \end{array} \right\} \tag{3.3}$$

即力在某轴上的投影等于力的大小乘以力与该轴正向夹角的余弦。当 α、β 为钝角时，为了计算简便，往往先根据力与某轴所夹的锐角来计算力在该轴上投影的绝对值，再观察确定投影的正负号。

利用力的平行四边形法则，将力 F 沿 x、y 轴方向分解为两个分力 F_x 和 F_y。设 x、y 轴的单位矢量分别为 i、j，由图 3.7 可得

$$F_x = Xi, \quad F_y = Yj$$

因此，力 F 沿直角坐标轴的分解式为

$$F = F_x + F_y = Xi + Yj \tag{3.4}$$

若已知力 F 在直角坐标轴上的投影分别为 X、Y，则由图 3.7 可求出力 F 的大小和方向分别为

$$\left. \begin{array}{l} F = \sqrt{X^2 + Y^2} \\ \tan\alpha = \dfrac{Y}{X} \end{array} \right\} \tag{3.5}$$

【例 3.1】 试计算图 3.8 所示各力在 x 轴和 y 轴上的投影。已知 $F_1 = F_2 = 100\text{N}$，$F_3 = 150\text{N}$，$F_4 = 200\text{N}$。

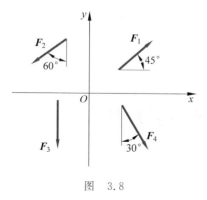

图 3.8

【解】 由式（3.3），可算出各力在 x 轴和 y 轴上的投影分别为

$$X_1 = F_1\cos45° = 100\text{N} \times 0.707 = 70.7\text{N}$$

$$Y_1 = F_1\cos45° = 100\text{N} \times 0.707 = 70.7\text{N}$$

$$X_2 = -F_2\cos30° = -100\text{N} \times 0.866 = -86.6\text{N}$$

$$Y_2 = -F_2\cos60° = -100\text{N} \times 0.5 = -50\text{N}$$

$$X_3 = F_3\cos90° = 0$$

$$Y_3 = -F_3\cos0° = -150\text{N} \times 1 = -150\text{N}$$

$$X_4 = F_4\cos60° = 200\text{N} \times 0.5 = 100\text{N}$$

$$Y_4 = -F_4\cos30° = -200\text{N} \times 0.866 = -173.2\text{N}$$

3.1.5　主矢和主矩的计算

设主矢 $\boldsymbol{F}'_R$ 在 x、y 轴上的投影分别为 X'_R、Y'_R，力系中各力 $\boldsymbol{F}_i(i=1,2,\cdots,n)$ 在 x、y 轴上的投影分别为 X_i、Y_i。利用式(3.4)，分别计算式(3.1)等号的左边和右边，可得

$$\boldsymbol{F}'_R = X'_R \boldsymbol{i} + Y'_R \boldsymbol{j}$$

以及

$$\begin{aligned}
\boldsymbol{F}_1 + \boldsymbol{F}_2 + \cdots + \boldsymbol{F}_n &= (X_1\boldsymbol{i} + Y_1\boldsymbol{j}) + (X_2\boldsymbol{i} + Y_2\boldsymbol{j}) + \cdots + (X_n\boldsymbol{i} + Y_n\boldsymbol{j}) \\
&= (X_1 + X_2 + \cdots + X_n)\boldsymbol{i} + (Y_1 + Y_2 + \cdots + Y_n)\boldsymbol{j} \\
&= (\sum X_i)\boldsymbol{i} + (\sum Y_i)\boldsymbol{j}
\end{aligned}$$

比较后得到

$$X'_R = \sum X_i, \quad Y'_R = \sum Y_i \tag{3.6}$$

即主矢在某坐标轴上的投影，等于力系中各力在同一轴上投影的代数和。求得主矢在坐标轴的投影后，再利用式(3.5)，可求出主矢的大小和方向分别为

$$\left.\begin{aligned}
F'_R &= \sqrt{\left(\sum X_i\right)^2 + \left(\sum Y_i\right)^2} \\
\tan\alpha &= \frac{\sum Y_i}{\sum X_i}
\end{aligned}\right\} \tag{3.7}$$

主矩可直接利用式(3.2)进行计算。

3.1.6　平面力系向一点简化结果的讨论

平面力系向一点的简化结果，一般可得到一个力和一个力偶，而其最终结果为以下三种可能的情况。

1）力系可简化为一个合力偶

当 $\boldsymbol{F}'_R = \boldsymbol{0}$、$M_O \neq 0$ 时，力系与一个力偶等效，即力系可简化为一个合力偶。合力偶矩等于主矩。此时，主矩与简化中心的位置无关。

2）力系可简化为一个合力

当 $\boldsymbol{F}'_R \neq \boldsymbol{0}$、$M_O = 0$ 时，力系与一个力等效，即力系可简化为一个合力。合力的大小、方向与主矢相同，合力的作用线通过简化中心。

当 $\boldsymbol{F}'_R \neq \boldsymbol{0}$、$M_O \neq 0$ 时，根据力的平移定理逆过程，可将 $\boldsymbol{F}'_R$ 和 M_O 简化为一个合力(图3.4)。合力的大小、方向与主矢相同，合力作用线不通过简化中心。

3）力系为平衡力系

当 $\boldsymbol{F}'_R = \boldsymbol{0}$、$M_O = 0$ 时，力系处于平衡状态。

3.2　平面力系的平衡方程及其应用

3.2.1　平面力系的平衡方程

如果平面力系向任一点简化后主矢和主矩都等于零，则该力系为平衡力系。反之，要使

平面力系平衡,主矢和主矩都必须等于零,否则该力系将最终简化为一个力或一个力偶。因此,平面力系平衡的充分必要条件是力系的主矢和力系对任一点的主矩都等于零,即

$$\left.\begin{array}{l} \boldsymbol{F}'_R = \boldsymbol{0} \\ M_O = 0 \end{array}\right\} \tag{3.8}$$

根据式(3.2)和式(3.7),上面的**平衡条件**可用下面的解析式表示为

$$\left.\begin{array}{l} \sum X = 0 \\ \sum Y = 0 \\ \sum M_O = 0 \end{array}\right\} \tag{3.9}$$

为书写方便,已将上式中的下标 i 略去。式(3.9)称为平面力系的**平衡方程**。其中前两式称为**投影方程**,它表示力系中所有各力在两个坐标轴上投影的代数和分别等于零;后一式称为**力矩方程**,它表示力系中所有各力对任一点之矩的代数和等于零。

【例 3.2】 梁 AB 的 A 端为固定铰支座,B 端为活动铰支座[图 3.9(a)],梁上受集中力 $\boldsymbol{F}$ 与力偶 M 的作用。已知 $F=10\mathrm{kN}$,$M=2\mathrm{kN \cdot m}$,$a=1\mathrm{m}$,试求支座 A、B 处的反力[①]。

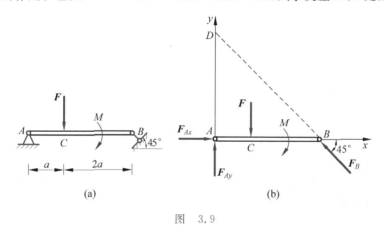

图　3.9

【解】 (1) 取研究对象。由于已知力和待求力都作用于梁 AB 上,故取梁 AB 为研究对象。

(2) 画受力图。梁 AB 的受力图如图 3.9(b)所示。作用于梁上的力有荷载 $\boldsymbol{F}$、M,支座反力 $\boldsymbol{F}_{Ax}$、$\boldsymbol{F}_{Ay}$、$\boldsymbol{F}_B$,指向假定。这些力组成一个平面力系。

(3) 列平衡方程。建立坐标系 Axy[图 3.9(b)],列出平衡方程

$$\sum X = 0, \quad F_{Ax} - F_B \cos 45° = 0 \tag{a}$$

$$\sum Y = 0, \quad F_{Ay} - F + F_B \sin 45° = 0 \tag{b}$$

$$\sum M_A = 0, \quad -Fa - M + F_B \sin 45° \times 3a = 0 \tag{c}$$

由于力偶中的两个力在同一轴上投影的代数和等于零,故在写投影方程时不必考虑力偶。式(c)是以 A 点为矩心的力矩方程,式中计算力 $\boldsymbol{F}_B$ 对 A 点之矩时,是将力 $\boldsymbol{F}_B$ 分解为两个分

---

① 支座处的约束力常称为约束反力,简称为反力。

力,然后利用合力矩定理进行计算。

（4）解方程。由式（c）得

$$F_B = \frac{Fa + M}{3a\sin45°} = 5.66\text{kN}$$

分别代入式（a）、式（b）得

$$F_{Ax} = F_B\cos45° = 4\text{kN}$$

$$F_{Ay} = F - F_B\sin45° = 6\text{kN}$$

F_{Ax}、F_{Ay} 和 F_B 的计算结果均为正值,表示力的指向与假定的指向相同;若为负值,则表示力的指向与假定的指向相反。

（5）讨论。本题若写出对 A、B 两点的力矩方程和对 x 轴的投影方程,则同样可求解。即由

$$\sum X = 0, \quad F_{Ax} - F_B\cos45° = 0$$

$$\sum M_A = 0, \quad -Fa - M + F_B\sin45° \times 3a = 0$$

$$\sum M_B = 0, \quad -F_{Ay} \times 3a + F \times 2a - M = 0$$

解得

$$F_{Ax} = 4\text{kN}, \quad F_{Ay} = 6\text{kN}, \quad F_B = 5.66\text{kN}$$

若写出对 A、B、D 三点[图 3.9(b)]的力矩方程

$$\sum M_A = 0, \quad -Fa - M + F_B\sin45° \times 3a = 0$$

$$\sum M_B = 0, \quad -F_{Ay} \times 3a + F \times 2a - M = 0$$

$$\sum M_D = 0, \quad F_{Ax} \times 3a - Fa - M = 0$$

也可得到同样的结果。

由上面例题的讨论可知,平面力系的平衡方程除了式（3.9）所示的**基本形式**外,还有**二力矩形式**和**三力矩形式**,其形式见式（3.10）和式（3.11）。

$$\left.\begin{array}{l} \sum X = 0\left(\text{或} \sum Y = 0\right) \\ \sum M_A = 0 \\ \sum M_B = 0 \end{array}\right\} \tag{3.10}$$

其中 A、B 二点连线不能与 x 轴（或 y 轴）垂直。

$$\left.\begin{array}{l} \sum M_A = 0 \\ \sum M_B = 0 \\ \sum M_C = 0 \end{array}\right\} \tag{3.11}$$

其中 A、B、C 三点不能共线。

 特别提示

在应用二力矩形式或三力矩形式时,必须满足其限制条件,否则所列三个平衡方程将不都是独立的。读者不妨就例 3.2 试一试。

3.2.2 平面力系平衡方程的应用

由上面的例题可看出,求解平面力系平衡问题的步骤如下:

(1) 取研究对象。根据问题的已知条件和待求量,选取合适的研究对象。

(2) 画受力图。画出所有作用于研究对象上的外力。

(3) 列平衡方程。适当选取投影轴和矩心,列出平衡方程。

(4) 解方程。解方程求出未知量。

在列平衡方程时,为使计算简单,通常尽可能选取与力系中多数未知力的作用线平行或垂直的投影轴,矩心选在两个未知力的交点上;尽可能多应用力矩方程,并使一个方程中只包含一个未知数。

应该注意,不管使用哪种形式的平衡方程,对于一个平面力系来说,它只有三个独立的平衡方程,因而只能求解三个未知量。任何第四个方程都不会是独立的,但可以利用它来校核计算的结果。

3.2.3 平面力系的几个特殊情形

1. 平面汇交力系

对于平面汇交力系,式(3.9)中的力矩方程自然满足,因而其平衡方程为

$$\left.\begin{array}{l} \sum X = 0 \\ \sum Y = 0 \end{array}\right\} \tag{3.12}$$

平面汇交力系只有两个独立的平衡方程,只能求解两个未知量。

【例 3.3】 桁架的一个结点由四根角钢铆接在连接板上构成[图 3.10(a)]。已知杆 A 和杆 C 的受力分别为 $F_A = 4\text{kN}$、$F_C = 2\text{kN}$,方向如图 3.10(a)所示。试求杆 B 和杆 D 的受力 $\boldsymbol{F}_B$、$\boldsymbol{F}_D$。

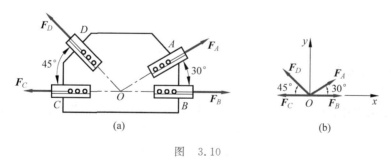

图 3.10

【解】 取连接板为研究对象,受力如图 3.10(a)所示,其中力 $\boldsymbol{F}_B$ 和 $\boldsymbol{F}_D$ 的方向为假定。连接板在平面汇交力系 $\boldsymbol{F}_A$、$\boldsymbol{F}_B$、$\boldsymbol{F}_C$、$\boldsymbol{F}_D$ 作用下平衡,建立坐标系 Oxy[图 3.10(b)],列出平衡方程

$$\sum X = 0, \quad -F_C - F_D\cos 45° + F_A\cos 30° + F_B = 0 \tag{a}$$

$$\sum Y = 0, \quad F_D\sin 45° + F_A\sin 30° = 0 \tag{b}$$

由式(b)得

$$F_D = -2.83 \text{kN}$$

将 F_D 值代入式(a),得

$$F_B = -3.46 \text{kN}$$

计算结果均为负值,说明杆 B 和杆 D 的实际受力方向与图示假定的方向相反,即杆 B 和杆 D 均受压力。

2. 平面力偶系

对于平面力偶系,式(3.9)中的投影方程自然满足,且由于力偶对平面内任一点之矩都相同,故其平衡方程为

$$\sum M = 0 \tag{3.13}$$

平面力偶系只有一个独立的平衡方程,只能求解一个未知量。

【例3.4】 梁 AB 受一力偶的作用[图 3.11(a)],力偶的矩 $M = 20 \text{kN} \cdot \text{m}$,梁的跨长 $l = 5\text{m}$,倾角 $\alpha = 30°$,梁的自重不计。试求支座 A、B 处的反力。

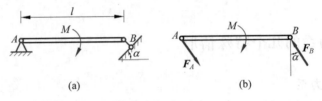

(a)   (b)

图 3.11

【解】 取梁 AB 为研究对象。梁在力偶 M 和 A、B 两处支座反力 $\boldsymbol{F}_A$、$\boldsymbol{F}_B$ 的作用下处于平衡。因力偶只能与力偶平衡,故知 $\boldsymbol{F}_A$ 与 $\boldsymbol{F}_B$ 应构成一个力偶。又 $\boldsymbol{F}_B$ 垂直于支座 B 的支承面,因而梁的受力如图 3.11(b)所示。由平面力偶系的平衡方程(3.13),有

$$F_B l \cos\alpha - M = 0$$

得

$$F_B = \frac{M}{l \cos\alpha} = \frac{20 \text{kN} \cdot \text{m}}{5\text{m} \times \cos 30°} = 4.62 \text{kN}$$

故

$$F_A = F_B = 4.62 \text{kN}$$

3. 平面平行力系

1) 平衡方程

各力的作用线都在同一平面内且互相平行的力系称为**平面平行力系**。设有平面平行力系 $\boldsymbol{F}_1, \boldsymbol{F}_2, \cdots, \boldsymbol{F}_n$(图 3.12),若取 x 轴与各力垂直,则这些力在 x 轴上的投影都等于零,即 $\sum X \equiv 0$。根据式(3.9)和式(3.10),平面平行力系的平衡方程为

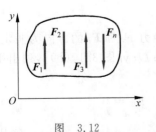

图 3.12

$$\left. \begin{array}{l} \sum Y = 0 \\ \sum M_O = 0 \end{array} \right\} \tag{3.14}$$

或二力矩形式为

$$\left.\begin{array}{l} \sum M_A = 0 \\ \sum M_B = 0 \end{array}\right\} \tag{3.15}$$

其中 A、B 两点(图中未标出)连线不能与各力平行。

平面平行力系只有两个独立的平衡方程,只能求解两个未知量。

【例 3.5】 塔式起重机如图 3.13(a)所示,机架自重 W,最大起重荷载 F,平衡锤重 W_1,已知 W、F、a、b、e、l,欲使起重机满载和空载时均不致翻倒,试求 W_1 的范围。

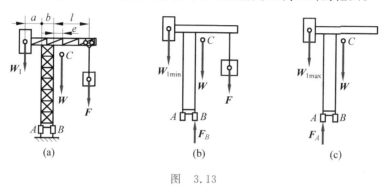

图 3.13

【解】 (1)考虑满载时的情况。取起重机为研究对象。作用于起重机上的力有机架重力 W,起吊荷载 F,平衡锤重力 W_1 以及轨道对轮子的反力 F_A、F_B,这些力组成一个平面平行力系。满载时起重机翻倒,将绕 B 点转动。在平衡的临界状态,$F_A = 0$,平衡锤重达到允许的最小值 W_{1min}[图 3.13(b)]。列出平衡方程

$$\sum M_B = 0, \quad W_{1min}(a+b) - We - Fl = 0$$

得

$$W_{1min} = \frac{We + Fl}{a+b}$$

(2)考虑空载的情况。此时,应使起重机不绕 A 点翻倒。在平衡的临界状态,$F_B = 0$,平衡锤重达到允许的最大值 W_{1max}[图 3.13(c)],列出平衡方程

$$\sum M_A = 0, \quad W_{1max}a - W(e+b) = 0$$

得

$$W_{1max} = \frac{W(e+b)}{a}$$

因此,要保证起重机在满载和空载时均不致翻倒,平衡锤重 W_1 的范围为

$$\frac{We + Fl}{a+b} \leqslant W_1 \leqslant \frac{W(e+b)}{a}$$

2)线分布荷载的合力

表示分布荷载分布规律的图形称为**荷载图**。均布荷载沿一直线分布时,其荷载图为一矩形[图 3.14(a)];静水压力是非均布荷载,其荷载图是三角形[图 3.14(b)]。

利用合力矩定理可以证明:线分布荷载的合力的大小等于荷载图的面积,合力的作用线通过荷载图的形心,合力的指向与分布荷载的指向相同。

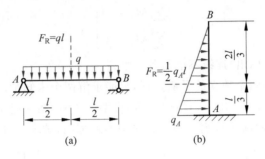

图 3.14

在求解平衡问题时,线分布荷载可以用其合力来替换。

【例 3.6】 梁 AB 如图 3.15(a)所示。已知 $F=2\text{kN}$,$q=1\text{kN/m}$,$M=4\text{kN}\cdot\text{m}$,$a=1\text{m}$,试求固定端 A 处的反力。

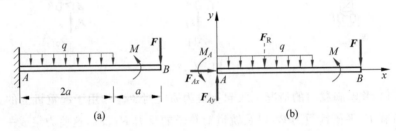

图 3.15

【解】 取梁 AB 为研究对象,画出受力图[图 3.15(b)]。作用于梁 AB 上的主动力有均布荷载 q(合力 $F_R=2qa$,作用于均布荷载区段的中点)、力偶 M、集中力 F 以及固定端 A 处的反力 F_{Ax}、F_{Ay} 和反力偶 M_A,指向假定,这些力组成一个平面力系。

建立坐标系 Axy,列出平衡方程

$$\sum M_A = 0, \quad M_A - q\times 2a\times a + M - F\times 3a = 0$$

得

$$M_A = 4\text{kN}\cdot\text{m}$$

$$\sum X = 0, \quad F_{Ax} = 0$$

$$\sum Y = 0, \quad F_{Ay} - q\times 2a - F = 0$$

得

$$F_{Ay} = 4\text{kN}$$

计算结果均为正值,说明力的实际方向与假定的方向相同。

 特别提示

本例中,由于梁上没有水平方向荷载作用,支座 A 处的反力 F_{Ax} 一定等于零,所以在受力分析时也可以不画出反力 F_{Ax}。

3.2.4　物体系统的平衡问题

所谓**物体系统**,是指由若干个物体通过约束按一定方式连接而成的系统。若物体或物体系统的所有约束力都可由平衡方程求出,则称为**静定物体**或**静定物体系统**。

求解静定物体系统的平衡问题通常有以下两种方法。

(1) 先整体后部分或先部分后整体。先取整个系统为研究对象,列出平衡方程,解得部分未知量;再取系统中某个部分(可以由一个或几个物体组成)为研究对象,列出平衡方程,求出全部未知量。有时也可先取某个部分为研究对象,解得部分未知量;再取整体为研究对象,求出全部未知量。

(2) 逐个考查每个物体。逐个取系统中每个物体为研究对象,列出平衡方程,求出全部未知量。

至于采用何种方法求解,应根据问题的具体情况,恰当地选取研究对象,列出较少的方程,解出所求未知量。并且尽量使每一个方程中只包含一个未知量,以避免求解联立方程。

【例 3.7】　组合梁的荷载及尺寸如图 3.16(a)所示,试求支座 A、C 处的反力及铰链 B 处的约束力。

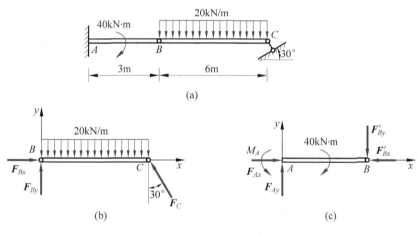

图　3.16

【解】　(1) 取 BC 部分为研究对象,受力如图 3.16(b)所示。列出平衡方程
$$\sum M_B = 0, \quad -(20 \times 6 \times 3)\mathrm{kN \cdot m} + F_C\cos30° \times 6\mathrm{m} = 0$$
得
$$F_C = 69.28\mathrm{kN}$$
$$\sum X = 0, \quad F_{Bx} - F_C\sin30° = 0$$
得
$$F_{Bx} = 34.64\mathrm{kN}$$
$$\sum Y = 0, \quad F_{By} - (20 \times 6)\mathrm{kN} + F_C\cos30° = 0$$
得
$$F_{By} = 60\mathrm{kN}$$

（2）取 AB 部分为研究对象，受力如图 3.16(c) 所示。列出平衡方程

$$\sum X = 0, \quad F_{Ax} - F'_{Bx} = 0$$

得

$$F_{Ax} = F'_{Bx} = F_{Bx} = 34.64\text{kN}$$

$$\sum Y = 0, \quad F_{Ay} - F'_{By} = 0$$

得

$$F_{Ay} = F'_{By} = F_{By} = 60\text{kN}$$

$$\sum M_A = 0, \quad M_A - 40\text{kN} \cdot \text{m} - F'_{By} \times 3\text{m} = 0$$

得

$$M_A = 220\text{kN} \cdot \text{m}$$

▌思考

本题若只求支座 A、C 处的反力，怎样求解最简便？

【例 3.8】 在图 3.17(a) 所示结构中，已知 $F = 6\text{kN}$，$q = 1\text{kN/m}$，试求支座 A、B 处的反力和链杆 1 和链杆 2 的受力。

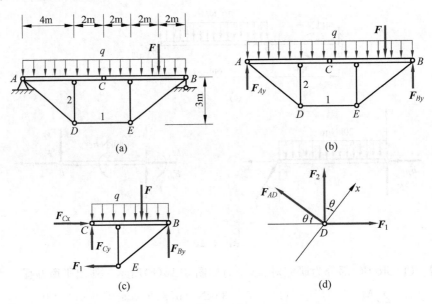

图 3.17

【解】 （1）取整体为研究对象，受力如图 3.17(b) 所示。列出平衡方程

$$\sum M_A = 0, \quad -q \times 12\text{m} \times 6\text{m} - F \times 10\text{m} + F_{By} \times 12\text{m} = 0$$

得

$$F_{By} = \frac{1}{12}(72q + 10F)\text{kN} = \frac{1}{12} \times (72 \times 1 + 10 \times 6)\text{kN} = 11\text{kN}$$

$$\sum M_B = 0, \quad F_{Ay} \times 12\text{m} + q \times 12\text{m} \times 6\text{m} + F \times 2\text{m} = 0$$

得

$$F_{Ay} = \frac{1}{12}(72q + 2F)\text{kN} = \frac{1}{12} \times (72 \times 1 + 2 \times 6)\text{kN} = 7\text{kN}$$

（2）取 CBE 部分为研究对象，受力如图 3.17(c)所示，其中 F_1 为链杆 1 的受力（假定为拉力）。列出平衡方程

$$\sum M_C = 0, \quad -q \times 6\text{m} \times 3\text{m} - F \times 4\text{m} + F_{By} \times 6\text{m} - F_1 \times 3\text{m} = 0$$

得

$$F_1 = 8\text{kN（拉力）}$$

（3）取结点 D 为研究对象，受力如图 3.17(d)所示，其中 F_2 为链杆 2 的受力（假定为拉力）。列出平衡方程

$$\sum X = 0, \quad F_2 \cos\theta + F_1 \sin\theta = 0$$

得

$$F_2 = -F_1 \tan\theta = -6\text{kN（压力）}$$

习　题

3.1　力系如习题 3.1 图所示，$F_1 = F_2 = F_3 = F_4 = F$。试问该力系向点 A 和点 B 简化的结果分别是什么？两种结果是否等效？

3.2　已知 $F_1 = 200\text{N}$，$F_2 = 150\text{N}$，$F_3 = F_4 = 200\text{N}$，各力的方向如习题 3.2 图所示。试分别求各力在 x 轴和 y 轴上的投影。

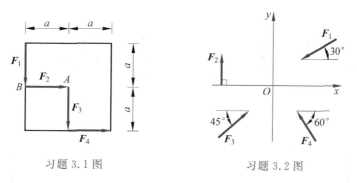

习题 3.1 图　　　　　　　　习题 3.2 图

3.3　简支梁的中点作用一力 $F = 20\text{kN}$，力和梁的轴线成 45°角。试求习题 3.3 图(a)、(b)两种情形下支座 A、B 处的反力。

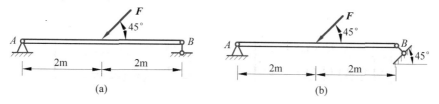

(a)　　　　　　　　　　(b)

习题 3.3 图

3.4 支架由杆 AB、AC 构成，A、B、C 三处均为铰接，在结点 A 悬挂重 W 的重物，杆的自重不计。试求习题 3.4 图(a)、(b)两种情形下，杆 AB、AC 所受的力，并说明它们是拉力还是压力。

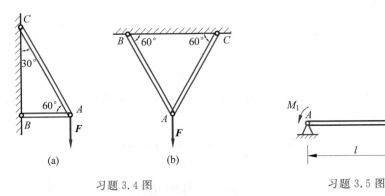

习题 3.4 图

习题 3.5 图

3.5 梁 AB 长 $l=6\text{m}$，A、B 端各作用一力偶，力偶矩的大小分别为 $M_1=15\text{kN} \cdot \text{m}$，$M_2=24\text{kN} \cdot \text{m}$，转向如习题 3.5 图所示。试求支座 A、B 处的反力。

3.6 起重机在习题 3.6 图所示位置保持平衡。已知起重量 $W_1=10\text{kN}$，起重机自重 $W=70\text{kN}$。试求：

(1) A、B 两处地面的约束力。

(2) 当其他条件相同时，最大起重量为多少？

3.7 试求习题 3.7 图所示各梁的支座反力。

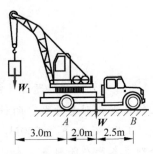

习题 3.6 图

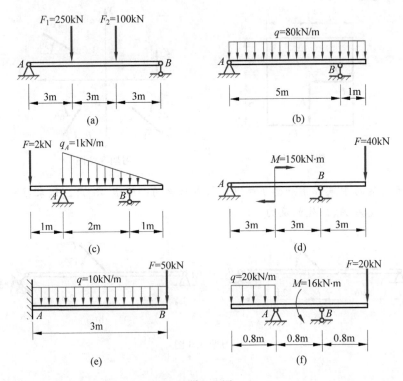

习题 3.7 图

3.8 试求习题3.8图所示各刚架的支座反力。已知 $F=3\text{kN}, q=1\text{kN/m}$。

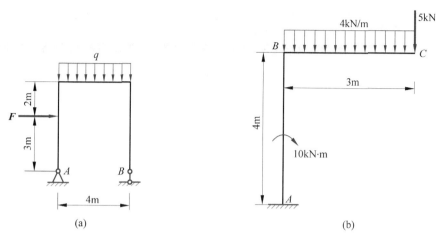

习题 3.8 图

3.9 试求习题3.9图所示各静定梁的支座反力。

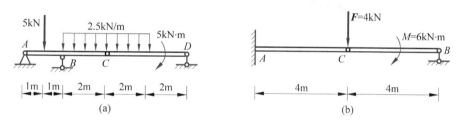

习题 3.9 图

3.10 试求习题3.10图所示结构的支座反力。

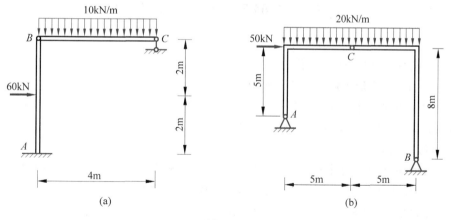

习题 3.10 图

第4章 弹性变形体静力分析基础

内容提要

从本章开始研究杆件的强度、刚度和稳定性计算。本章介绍弹性变形体静力分析中几个重要的基本概念和方法,包括变形固体的基本假设、内力和求内力的截面法、应力、变形与应变以及胡克定律。本章对杆件变形形式作了扼要介绍;还介绍材料拉压时的力学性能,它是杆件强度计算及材料选用的重要依据。

学习要求

1. 了解变形固体的基本假设。
2. 理解内力的概念,熟练掌握用截面法求构件的内力。
3. 理解应力和应变的概念,理解胡克定律和剪切胡克定律。
4. 了解杆件的基本变形和组合变形。
5. 掌握材料拉压时的力学性能和测试方法。
6. 理解许用应力与安全因数的概念。

4.1 变形固体的基本假设

当研究构件的强度、刚度和稳定性问题时,由于这些问题与构件的变形密切相关,所以必须把构件抽象为**变形固体**这一力学模型。

工程中使用的固体材料是多种多样的,而且其微观结构和力学性能也各不相同,为了使问题得到简化,通常对变形固体作如下基本假设。

1. 连续性假设

连续性假设认为在构件的整个体积内毫无空隙地充满了构成变形固体的物质。

事实上,固体材料是由无数的微粒或晶粒组成的,各微粒或晶粒之间是有空隙的,是不可能完全紧密的,但这种空隙与构件的尺寸比起来极为微小,可以忽略不计。

根据这个假设,在进行理论分析时,与构件性质相关的物理量可以用连续函数来表示。

2. 均匀性假设

均匀性假设认为构件内各点处的力学性能是完全相同的。

事实上,组成构件材料的各个微粒或晶粒的性质不尽相同。但是构件的尺寸远远大于微粒或晶粒的尺寸,构件所包含的微粒或晶粒的数目又极多,所以,固体材料的力学性能并不反映其微粒的性能,而是反映所有微粒力学性能的统计平均量。因而,可以认为固体的力学性能是均匀的。

根据这个假设,在进行理论分析时,可以从构件内任何位置取出一小部分来研究材料的性质,其结果均可代表整个构件。

3. 各向同性假设

各向同性假设认为构件内的一点在各个方向上的力学性能是相同的。

事实上,组成构件材料的各个晶粒是各向异性的。但由于构件内所含晶粒的数目极多,在构件内的排列又是极不规则的,在宏观的研究中固体的性能并不显示方向的差别,因此可以认为某些材料是各向同性的,例如金属材料、塑料以及浇注得很好的混凝土等。

根据这个假设,当获得了材料在任何一个方向的力学性能后,就可将其结果用于其他方向。

各向同性假设并不适用于所有材料,例如木材、竹材和纤维增强材料等,其力学性能是各向异性的。

4. 线弹性假设

变形固体在外力作用下发生的变形可分为**弹性变形**和**塑性变形**两类。在外力撤去后能消失的变形称为弹性变形,不能消失而遗留下来的变形称为塑性变形。当所受外力不超过一定限度时,绝大多数工程材料在外力撤去后,其变形可完全消失,具有这种变形性质的变形固体称为**完全弹性体**。

本课程只研究完全弹性体,并且外力与变形之间符合线性关系,即**线弹性假设**。

5. 小变形假设

小变形假设认为构件的变形量是很微小的。

工程中大多数构件的变形都很小,远小于构件的几何尺寸。这样,在研究构件平衡和运动规律时仍可以直接利用构件的原始尺寸来计算。在研究和计算变形时,变形的高次幂项也可忽略,从而使计算得到简化。

以上是有关变形固体的几个基本假设。实践表明,在这些假设的基础上建立起来的理论基本符合工程实际。

4.2　内力与应力

4.2.1　内力的概念

当构件未受到外力作用时,其内部各质点之间存在着相互作用的内力,这种内力相互平衡,使得各质点之间保持一定的相对位置,以保持构件的形状。当构件受到外力的作用而变形时,其内部各质点之间的相对位置就要发生变化,因而它们相互作用的内力也发生改变。本课程所讨论的内力是指由于外力作用而引起的构件内部各质点之间相互作用的内力的改变量,称为"附加内力",简称**内力**。

内力总是与构件的变形同时产生的,并随外力的增加而增大,到达某一限度时就会引起构件的破坏,因而它与构件的强度、刚度等问题是密切相关的。

4.2.2 截面法

求构件的内力的基本方法是截面法。截面法是假想地将构件截开,从而显示并求解内力的方法,其步骤如下:

(1) 截开。沿需要求内力的截面,假想地将构件截开成两部分。

(2) 取出。取截开后的任一部分(一般取受力较简单的部分)为研究对象,弃去另一部分。

(3) 代替。将弃去部分对留下部分的作用以截面上的内力代替。按照连续性假设,内力应连续分布于整个切开的截面上,以后称其为**分布内力**,而将分布内力的合力(力或力偶)称为该截面上的内力。

(4) 平衡。列出留下部分的平衡方程,求出未知内力。

【**例 4.1**】 试求构件[图 4.1(a)]m—m 横截面上的内力。

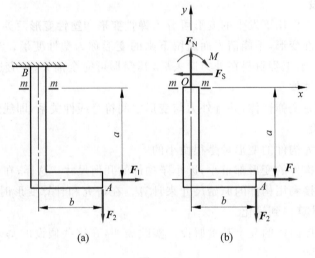

(a)   (b)

图 4.1

【**解**】 假想沿横截面 m—m 把构件截开,取构件的下边部分为研究对象。在构件 A 端作用的外力有 F_1 和 F_2。欲使下边部分保持平衡,则 m—m 横截面上必有内力作用。显然,内力是水平方向的力 F_S、铅直方向的力 F_N 和力偶矩 M[图 4.1(b)]。

列出平衡方程

$$\sum X = 0, \quad F_1 - F_S = 0$$

得

$$F_S = F_1$$

$$\sum Y = 0, \quad F_N - F_2 = 0$$

得

$$F_N = F_2$$

$$\sum M_O = 0, \quad F_1 a - F_2 b - M = 0$$

得

$$M = F_1 a - F_2 b$$

4.2.3 应力的概念

构件某一截面上的内力是分布内力系的主矢和主矩,它只表示截面上总的受力情况,还不能说明分布内力系在截面上各点处的密集程度(简称集度),即不足以确切地反映构件的危险程度。例如,用同一种材料制作的粗细不同的两根杆件承受相同的拉力,当拉力同步增加时,细杆将先被拉断。这表明,虽然两杆截面上的内力相等,但内力的分布集度并不相同,细杆截面上内力分布的集度比粗杆截面上的集度大。所以,在材料相同的情况下,判断构件破坏的依据不是内力的大小,而是内力分布的集度。为此,引入应力的概念。

设在受力构件的 $m—m$ 截面上,围绕 M 点取微面积 ΔA[图 4.2(a)],设 ΔA 上分布内力的合力为 $\Delta \boldsymbol{F}$,则在 ΔA 范围内的单位面积上内力的平均集度为

$$\boldsymbol{p}_{\mathrm{m}} = \frac{\Delta \boldsymbol{F}}{\Delta A}$$

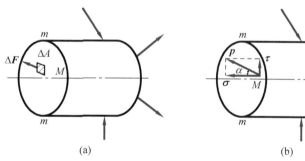

图 4.2

$\boldsymbol{p}_{\mathrm{m}}$ 称为 ΔA 上的平均应力。为消除所取面积 ΔA 大小的影响,可令 ΔA 趋于零,取极限,这样得到

$$\boldsymbol{p} = \lim_{\Delta A \to 0} \boldsymbol{p}_{\mathrm{m}} = \lim_{\Delta A \to 0} \frac{\Delta \boldsymbol{F}}{\Delta A} = \frac{\mathrm{d}\boldsymbol{F}}{\mathrm{d}A} \tag{4.1}$$

$\boldsymbol{p}$ 称为 M 点处的应力。

应力 $\boldsymbol{p}$ 是一个矢量,一般既不与截面垂直,也不与截面相切。通常把应力 $\boldsymbol{p}$ 分解成垂直于截面的法向分量 $\boldsymbol{\sigma}$ 和与截面相切的切向分量 $\boldsymbol{\tau}$[图 4.2(b)]。$\boldsymbol{\sigma}$ 称为 M 点处的**正应力**,$\boldsymbol{\tau}$ 称为 M 点处的**切应力**。且有

$$\sigma = p\cos\alpha, \quad \tau = p\sin\alpha \tag{4.2}$$

应力的单位为 Pa(帕斯卡,简称帕),$1\mathrm{Pa} = 1\mathrm{N/m}^2$。工程实际中常采用帕的倍数:kPa(千帕)、MPa(兆帕)和 GPa(吉帕),其关系为

$$1\mathrm{kPa} = 1 \times 10^3 \mathrm{Pa}, \quad 1\mathrm{MPa} = 1 \times 10^6 \mathrm{Pa}, \quad 1\mathrm{GPa} = 1 \times 10^9 \mathrm{Pa}$$

4.3　变形与应变

4.3.1　应变的概念

构件在外力作用下,其几何形状和尺寸的改变,统称为**变形**。一般地说,构件内各点处的变形是不均匀的。为了研究构件的变形以及截面上的应力分布规律,还必须研究构件内各点处的变形。

围绕构件内 M 点取一微小正六面体[图 4.3(a)],设其沿 x 轴方向的棱边长为 Δx,变形后边长为 $\Delta x + \Delta u$,Δu 称为 Δx 的**线变形**。比值

$$\varepsilon_m = \frac{\Delta u}{\Delta x}$$

称为线段 Δx 的平均线应变。当 Δx 趋近于零时,平均线应变的极限值称为 M 点处沿 x 方向的**线应变**,用 ε_x 表示,即

$$\varepsilon_x = \lim_{\Delta x \to 0} \frac{\Delta u}{\Delta x} = \frac{\mathrm{d}u}{\mathrm{d}x} \tag{4.3}$$

同样可定义 M 点处沿 y 或 z 方向的线应变 ε_y 或 ε_z。

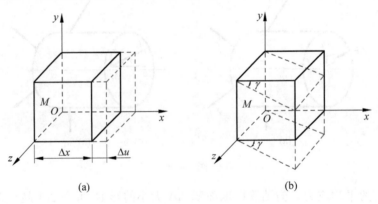

(a)　　　　　　　　　　(b)

图　4.3

当构件变形后,上述正六面体除棱边的长度改变外,原来互相垂直的平面,例如 Oxz 平面与 Oyz 平面间的夹角也可能发生改变[图 4.3(b)],直角的改变量 γ 称为 M 点处的**切应变**。

线应变 ε 和切应变 γ 是度量构件内一点处变形程度的两个基本量,它们都是量纲为 1 的量,γ 的单位是 rad(弧度)。

4.3.2　应力与应变的关系

试验表明,当正应力 σ 未超过某一极限值时,正应力 σ 与其相应的线应变 ε 成正比。引入比例常数 E,则可得到

$$\sigma = E\varepsilon \tag{4.4}$$

上式称为**胡克定律**。式中的比例常数 E 称为**弹性模量**,它与材料的力学性能有关,是衡量材料抵抗弹性变形能力的一个指标,对同一材料,弹性模量 E 为常数。E 的数值随材料而异,可由试验测定。弹性模量 E 的单位与应力的单位相同。

试验还表明,当切应力 τ 未超过某一极限值时,切应力 τ 与其相应的切应变 γ 成正比。引入比例常数 G,则可得到

$$\tau = G\gamma \tag{4.5}$$

上式称为**剪切胡克定律**。式中的比例常数 G 称为**切变模量**,它也与材料的力学性能有关。对同一材料,切变模量 G 为常数,可由试验测定。切变模量 G 的单位与应力的单位相同。

4.4 杆件变形的形式

杆件是本课程中的主要研究对象,当外力以不同的方式作用于杆件时,杆件将产生不同形式的变形。杆件的变形分为**基本变形**和**组合变形**。

4.4.1 基本变形

1. 轴向拉伸和压缩

在一对大小相等、方向相反的轴向(杆件的轴线方向)外力作用下,杆件主要发生沿轴向的伸长[图 4.4(a)]或缩短[图 4.4(b)],这样的变形分别称为**轴向拉伸**和**轴向压缩**。

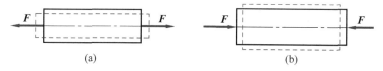

(a)　　　　　　　　　　　(b)

图 4.4

2. 剪切

在一对相距很近、大小相等、方向相反的横向(垂直于杆轴线方向)外力作用下,杆件的相邻横截面发生相对错动(图 4.5),这种变形称为**剪切**。

3. 扭转

在一对大小相等、方向相反、作用面垂直于杆轴的外力偶作用下,杆件的任意两个横截面发生相对转动(图 4.6),这种变形称为**扭转**。

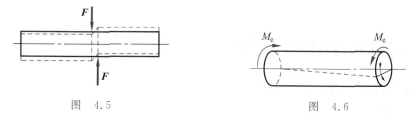

图 4.5　　　　　　　　　　　图 4.6

4. 弯曲

在一对大小相等、方向相反、作用于通过杆轴的平面内的外力偶作用下,或者是受到垂直于杆轴线的横向外力作用下,杆件的轴线变为曲线(图 4.7),这种变形称为**弯曲**。图 4.7(a)所示弯曲称为**纯弯曲**,图 4.7(b)所示弯曲称为**横力弯曲**。

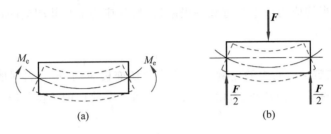

图 4.7

4.4.2 组合变形

组合变形是由两种或两种以上基本变形组成。常见的组合变形形式有:斜弯曲(或称双向弯曲)、拉(压)与弯曲的组合、弯曲与扭转的组合等,分别如图 4.8(a)~(c)所示。

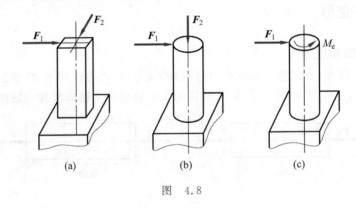

图 4.8

4.5 材料在拉压时的力学性能

材料的力学性能是指材料在外力作用下其强度和变形等方面表现出来的性质,它是构件强度计算及材料选用的重要依据。材料的力学性能可由试验来测定。

本节以工程中广泛使用的低碳钢(含碳量小于 0.25%)和铸铁两类材料为例,介绍材料在常温、静载下拉压时的力学性能。

4.5.1 材料在拉伸时的力学性能

1. 低碳钢在拉伸时的力学性能

1)标准试件

为了便于比较不同材料的试验结果,必须将试验材料按照国家标准制成**标准试件**。金属材料常用的拉伸试件如图 4.9 所示,中部工作段的直径为 d_0,工作段的长度为 l_0,称为标距,且 $l_0 = 10d_0$ 或 $l_0 = 5d_0$。

2)应力-应变曲线

将试件装在试验机上,缓慢平稳地加载直至拉断。对应着每一个拉力 F,试件标距 l_0 有一伸长量 Δl。表示 F 和 Δl 关系的曲线,称为拉伸曲线或 F-Δl 曲线。图 4.10 为 Q235 钢的拉伸曲线。

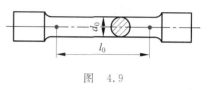

图 4.9

为了消除试样尺寸的影响,将纵坐标 F 除以试件横截面的原始面积 A_0,得到应力 σ;将横坐标 Δl 除以试件标距的原始长度 l_0,得到应变 ε[参见式(6.1)和式(7.1)]。这样得到的曲线称为应力-应变曲线或 σ-ε 曲线(图 4.11)。

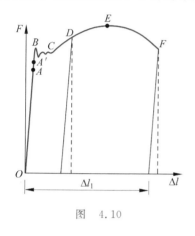

图 4.10

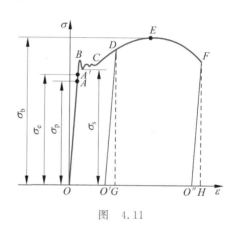

图 4.11

3)低碳钢拉伸过程的四个阶段

根据应力-应变曲线,低碳钢的拉伸过程可分为以下四个阶段。

(1)**弹性阶段**。这一阶段可分为斜直线 OA 和微弯曲线 AA' 两段。斜直线 OA 段表明 σ 与 ε 呈线性关系,即 $\sigma = E\varepsilon$,材料服从胡克定律,斜直线 OA 的斜率就是材料的弹性模量 E。斜直线 OA 的最高点 A 对应的应力是应力与应变保持线性关系的最大应力,称为**比例极限**,用 σ_p 表示。Q235 钢的比例极限约为 200MPa。超过比例极限后,从 A 点到 A' 点,σ 与 ε 关系不再是线性,但变形仍然是弹性的。A' 点对应的应力是材料只产生弹性变形的最大应力,称为**弹性极限**,用 σ_e 表示。σ_p 与 σ_e 虽含义不同,但数值接近,工程上对此二者不作严格区分。

(2)**屈服阶段**。当应力超过 σ_e 增加到某一数值时,应变有非常明显的增加,而应力在很小范围内波动,在应力-应变曲线上形成一段接近水平线的小锯齿形线段(BC 段)。这种应力变化不大而应变显著增加的现象称为**屈服**或**流动**。屈服阶段中曲线首次下降后的最低应力称为**屈服极限**,用 σ_s 表示。Q235 钢的屈服极限约为 235MPa。材料屈服时,光滑试样表面会出现与轴线约成 45°的条纹(图 4.12)。这是由于材料内部晶格间相对滑移形成的,称为**滑移线**。材料屈服时产生显著的塑性变形,这是构件正常工作所不允许的,因此屈服极限 σ_s 是衡量低碳钢强度的重要指标。

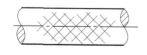

图 4.12

(3)**强化阶段**。屈服阶段后,材料又恢复了抵抗变形的能力,要使它继续变形必须增加拉力。这种现象称为**材料的强化**。CE段称为**强化阶段**,该阶段产生的绝大部分变形是塑性变形,强化阶段的最高点 E 对应的应力是材料所能承受的最大应力,称为**强度极限**或**抗拉强度**,用 σ_b 表示。Q235 钢的强度极限约为 400MPa。它是衡量材料强度的另一重要指标。

(4) **颈缩阶段**。应力达到强度极限后,在试件的某一局部范围内,横向尺寸将急剧缩小,形成颈缩现象[图 4.13(a)]。此时所需的拉力也迅速减小,最后试件在颈缩段被拉断,断面呈杯口状[图 4.13(b)]。

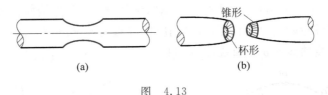

图 4.13

试件拉断后,由于保留了塑性变形,试件标距长度由原来的 l_0 变为 l_1。试件的相对塑性变形用百分比表示为

$$\delta = \frac{l_1 - l_0}{l_0} \times 100\% \tag{4.6}$$

δ 称为**延伸率**。试件的塑性变形($l_1 - l_0$)越大,δ 也越大。因此,延伸率是衡量材料塑性的指标。

工程中将延伸率 $\delta \geq 5\%$ 的材料称为**塑性材料**,如 Q235 钢的 $\delta = 20\% \sim 30\%$,是典型的塑性材料。而把 $\delta < 5\%$ 的材料称为**脆性材料**,如铸铁、砖石、混凝土等材料。

设试件的原始横截面面积为 A_0,拉断后断口处的最小横截面面积为 A_1,用百分比表示的比值

$$\psi = \frac{A_0 - A_1}{A_0} \times 100\% \tag{4.7}$$

称为**断面收缩率**。Q235 钢的 $\psi = 60\% \sim 70\%$。断面收缩率也是衡量材料塑性的指标。

4) 冷作硬化

如将试件拉伸到强化阶段中某一点 D(图 4.11),然后逐渐卸去拉力,则应力和应变关系将沿着大致与斜直线 OA 平行的直线 DO' 回到 O' 点。这一规律称为**卸载规律**。图 4.11 中 O'G 表示卸载后消失了的**弹性应变**,而 OO' 表示保留下来的**塑性应变**。若卸载后,在短期内重新加载,则应力和应变大致沿卸载时的斜直线 O'D 上升,到 D 点后,仍沿原曲线 DEF 变化。可见重新加载时,直到 D 点之前材料的变形是弹性的,过 D 点后才开始出现塑性变形。所以这种预拉过的试件,其比例极限得到了提高,但塑性变形和延伸率降低。这种在常温下将材料拉伸超过屈服阶段,卸载后再重新加载时,比例极限 σ_p 提高而塑性性能降低的现象称为**冷作硬化**。在工程中常利用冷作硬化来提高某些构件(如钢筋、钢缆绳等)在弹性阶段的承载能力。

2. 其他塑性材料在拉伸时的力学性能

图 4.14 给出了几种塑性材料的应力-应变曲线。可以看出,除了 16Mn 钢与低碳钢的 σ-ε 曲线比较相似外,一些材料(如铝合金)没有明显的屈服阶段,但它们的弹性阶段、强化

阶段和颈缩阶段则都比较明显；另外一些材料(如 MnV 钢)则只有弹性阶段和强化阶段而没有屈服阶段和颈缩阶段。对于没有明显屈服阶段的塑性材料,工程中规定以产生 0.2% 塑性应变时的应力值作为**名义屈服极限**,用 $\sigma_{0.2}$ 表示(图 4.15)。

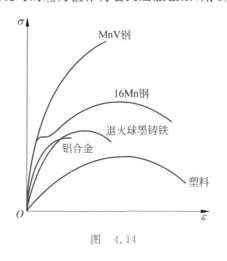

图 4.14

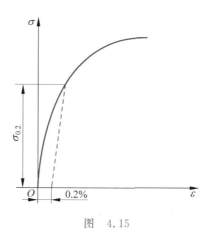

图 4.15

3. 铸铁等脆性材料在拉伸时的力学性能

图 4.16 是灰铸铁拉伸时的应力-应变曲线。它没有明显的直线部分,在拉应力较低(约 120～180MPa)时就沿横截面被拉断,没有屈服和颈缩现象。拉断前应变很小,延伸率也很小,约为 0.4%～0.5%,是典型的脆性材料。

铸铁拉断时的应力为强度极限。因为没有屈服现象,强度极限 σ_b 是衡量铸铁强度的唯一指标。由于铸铁等脆性材料拉伸时的强度极限很低,因此不宜用于制作受拉构件。

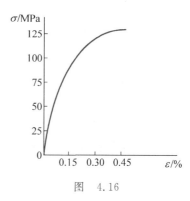

图 4.16

4.5.2 材料在压缩时的力学性能

1. 塑性材料在压缩时的力学性能

金属材料的压缩试件常制成短的圆柱体,圆柱的高度为直径的 1.5～3 倍。

图 4.17 是低碳钢压缩时的应力-应变曲线。试验表明,低碳钢等塑性材料压缩时的弹性模量 E 和屈服极限 σ_s 都与拉伸时基本相同。屈服阶段以后,试件越压越扁,横截面面积不断增大,试件抗压能力也继续提高,故测不出压缩时的强度极限。

2. 脆性材料在压缩时的力学性能

铸铁压缩时的应力-应变曲线(图 4.18)类似于拉伸,但压缩时的强度极限(或称抗压强度)比拉伸时的要高 4～5 倍,且破坏前有较大的塑性变形。铸铁压缩试件的破坏断面较为光滑,断面与轴线大约成 35°～45°角。其他脆性材料,如混凝土、石料等,抗压强度 σ_c 也远高于抗拉强度 σ_b。因此,脆性材料宜用来制作承压构件。

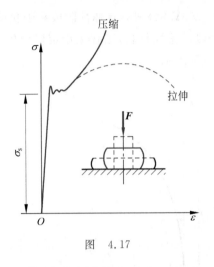

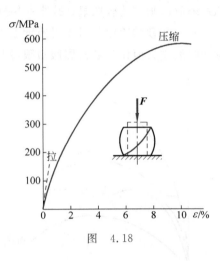

图　4.17　　　　　　　　　　　图　4.18

4.5.3　极限应力、许用应力和安全因数

根据以上分析,塑性材料的应力达到屈服极限 σ_s 或名义屈服极限 $\sigma_{0.2}$ 时,就会出现显著的塑性变形;脆性材料的应力达到强度极限 σ_b 或 σ_c 时,就会发生破坏。这两种情况都会使材料丧失正常的工作能力,这种现象称为**强度失效**。上述引起材料失效的应力称为**极限应力**,用 σ^0 表示。对于塑性材料,$\sigma^0 = \sigma_s$ 或 $\sigma_{0.2}$;对于脆性材料,$\sigma^0 = \sigma_b$ 或 σ_c。

为了保证杆件有足够的强度,应使杆件的工作应力小于材料的极限应力。此外,杆件应留有必要的强度储备。在强度计算中,把极限应力 σ^0 除以大于 1 的因数 n,作为设计时的最高值,称为**许用应力**,用 $[\sigma]$ 表示。即

$$[\sigma] = \frac{\sigma^0}{n} \tag{4.8}$$

式中,n 称为**安全因数**。

确定安全因数是一个复杂的问题。一般来说,应考虑材料的均匀性;荷载估计的准确性;计算简图和计算方法的精确性;杆件在结构中的重要性以及杆件的工作条件等。安全因数的选取直接关系到安全性和经济性。若安全因数偏大,则杆件偏于安全,造成材料浪费;反之,则杆件工作时危险。在工程设计中,安全因数可从有关规范或手册中查到。在常温静载下,对于塑性材料,一般取 $n_s = 1.4 \sim 1.7$;对于脆性材料,一般取 $n_b = 2.5 \sim 5.0$。

习　题

4.1　在使用截面法之前,能否采用将力(或力偶)沿其作用线(或作用面)移动,以及力系的合成等静力等效替换的做法? 为什么?

4.2　试求习题 4.2 图所示杆件各指定横截面上的内力。

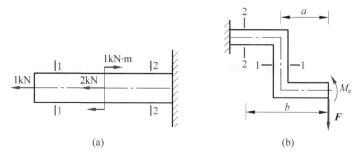

(a)   (b)

习题 4.2 图

4.3 如习题 4.3 图所示,轴向拉伸试样件上 A、B 两点间的距离 l 称为标距。受拉力作用后,用变形仪量出两点间距离的增量 $\Delta l = 5 \times 10^{-2}$ mm。若 l 的原长为 100mm,试求试件的平均线应变 ε_m。

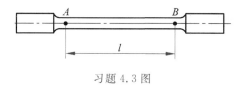

习题 4.3 图

4.4 对于 Q235 钢,胡克定律成立的条件是什么?

4.5 用电阻应变仪测得轴向拉伸试件的线应变 $\varepsilon = 4 \times 10^{-4}$,已知试件材料钢的弹性模量 $E = 200$GPa,试用胡克定律求试件的正应力。

4.6 钢的弹性模量 $E = 200$GPa,铝的弹性模量 $E = 71$GPa。试比较在弹性范围内,在正应力相同的情况下,哪种材料的线应变大? 在相同线应变的情况下,哪种材料的正应力大?

4.7 习题 4.7 图所示结构中杆①为铸铁,杆②为低碳钢。试问(a)图与(b)图两种结构设计方案哪一种较为合理? 为什么?

4.8 三根尺寸相同但材料不同的拉杆,材料的 σ-ε 曲线如习题 4.8 图所示,试问:

(1) 哪一种材料的强度高?

(2) 哪一种材料的塑性好?

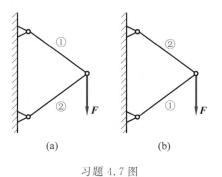

(a)   (b)

习题 4.7 图   习题 4.8 图

第5章 杆件的内力

内容提要

　　本章介绍杆件在拉压、扭转以及弯曲时的内力计算和内力图的绘制方法。本章内容是对杆件进行强度、刚度和稳定性计算的基础。

学习要求

1. 了解拉压杆的受力特点和变形特点，了解其计算简图，熟练掌握轴力计算和轴力图绘制。
2. 了解受扭杆的受力特点和变形特点，了解其计算简图，熟练掌握扭矩计算和扭矩图绘制。
3. 了解杆件在平面弯曲时的受力特点和变形特点，了解其计算简图，熟练掌握剪力和弯矩计算、剪力图和弯矩图绘制。

5.1　杆件在拉压时的内力

5.1.1　拉压的工程实例和计算简图

　　工程实际中经常遇到承受轴向拉伸或压缩的杆件。例如，斜拉桥中的拉索[图 5.1(a)]、钢木组合桁架中的钢拉杆[图 5.1(b)]等。

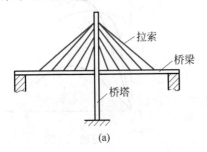

(a)

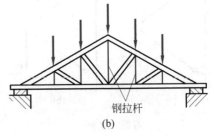

(b)

图　5.1

承受轴向拉伸或压缩的杆件简称为拉(压)杆。实际拉压杆的形状、加载和连接方式各不相同,但都可简化成图 5.2 所示的计算简图。拉压杆的受力特点:作用于杆件上的外力的合力作用线与杆件轴线重合;拉压杆的变形特点:沿轴线方向的伸长或缩短,同时横向尺寸也发生变化。

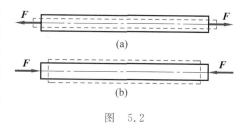

图 5.2

5.1.2 轴力和轴力图

1. 轴力

以图 5.3(a)所示拉杆为例,求其任意横截面 $m-m$ 上的内力。应用截面法,假想地沿 $m-m$ 横截面把杆截开,取左段为研究对象[图 5.3(b)],列出平衡方程

$$\sum X = 0, \quad F_N - F = 0$$

得

$$F_N = F$$

由于内力 $\boldsymbol{F}_N$ 的作用线与杆的轴线重合,故 $\boldsymbol{F}_N$ 称为**轴力**。

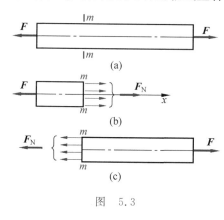

图 5.3

若取右段为研究对象[图 5.3(c)],同样可求得轴力 $F_N = F$,但其方向与用左段求出的轴力方向相反。为了使两种算法得到的同一截面上的轴力不仅数值相等,而且符号相同,规定轴力的正负号如下:当轴力的方向与横截面的外法线方向一致时,杆件受拉伸长,轴力为正;反之,杆件受压缩短,轴力为负。显然,图 5.3 所示 $m-m$ 横截面上的轴力为正。

在计算轴力时,通常未知轴力按正向假设。若计算结果为正,则表示轴力的实际指向与所设指向相同,轴力为拉力;若计算结果为负,则表示轴力的实际指向与所设指向相反,轴力为压力。

2. 轴力图

在实际问题中,杆件所受外力较复杂,这时杆件各横截面上的轴力不尽相同。为了表示轴力随横截面位置的变化情况,用平行于杆轴线的坐标 x 表示横截面的位置,以垂直于杆轴线的坐标表示相应横截面上的轴力 $\boldsymbol{F}_N$ 的数值(按适当比例),绘出轴力与横截面位置关系的图线,称为**轴力图**,也称 F_N 图。通常将正的轴力画在 x 轴的上方,负的轴力画在 x 轴的下方。

若在规定的坐标系中绘制轴力图,则坐标系可省略不画。

【**例 5.1**】 拉压杆如图 5.4(a)所示,试求横截面 1—1、2—2、3—3 上的轴力,并绘制轴力图。

【**解**】 (1)求支座反力。由杆 AD[图 5.4(a)]的平衡方程

$$\sum X = 0, \quad F_D - F_3 - F_2 + F_1 = 0$$

即

$$F_D - 26\text{kN} - 12\text{kN} + 20\text{kN} = 0$$

得

$$F_D = 18\text{kN}$$

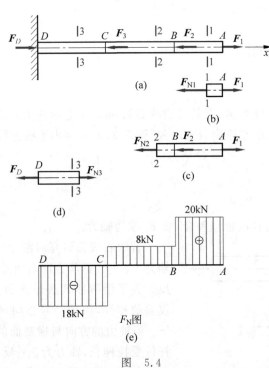

图 5.4

（2）求横截面 1—1、2—2、3—3 上的轴力。沿横截面 1—1 假想地将杆截开，取右段为研究对象，设横截面上的轴力为 F_{N1}[图 5.4(b)]，列出平衡方程

$$\sum X = 0, \quad F_1 - F_{N1} = 0$$

得

$$F_{N1} = F_1 = 20\text{kN}$$

算得的结果为正，表明 F_{N1} 为拉力。当然也可以取右段为研究对象来求轴力 F_{N1}，但右段上包含的外力较多，不如取左段简便。因此计算时，应选取受力较简单的部分作为研究对象。

再沿横截面 2—2 假想地将杆截开，仍取右段为研究对象，设横截面上的轴力为 F_{N2} [图 5.4(c)]，列出平衡方程

$$\sum X = 0, \quad F_1 - F_2 - F_{N2} = 0$$

得

$$F_{N2} = F_1 - F_2 = 8\text{kN}$$

同理，沿横截面 3—3 将杆截开，取左段为研究对象，可求得轴力 F_{N3}[图 5.4(d)]为

$$F_{N2} = -F_D = -18\text{kN}$$

算得的结果为负,表明 F_{N3} 为压力。

（3）绘制轴力图。根据各段 F_N 值绘出轴力图[图 5.4(e)]。由图可知,AB 段各横截面上的轴力最大,最大轴力 $F_{Nmax}=20kN$。

对于等截面直杆(简称等直杆),内力较大的截面称为**危险截面**,例如本例题中 AB 段各横截面。通过绘制内力图可以确定危险截面的位置及其上内力的数值。

轴力图一般应与计算简图对齐。在图上应标注内力的数值及单位,在图框内均匀地画出垂直于杆轴的纵坐标线,并标注正负号。当杆竖直放置时,正负值可分别画在杆的任一侧,并标注正负号。

5.2 杆件在扭转时的内力

5.2.1 扭转的工程实例和计算简图

工程实际中有很多承受扭转的杆件。例如,钻探机的钻杆[图 5.5(a)]、房屋中的边梁[图 5.5(b)]等。

以扭转为主要变形的杆件称为**轴**,其计算简图如图 5.6 所示。轴的受力特点:在杆件两端受到两个作用面垂直于杆轴线的力偶的作用,两力偶大小相等、转向相反;轴的变形特点:杆件任意两个横截面都绕杆轴线作相对转动。两横截面之间的相对角位移称为**扭转角**,用 φ 表示。在图 5.6 中,φ 表示截面 B 相对于截面 A 的扭转角。扭转时,杆的纵向线发生微小倾斜,表面纵向线的倾斜角用 γ 表示。

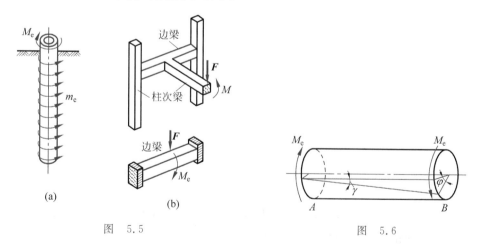

图 5.5　　　　　　　　　　　　　图 5.6

5.2.2 外力偶矩的计算

工程实际中作用于轴上的外力偶矩往往不是直接给出的,而是给出轴所传递的功率和轴的转速。外力偶矩的计算公式为

$$M_e = 9549 \times \frac{P}{n} \qquad (5.1)$$

式中：M_e——轴上某处所受的外力偶矩，单位为 N·m(牛顿·米)；

　　　P——轴上某处传递的功率，单位为 kW(千瓦)；

　　　n——轴的转速，单位为 r/min(转/分)。

5.2.3　扭矩和扭矩图

1. 扭矩

在作用于轴上的所有外力偶矩都求出后，即可应用截面法求横截面上的内力。例如，为求圆轴[图 5.7(a)]横截面 m—m 上的内力，可假想地沿 m—m 横截面把圆轴截开，取左段为研究对象[图 5.7(b)]，为保持左段平衡，m—m 横截面上必存在一个内力偶矩 T。T 的转向与外力偶矩 M_e 的转向相反，T 的大小与 M_e 的大小相等，即

$$T = M_e$$

式中：T——m—m 横截面上的扭矩。

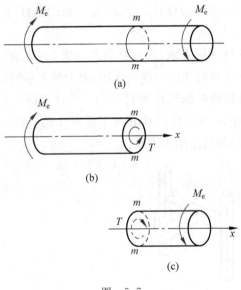

图　5.7

如果取右段为研究对象[图 5.7(c)]，仍然可以求得 $T = M_e$，但其方向则与用左段求出的扭矩的方向相反。为了使两种算法得到的同一截面上的扭矩不仅数值相等，而且符号相同，对扭矩 T 的正负号规定如下：按右手螺旋法则，让四个指头与扭矩 T 的转向一致，大拇指伸出的方向(即扭矩 T 的方向)与截面的外法线方向一致时，T 为正(图 5.8)；反之为负。显然，图 5.7 所示 m—m 横截面上的扭矩为正。

与求轴力的方法类似，用截面法计算扭矩时，通常先假设扭矩为正，然后根据计算结果的正负确定扭矩的实际方向。

2. 扭矩图

若作用于轴上的外力偶矩多于两个，也与拉伸(压缩)问题中绘制轴力图相仿，以平行于

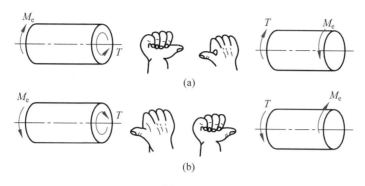

图 5.8

轴线的横坐标 x 表示横截面的位置、纵坐标表示相应横截面上的扭矩 T 的数值(按适当比例),用图线来表示各横截面上扭矩沿轴线变化的情况。这样的图线称为**扭矩图**,也称 T 图。通常将正的扭矩画在 x 轴的上方,负的扭矩画在 x 轴的下方。

若在规定的坐标系中绘制扭矩图,则坐标系可省略不画。

【**例5.2**】 传动轴[图 5.9(a)]的转速 $n=150\mathrm{r/min}$,主动轮 A 的输入功率 $P_A=70\mathrm{kW}$,从动轮 B、C、D 的输出功率分别为 $P_B=30\mathrm{kW}$,$P_C=P_D=20\mathrm{kW}$。试绘制该轴的扭矩图。

(a)
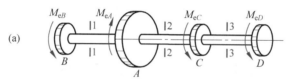

(b)
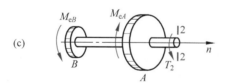

(c)

(d)

(e)

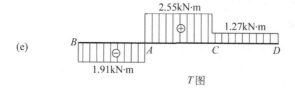

T 图

图 5.9

【解】　(1) 计算外力偶矩。由式(5.1)可知,作用于轴上的外力偶矩为

$$M_{eA} = 9549 \times \frac{P_A}{n} = 9549 \times \frac{70\text{kW}}{150\text{r/min}} = 4.46\text{kN} \cdot \text{m}$$

$$M_{eB} = 9549 \times \frac{P_B}{n} = 9549 \times \frac{30\text{kW}}{150\text{r/min}} = 1.91\text{kN} \cdot \text{m}$$

$$M_{eC} = M_{eD} = 9549 \times \frac{P_C}{n} = 9549 \times \frac{20\text{kW}}{150\text{r/min}} = 1.27\text{kN} \cdot \text{m}$$

(2) 计算扭矩。须将轴分为 AB、AC 和 CD 三段,逐段计算扭矩。利用截面法,取 1—1 横截面以左部分为研究对象[图 5.9(b)],为保持左段平衡,1—1 横截面上的扭矩 T_1 为

$$T_1 = -M_{eB} = -1.91\text{kN} \cdot \text{m}$$

T_1 为负值表示假设的扭矩方向与实际方向相反。

同理,分别取 2—2 横截面的左段和 3—3 横截面的右段为研究对象[图 5.9(c)、(d)],可求得

$$T_2 = -(M_{eA} + M_{eB}) = 2.55\text{kN} \cdot \text{m}$$

$$T_3 = M_{eD} = 1.27\text{kN} \cdot \text{m}$$

(3) 绘制扭矩图。根据以上计算结果,绘出扭矩图[图 5.9(e)]。由图可知,最大扭矩发生在 AC 段轴的各横截面上,其值为 $|T|_{max} = 2.55\text{kN} \cdot \text{m}$。

5.3　杆件在弯曲时的内力

5.3.1　弯曲的工程实例和计算简图

1. 弯曲的工程实例

工程实际中存在大量受弯曲的杆件。例如,图 5.10(a)~(c)所示的楼板梁、公路桥梁,以及单位长度的挡水墙等。

以弯曲为主要变形的杆件称为梁。梁的受力特点:受到通过梁轴线的平面内的外力偶作用,或受到垂直于梁轴线的横向力作用;梁的变形特点:梁的轴线弯成曲线。

2. 梁的平面弯曲的概念

工程中大多数梁的横截面都有一根竖向对称轴(图 5.11)。梁的轴线与横截面的竖向对称轴构成的平面称为梁的**纵向对称面**(图 5.12)。如果作用于梁上的所有外力都在纵向对称面内,则变形后梁的轴线也将在此对称平面内弯曲成一条平面曲线,这种弯曲称为**平面弯曲**。本课程主要研究平面弯曲问题。

3. 梁的计算简图

按照杆件结构的简化方法,得到楼板梁、公路桥梁和单位长度挡水墙的计算简图分别如图 5.10(a)~(c)所示。梁在两个支座之间的部分称为**跨**,其长度则称为**跨长**或**跨度**。梁通常有单跨和多跨两种形式。

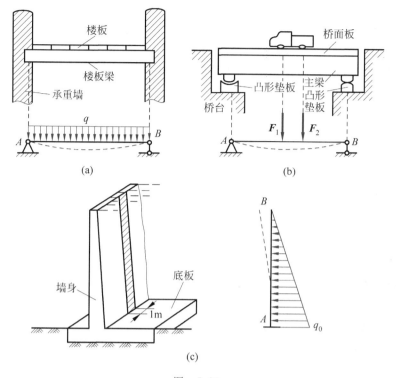

图　5.10

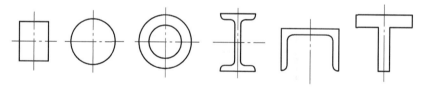

图　5.11

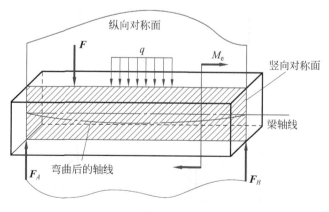

图　5.12

根据支座情况,单跨静定梁有以下三种形式。

(1) **悬臂梁**:一端固定,另一端自由的梁[图 5.13(a)]。

(2) **简支梁**:一端为固定铰支座,另一端为活动铰支座的梁[图 5.13(b)]。

(3) **外伸梁**:一端或两端伸出支座之外的简支梁[图 5.13(c)]。

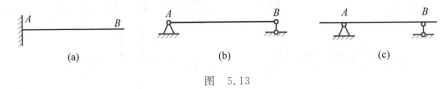

图 5.13

在平面弯曲问题中,梁上的荷载与支座反力组成一平面力系,该力系有三个独立的平衡方程。悬臂梁、简支梁和外伸梁各自恰好有三个未知的支座反力,它们都可由静力平衡方程求出。

5.3.2 剪力和弯矩

1. 剪力和弯矩的概念

确定了梁上的荷载和支座反力后,梁横截面上的内力可用截面法求得。

现以悬臂梁[图 5.14(a)]为例,其上作用有荷载 F,由平衡方程可求出固定端 B 处的支座反力为 $F_B = F$,$M_B = Fl$[图 5.14(b)]。求横截面 m—m 上的内力时,应用截面法假想地沿横截面 m—m 将梁截成两段,取左段为研究对象[图 5.14(c)],为保持左段平衡,作用于

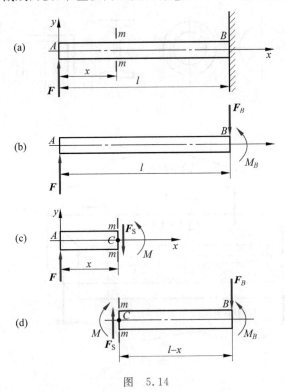

图 5.14

左段上的力除荷载 F 外,在横截面 m—m 上必定有内力 F_S 和 M。列出平衡方程

$$\sum Y = 0, \quad F - F_S = 0$$

得

$$F_S = F$$

$$\sum M_C = 0, \quad M - Fx = 0$$

得

$$M = Fx$$

F_S 和 M 分别称为**剪力**和**弯矩**。

如取右段为研究对象[图 5.14(d)],同样可以求得 F_S 和 M,且数值与上述结果相等,只是方向相反。

为了使无论取左段梁还是取右段梁得到的同一横截面上的 F_S 和 M 不仅大小相等,而且正负号一致,对 F_S、M 的正负号作如下规定。

(1)剪力的正负号。梁横截面上的剪力使所取微段梁产生顺时针方向转动趋势的为正[图 5.15(a)],反之为负[图 5.15(b)]。

(2)弯矩的正负号。梁横截面上的弯矩使所取微段梁产生上凹下凸弯曲变形的为正[图 5.15(c)],反之为负[图 5.15(d)]。

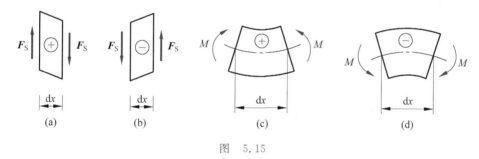

图　5.15

根据上述正负号规定,图 5.14(b)、(c)所示情况中横截面 m—m 上的剪力和弯矩均为正。

与求轴力和扭矩相类似,横截面上的剪力和弯矩通常按正向假设,根据计算结果的正负确定它们的实际方向。

【例 5.3】　试求简支梁[图 5.16(a)]横截面 1—1、2—2、3—3 上的剪力和弯矩。横截面 3—3 位于 F_2 作用截面的右侧,并与其无限接近。

【解】　(1)求支座反力。由梁的平衡方程,求得支座反力为

$$F_A = F_B = 10\text{kN}$$

(2)求横截面 1—1 上的剪力和弯矩。假想地沿横截面 1—1 把梁截成两段,取左段为研究对象[图 5.16(b)],列出平衡方程

$$\sum Y = 0, \quad F_A - F_{S1} = 0$$

得

$$F_{S1} = F_A = 10\text{kN}$$

$$\sum M_C = 0, \quad M_1 - F_A \times 1\text{m} = 0$$

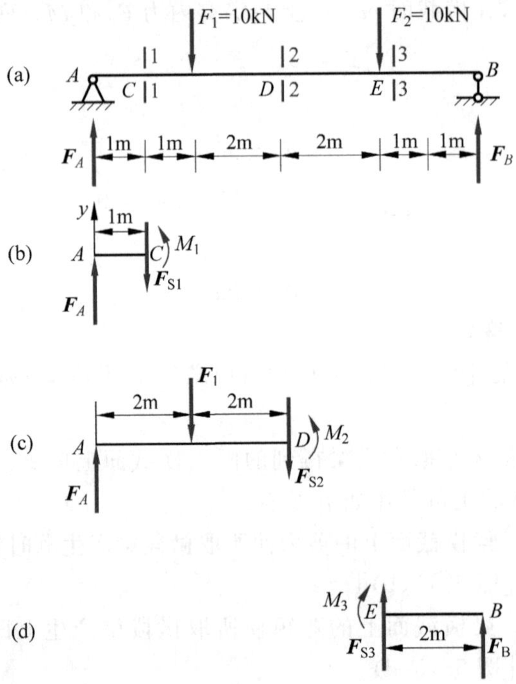

图 5.16

得

$$M_1 = F_A \times 1\text{m} = 10\text{kN} \cdot \text{m}$$

由计算结果可知,F_{S1} 为正剪力,M_1 为正弯矩。

（3）求横截面 2—2 上的剪力和弯矩。假想地沿横截面 2—2 把梁截成两段,仍取左段为研究对象[图 5.16(c)],列出平衡方程

$$\sum Y = 0, \quad F_A - F_1 - F_{S2} = 0$$

得

$$F_{S2} = F_A - F_1 = 0$$

$$\sum M_D = 0, \quad M_2 - F_A \times 4\text{m} + F_1 \times 2\text{m} = 0$$

得

$$M_2 = F_A \times 4\text{m} - F_1 \times 2\text{m} = 20\text{kN} \cdot \text{m}$$

由计算结果可知,M_2 为正弯矩。

（4）求横截面 3—3 上的剪力和弯矩。假想地沿横截面 3—3 把梁截成两段,取右段为研究对象[图 5.16(d)],列出平衡方程

$$\sum Y = 0, \quad F_B + F_{S3} = 0$$

得

$$F_{S3} = -F_B = -10\text{kN}$$

$$\sum M_E = 0, \quad F_B \times 2\text{m} - M_3 = 0$$

得

$$M_3 = F_B \times 2\text{m} = 20\text{kN} \cdot \text{m}$$

由计算结果可知，F_{S3} 为负剪力，M_3 为正弯矩。

2. 剪力和弯矩的计算规律

由上面例题的计算过程，可以总结出梁内力计算的如下规律。

（1）梁任一横截面上的剪力，其数值等于该截面左边（或右边）梁上所有横向外力的代数和。当横向外力与该截面上正号剪力的方向相反时为正，相同时为负。

应该注意，当梁上的外力与梁斜交时，应先将其分解成横向分力和轴向分力。

（2）梁任一横截面上的弯矩，其数值等于该截面左边（或右边）梁上所有外力对该截面形心之矩的代数和。当力矩与该截面上正号弯矩的转向相反时为正，相同时为负。

利用上述规律，可以直接根据横截面左边或右边梁上的外力来求该截面上的剪力和弯矩，而不必列出平衡方程。

5.3.3　剪力图和弯矩图

1. 用内力方程法绘制剪力图和弯矩图

在一般情况下，梁横截面上的剪力和弯矩随横截面的位置而变化。若沿梁的轴线建立 x 轴，以坐标 x 表示梁的横截面的位置，则梁横截面上的剪力和弯矩均可表示为坐标 x 的函数，即

$$\left.\begin{array}{r} F_S = F_S(x) \\ M = M(x) \end{array}\right\} \tag{5.2}$$

以上两式分别称为梁的**剪力方程**和**弯矩方程**。

与绘制轴力图和扭矩图一样，也可用图线表示梁的各横截面上剪力 F_S 和弯矩 M 沿梁轴线变化的情况。以平行于梁轴的横坐标 x 表示横截面的位置，以纵坐标表示相应横截面上的剪力 F_S 或弯矩 M 的数值（按适当比例），绘出剪力方程和弯矩方程的图线，这样的图线分别称为**剪力图**（也称 F_S 图）和**弯矩图**（也称 M 图）。这种绘制剪力图和弯矩图的方法称为**内力方程法**，这是绘制内力图的基本方法。

 特别提示

> 在建筑工程中，绘图时将正弯矩画在 x 轴下方，即画在杆件弯曲时凸出的一侧（受拉一侧），而且不用标注正负号。在剪力图中，仍将正的剪力画在 x 轴的上方，负的剪力画在 x 轴的下方。

若在规定的坐标系中绘制剪力图和弯矩图，则坐标系可省略不画。

【例 5.4】　简支梁[图 5.17(a)]受均布荷载 q 作用，试列出此梁的剪力方程和弯矩方程，并绘制剪力图和弯矩图。

【解】　（1）求支座反力。由梁的平衡方程，求得支座反力为

$$F_A = F_B = \frac{ql}{2}$$

（2）列剪力方程和弯矩方程。由距左端为 x 的任意横截面以左梁上的外力，求得 x 横

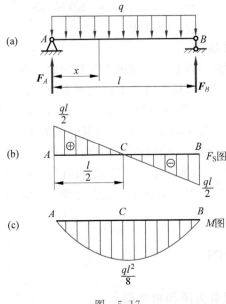

图 5.17

截面上的剪力和弯矩,这就是梁的剪力方程和弯矩方程,它们分别为

$$F_S(x) = F_A - qx = \frac{ql}{2} - qx \quad (0 < x < l) \tag{a}$$

$$M(x) = F_A x - \frac{q}{2}x^2 = \frac{ql}{2}x - \frac{q}{2}x^2 \quad (0 \leqslant x \leqslant l) \tag{b}$$

因在支座 A、B 处有集中力作用,剪力在此两截面处有突变,而且为不定值,故剪力方程的适用范围用开区间的符号表示;弯矩值在该两截面处没有突变,弯矩方程的适用范围用闭区间的符号表示。

(3) 绘剪力图和弯矩图。根据以上方程式,剪力图为一条直线,现确定直线上两个点(一般为两个端点)的坐标分别为

$$x = 0, \quad F_{SA} = \frac{ql}{2}$$

$$x = l, \quad F_{SB} = -\frac{ql}{2}$$

绘出梁的剪力图如图 5.17(b)所示。

弯矩图为一条抛物线,通常需要确定三个点(一般为两个端点和某一个特殊的点)才能将其大致绘出。当 $x=0$ 和 $x=l$ 时,M 均为零;下面分析一个特殊的点。

由高等数学知识可求得弯矩的极值及其所在横截面的位置。将式(b)对 x 求一阶导数,并令其等于零,有

$$\frac{\mathrm{d}M(x)}{\mathrm{d}x} = \frac{ql}{2} - qx = 0$$

得

$$x = \frac{l}{2}$$

将 $x = \dfrac{l}{2}$ 代入弯矩方程式(b),即得最大弯矩为 $M_{\max} = \dfrac{ql^2}{8}$。绘出梁的弯矩图如图 5.17(c)所示。

由图可见,梁跨中横截面上的弯矩是极值且为全梁弯矩的最大值,$M_{\max} = \dfrac{ql^2}{8}$。在该横截面上,剪力 $F_S = 0$。而在梁的两支座横截面处剪力值为最大,$|F_S|_{\max} = \dfrac{ql}{2}$。

【例 5.5】 简支梁[图 5.18(a)]在 C 处受集中荷载 F 作用,试列出此梁的剪力方程和弯矩方程,并绘制剪力图和弯矩图。

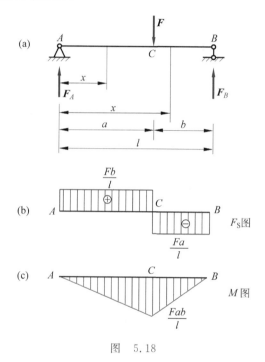

图 5.18

【解】 (1)求支座反力。由梁的平衡方程,求得支座反力为

$$F_A = \frac{Fb}{l}, \quad F_B = \frac{Fa}{l}$$

(2)列剪力方程和弯矩方程。集中力 F 作用于 C 点,梁在 AC 和 BC 两段内的剪力或弯矩不能用同一方程来表示,应分段考虑。在 AC 段内取距左端为 x 的任意横截面,求得此横截面上的剪力和弯矩分别为

$$F_S(x) = F_A = \frac{Fb}{l} \quad (0 < x < a) \tag{a}$$

$$M(x) = F_A x = \frac{Fb}{l} x \quad (0 \leqslant x \leqslant a) \tag{b}$$

这就是 AC 段内的剪力方程和弯矩方程。同样求得 CB 段内的剪力方程和弯矩方程分别为

$$F_S(x) = -F_B = -\frac{Fa}{l} \quad (a < x < l) \tag{c}$$

$$M(x) = F_B(l - x) = \frac{Fa}{l}(l - x) \quad (a \leqslant x \leqslant l) \tag{d}$$

（3）绘剪力图和弯矩图。根据式（a）、式（c）绘出剪力图[图 5.18（b）]。由剪力图可见，当 $a>b$ 时，$|F_S|_{\max}=\dfrac{Fa}{l}$。

根据式（b）、式（d）绘出弯矩图[图 5.18（c）]。由弯矩图可见，$M_{\max}=\dfrac{Fab}{l}$，发生在集中力作用处的横截面上。

由图可知，在集中力作用处（C 横截面），其左、右两侧横截面上弯矩相同，而剪力则发生突变，突变值等于该集中力的大小。

【例 5.6】 简支梁[图 5.19（a）]在 C 处受一集中力偶 M_e 作用，试列出此梁的剪力方程和弯矩方程，并绘制剪力图和弯矩图。

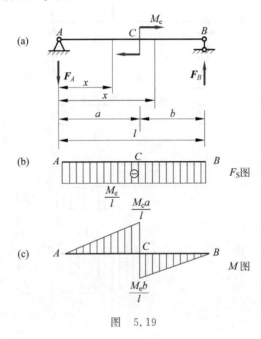

图 5.19

【解】 （1）求支座反力。由梁的平衡方程，求得支座反力为

$$F_A = F_B = \frac{M_e}{l}$$

（2）列剪力方程和弯矩方程。此梁在 C 处有集中力偶作用，分段列剪力方程和弯矩方程如下。

AC 段

$$F_S(x) = -F_A = -\frac{M_e}{l} \quad (0 < x \leqslant a) \tag{a}$$

$$M(x) = -F_A x = -\frac{M_e}{l}x \quad (0 \leqslant x < a) \tag{b}$$

CB 段

$$F_S(x) = -F_B = -\frac{M_e}{l} \quad (a \leqslant x < l) \tag{c}$$

$$M(x) = F_B(l-x) = \frac{M_e}{l}(l-x)(a < x \leqslant l) \tag{d}$$

在集中力偶作用的 C 横截面处,弯矩有突变而为不定值,故弯矩方程的适用范围用开区间的符号表示。

(3) 绘剪力图和弯矩图。根据以上方程式,可分别绘出剪力图[图 5.19(b)]和弯矩图[图 5.19(c)]。

由图可见,当 $a > b$ 时,在集中力偶作用处的左侧横截面上的弯矩值最大,$|M|_{max} = \dfrac{M_e a}{l}$;在集中力偶作用处($C$ 横截面),其左、右两侧横截面上的剪力相同,而弯矩则发生突变,突变值等于该集中力偶矩的大小。

2. 用微分关系法绘制剪力图和弯矩图

1) 弯矩、剪力与分布荷载集度之间的微分关系

在例 5.4 中,若将弯矩方程式(b)对 x 求一次导数,得 $\dfrac{dM(x)}{dx} = \dfrac{ql}{2} - qx$,这恰是剪力方程式(a),即有

$$\frac{dM(x)}{dx} = F_s(x) \tag{5.3}$$

若再将剪力方程式(a)对 x 求一次导数,得 $\dfrac{dF_s(x)}{dx} = -q$。可以证明,如规定分布载荷集度 $q(x)$ 向上为正,则有

$$\frac{dF_s(x)}{dx} = q(x) \tag{5.4}$$

由式(5.3)和式(5.4)还可得到

$$\frac{dM^2(x)}{dx^2} = q(x) \tag{5.5}$$

以上三式就是弯矩、剪力与分布载荷集度之间的**微分关系**。它们在直梁中是普遍存在的规律。

2) 剪力图和弯矩图的图形规律

根据弯矩、剪力与分布荷载集度之间的微分关系,并由前述各例题,可以得到剪力图与弯矩图图形的一些规律,概括如下:

(1) 梁上某段无载荷作用($q = 0$)时,此段梁的剪力 F_s 为常数,剪力图为水平线;弯矩 M 则为 x 的一次函数,弯矩图为斜直线。

(2) 梁上某段受均布载荷作用(q 为常数)时,此段梁的剪力 F_s 为 x 的一次函数,剪力图为斜直线;弯矩 M 则为 x 的二次函数,弯矩图为抛物线。在剪力 $F_s = 0$ 处,弯矩图的斜率为零,此处的弯矩为极值。

(3) 在集中力作用处,剪力图在此处有突变,当集中力向下时,剪力图向下突变;当集中力向上时,剪力图向上突变;突变值即为该处集中力的大小。此时弯矩图的斜率也发生突然变化,因而弯矩图在此处有尖角。

(4) 在集中力偶作用处,弯矩图在此处有突变,当集中力偶顺时针转向时,弯矩图向下突变;当集中力偶逆时针转向时,弯矩图向上突变;突变值即为该处集中力偶矩的大小。但剪力图在此处没有变化,故集中力偶作用处两侧弯矩图的斜率相同。

为方便记忆,将以上剪力图和弯矩图的图形规律归纳成表 5.1 所示内容。

表 5.1 梁内力图的图形规律

内力图 / 图形规律 / 梁段	无荷载作用段			q 作用段		F 作用处		M_e 作用处	
				$\overset{\downarrow}{q}$	$\overset{\downarrow q}{}$	$\uparrow F$	$\downarrow F$	M_e	M_e
F_S 图	⊞⊕	⊞⊖	—	⊖	⊕	F	F	无影响	无影响
M 图	＼	／	—	⌣	⌣	∧	∨	M_e	M_e

3）微分关系法

利用剪力图和弯矩图的图形规律，可不必列出剪力方程和弯矩方程，而能更简捷地绘制梁的剪力图和弯矩图。这种绘制剪力图和弯矩图的方法称为**微分关系法**，其步骤如下：

（1）**分段定形**。根据梁上荷载和支承情况将梁分成若干段，由各段内的荷载情况判断剪力图和弯矩图的形状。

（2）**定点绘图**。求出控制截面（某些特殊横截面）上的剪力值和弯矩值，逐段绘制梁的剪力图和弯矩图。

【**例 5.7**】 试绘制简支梁［图 5.20(a)］的剪力图和弯矩图。

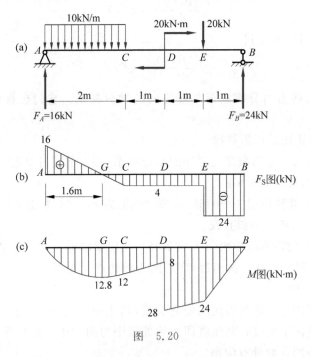

图 5.20

【**解**】 （1）求支座反力。由梁的平衡方程，求得支座反力为

$$F_B = 24\text{kN}, \quad F_A = 16\text{kN}$$

（2）绘剪力图。梁上的外力将梁分成 AC、CD、DE 和 EB 四段。

在向上的支座反力 F_A 作用的横截面 A 上，剪力图向上突变，突变值等于 F_A 的大小

16kN。AC 段受向下均布荷载的作用,剪力图为向右下倾斜的直线。横截面 C 上的剪力为

$$F_{SC} = F_A - 10\text{kN/m} \times 2\text{m} = -4\text{kN}$$

并由

$$F_A - 10x = 0$$

得到剪力为零的横截面 G 的位置 $x = 1.6\text{m}$。

CD 段和 DE 段上无荷载作用,横截面 D 上受集中力偶的作用,故 CE 段的剪力图为水平线。横截面 E 上受向下的集中力作用,剪力图向下突变,突变值等于集中力的大小 20kN。

EB 段上无荷载作用,剪力图为水平线。横截面 B 上受向上的支座反力 $\boldsymbol{F}_B$ 作用,剪力图向上突变,突变值等于 $\boldsymbol{F}_B$ 的大小 24kN。

全梁的剪力图如图 5.20(b)所示。梁的最大剪力发生在 EB 段各横截面上,其值为 $|F_S|_{max} = 24\text{kN}$。

(3)绘弯矩图。AC 段受向下均布荷载的作用,弯矩图为向下凸的抛物线。横截面 A 上的弯矩 $M_A = 0$。横截面 G 上的弯矩为

$$M_G = F_A \times 1.6\text{m} - \frac{1}{2} \times 10\text{kN/m} \times 1.6\text{m} \times 1.6\text{m} = 12.8\text{kN} \cdot \text{m}$$

横截面 C 上的弯矩为

$$M_C = F_A \times 2\text{m} - \frac{1}{2} \times 10\text{kN/m} \times 2\text{m} \times 2\text{m} = 12\text{kN} \cdot \text{m}$$

CD 段上无荷载作用,且剪力为负,故弯矩图为向右上倾斜的直线。D 点左侧横截面上的弯矩为

$$M_D^L = F_A \times 3\text{m} - 10\text{kN/m} \times 2\text{m} \times 2\text{m} = 8\text{kN} \cdot \text{m}$$

横截面 D 上受集中力偶的作用,力偶矩为顺时针转向,故弯矩图向下突变,突变值等于集中力偶矩的大小 20kN · m。D 点右侧横截面上的弯矩 $M_D^R = 28\text{kN} \cdot \text{m}$。

DE 段上无荷载作用,剪力为负,故弯矩图为向右上倾斜的直线。横截面 E 上的弯矩为

$$M_E = F_B \times 1\text{m} = 24\text{kN} \cdot \text{m}$$

EB 段上无荷载作用,剪力为负,故弯矩图为向右上倾斜的直线。横截面 B 上的弯矩 $M_B = 0$。

全梁的弯矩图如图 5.20(c)所示。梁的最大弯矩发生在 D 点右侧横截面上,其值为 $M_{max} = 28\text{kN} \cdot \text{m}$。

3. 用区段叠加法绘制弯矩图

1)叠加原理

在小变形的情况下由几个外力所引起的某一参数(支座反力、内力、应力或位移)等于每个外力单独作用时所引起的该参数的总和。这个结论称为**叠加原理**。

 特别提示

叠加原理只有在参数与外力呈线性关系时才能成立。

2）区段叠加法

由前面例题中的弯矩方程可以看出，梁的弯矩与梁上的荷载呈线性关系。下面说明如何用叠加原理绘制梁的弯矩图。

在梁内取某一受均布荷载作用的杆段 AB[图 5.21(a)]，与其静力等效的相应简支梁如图 5.21(b)所示，二者的弯矩图应相同。对于简支梁，当梁端力偶 M_A 和 M_B 单独作用时，梁的弯矩图为一直线[图 5.21(c)]，当均布荷载 q 单独使用时，梁的弯矩图为一抛物线[图 5.21(d)]，利用叠加原理，图 5.21(b)所示简支梁的弯矩图等于图 5.21(c)、(d)所示两个弯矩图的叠加[图 5.21(e)]。这就是**区段叠加法**。

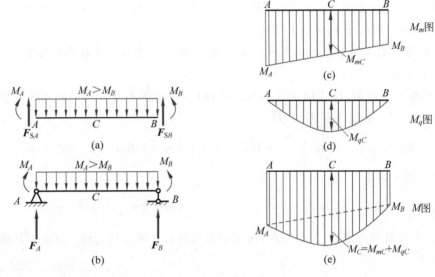

图　5.21

应用区段叠加法绘制梁的弯矩图的步骤如下：

（1）分段定点。选取梁上外力不连续点（例如集中力或集中力偶的作用点、分布荷载作用的起点和终点等）作为控制截面，并求出这些截面上的弯矩值，从而确定弯矩图的控制点。

（2）叠加绘图。如控制截面间无荷载作用时，用直线连接两控制点即得该段的弯矩图。如控制截面间有均布荷载作用时，先用虚直线连接两控制点，然后以它为基线，叠加上该段在均布荷载单独作用下的相应简支梁的弯矩图，即得该段的弯矩图。

在实际应用中，往往是将微分关系法和区段叠加法结合起来绘制梁的剪力图和弯矩图。

【例 5.8】　试绘制图 5.22(a)所示简支梁的弯矩图和剪力图。

【解】　（1）求支座反力。由梁的平衡方程，求得支座反力为
$$F_A = 19\text{kN}, \quad F_B = 17\text{kN}$$

（2）绘弯矩图。把梁分成 AC、CD 和 DB 三段。选取 A、C、D、B 作为控制截面，由内力计算规律求出这些截面上的弯矩值为
$$M_A = 0$$
$$M_C = F_A \times 1\text{m} = 19\text{kN} \cdot \text{m}$$
$$M_D = F_A \times 2\text{m} - 20\text{kN} \times 1\text{m} = 18\text{kN} \cdot \text{m}$$
$$M_B = 0$$

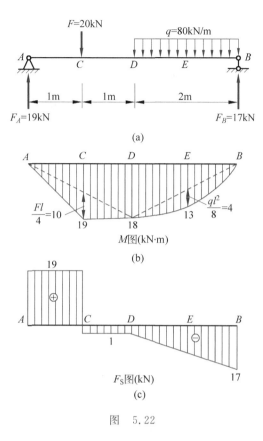

图 5.22

利用区段叠加法绘出梁的弯矩图,如图 5.22(b)所示。本题在绘制 AD 段的弯矩图时,也可以不计算 C 截面上的弯矩,而用虚直线连接两控制点,再叠加上相应简支梁在跨中截面单独受集中力 F 作用下的弯矩图[图 5.22(b)]。

(3) 绘剪力图。把梁分成 AC、CD 和 DB 三段,利用微分关系法绘出梁的剪力图如图 5.22(c)所示。剪力图上 A、C 和 B 处有突变,突变的值分别等于该处所受集中力的大小。

习　　题

5.1　试求习题 5.1 图所示各杆指定截面上的轴力,并绘制轴力图。

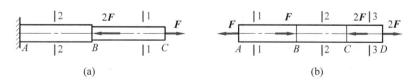

(a)　　　　　　　　　　　　　　　　(b)

习题 5.1 图

5.2　习题 5.2 图所示传动轴在横截面 A 处的输入功率为 $P_A = 15\text{kW}$,在横截面 B、C 处的输出功率分别为 $P_B = 10\text{kW}$、$P_C = 5\text{kW}$,轴的转速 $n = 60\text{r/min}$。试绘制该轴的扭矩图。

5.3 试求习题5.3图所示轴指定截面上的扭矩,并绘制扭矩图。

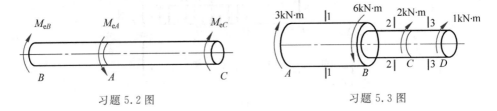

习题5.2图　　　　　　　　　　　习题5.3图

5.4 试求习题5.4图所示各梁指定截面上的剪力和弯矩。设 q、F、a 均为已知。图中各指定截面与相应截面无限接近。

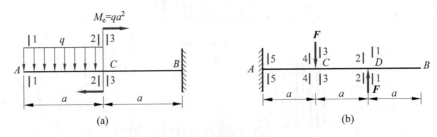

(a)　　　　　　　　　　　　　　(b)

习题5.4图

5.5 试用内力方程法绘制习题5.5图所示各梁的剪力图和弯矩图。

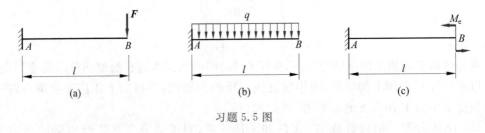

(a)　　　　　　　(b)　　　　　　　(c)

习题5.5图

5.6 试用微分关系法绘制习题5.6图所示各梁的剪力图和弯矩图。

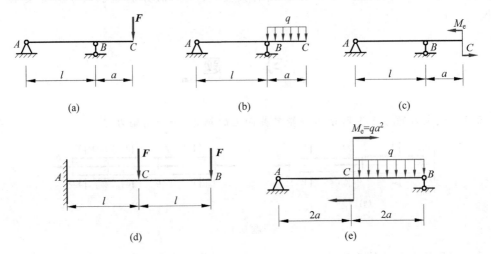

(a)　　　　　　　　(b)　　　　　　　　(c)

(d)　　　　　　　　　　　　(e)

习题5.6图

5.7 试用区段叠加法绘制习题 5.7 图所示各梁的弯矩图。

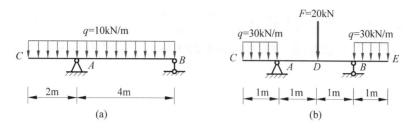

习题 5.7 图

第6章 杆件的应力与强度

内容提要

本章研究杆件在基本变形和组合变形时的应力与强度计算,介绍连接件的实用强度计算。本章内容是杆件强度计算的核心。

学习要求

1. 熟练掌握拉压杆的应力与强度计算。
2. 掌握圆轴扭转时的应力与强度计算。
3. 熟练掌握梁弯曲时的应力与强度计算,了解提高梁弯曲强度的主要措施。
4. 掌握组合变形问题的分析方法,掌握斜弯曲、压缩(拉伸)与弯曲、偏心压缩(拉伸)杆件的应力与强度计算,了解截面核心的概念。
5. 了解工程中构件的连接方式,熟练掌握连接件的剪切和挤压强度计算。

6.1 杆件在拉压时的应力与强度

6.1.1 拉压杆横截面上的正应力

1. 杆件在拉压时的现象分析

因为拉(压)杆横截面上的轴力沿横截面的法向,所以横截面上只有正应力 σ。

要计算正应力 σ,应首先知道它在横截面上的分布规律。为此,从观察拉压杆的变形入手。在图 6.1(a)所示拉杆的侧面任意画两条垂直于杆轴的横向线 ab 和 cd(代表两个横截面)。拉伸后可观察到它们分别平移到了 $a'b'$ 和 $c'd'$ 的位置,但仍为直线,且仍垂直于杆轴[图 6.1(b)]。根据这一现象,可假设变形前原为平面的横截面,变形后仍保持为平面且垂直于杆轴。这就是**平面假设**。

2. 拉压杆横截面上的正应力的计算公式

根据平面假设,在拉伸时,杆的相邻两横截面就像刚性平面一样,相对平移了一个距离。设想杆由无数纵向纤维组成,则每根纤维的变形相同,因而所受的内力相等,从而可知:横截面上的正应力 σ 均匀分布[图 6.1(c)]。设杆的横截面面积为 A,因为轴力 F_N 是横截面上

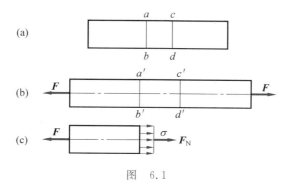

图 6.1

分布内力的合力,于是有

$$F_N = \sigma A$$

或

$$\sigma = \frac{F_N}{A} \tag{6.1}$$

这就是轴向拉伸时横截面上正应力的计算公式。它同样适用于轴向压缩的等截面直杆。对于变截面杆,除在截面突变处附近以外,此公式也适用。

正应力的符号与轴力的符号规定相同,即拉应力为正,压应力为负。

6.1.2 拉压杆的强度计算

1. 拉压杆的强度条件

为了保证拉压杆的正常工作,必须使杆内的最大工作应力 σ_{max} 不超过材料的许用应力 $[\sigma]$。对于等直杆,有

$$\sigma_{max} = \frac{F_{Nmax}}{A} \leqslant [\sigma] \tag{6.2}$$

上式称为拉(压)杆的强度条件。

2. 强度计算的三类问题

根据强度条件,可以解决以下三种类型的强度计算问题。

(1) 强度校核。已知杆的材料、尺寸和承受的荷载(即已知$[\sigma]$、A 和 F_{Nmax}),要求校核杆的强度是否足够。此时只需检查式(6.2)是否成立。

(2) 设计截面。已知杆的材料、承受的荷载(即已知$[\sigma]$和 F_{Nmax}),要求确定横截面面积或尺寸。为此,将式(6.2)改写为

$$A \geqslant \frac{F_{Nmax}}{[\sigma]} \tag{a}$$

由此确定横截面面积。再根据横截面形状,确定横截面尺寸。

当采用工程中规定的标准截面(如型钢)时,可能会遇到为了满足强度条件而须选用过大截面的情况。为经济起见,此时可以考虑选用小一号的截面,但由此引起的杆的最大正应力超过许用应力的百分数一般限制在 5% 以内,即

$$\frac{\sigma_{max} - [\sigma]}{[\sigma]} \times 100\% < 5\% \tag{b}$$

(3) 确定许用荷载。已知杆的材料和尺寸(已知$[\sigma]$和A),要求确定杆所能承受的最大荷载。为此,将式(6.2)改写为

$$F_{\text{Nmax}} \leqslant A[\sigma] \tag{c}$$

先算出最大轴力,再由荷载与轴力的关系,确定杆的许用荷载。

【例 6.1】 图 6.2(a)所示为三角形托架,杆 AB 为直径 $d=20$mm 的圆形钢杆,材料为 Q235 钢,许用应力$[\sigma]=160$MPa,荷载 $F=45$kN。试校核杆 AB 的强度。

【解】 (1) 计算杆 AB 的轴力。取结点 B 为研究对象[图 6.2(b)],列出平衡方程

$$\sum X = 0, \quad F_{\text{N2}}\cos45° - F_{\text{N1}} = 0$$

$$\sum Y = 0, \quad F_{\text{N2}}\sin45° - F = 0$$

联立求解,得

$$F_{\text{N1}} = F = 45\text{kN}$$

(2) 强度校核。杆 AB 的横截面上的应力为

$$\sigma = \frac{F_{\text{N1}}}{\frac{\pi d^2}{4}} = \frac{45 \times 10^3\,\text{N}}{\frac{\pi}{4} \times 20^2 \times 10^{-6}\,\text{m}^2} = 143.2 \times 10^6\,\text{Pa} = 143.2\text{MPa} < [\sigma] = 160\text{MPa}$$

因此杆 AB 的强度足够。

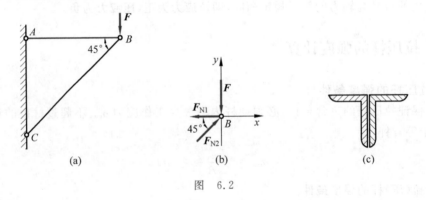

图 6.2

【例 6.2】 例 6.1 中,若杆 AB 由两根等边角钢组成[图 6.2(c)],其他条件不变,试设计等边角钢的型号。

【解】 (1) 计算杆 AB 的轴力。由例 6.1 已算得杆 AB 的轴力为

$$F_{\text{N1}} = 45\text{kN}$$

(2) 设计截面。杆 AB 的横截面面积为

$$A \geqslant \frac{F_{\text{N1}}}{[\sigma]} = \frac{45 \times 10^3\,\text{N}}{160 \times 10^6\,\text{Pa}} = 0.2813 \times 10^{-3}\,\text{m}^2 = 281.3\text{mm}^2$$

查型钢规格表,可选 L25×3 的等边角钢,其横截面面积为 $1.432\text{cm}^2 = 143.2\text{mm}^2$。采用两根这样的角钢,其总横截面面积为 $2 \times 143.2\text{mm}^2 = 286.4\text{mm}^2 > 281.3\text{mm}^2$,可满足要求。

【例 6.3】 图 6.2(a)所示三角形托架中,若杆 AB 为横截面面积 $A_1 = 480\text{mm}^2$ 的钢杆,许用应力$[\sigma]_1 = 160$MPa;杆 BC 为横截面面积 $A_2 = 10000\text{mm}^2$ 的木杆,许用压应力$[\sigma]_2 = 10$MPa。试求许用荷载$[F]$。

【解】 (1) 求两杆轴力与荷载 F 的关系。在例 6.1 中,由结点 B 的平衡方程可得

$$F_{N1} = F(拉)，\quad F_{N2} = \sqrt{2}F(压)$$

（2）求满足杆 AB 强度条件的许用荷载。杆 AB 的许用轴力为

$$F_{N1} = F \leqslant A_1[\sigma]_1$$

因此许用荷载为

$$F \leqslant A_1[\sigma]_1 = 480 \times 10^{-6}\,\mathrm{m}^2 \times 160 \times 10^6\,\mathrm{Pa} = 76800\mathrm{N} = 76.8\mathrm{kN}$$

（3）求满足杆 BC 强度条件的许用荷载。杆 BC 的许用轴力为

$$F_{N2} = \sqrt{2}F \leqslant A_2[\sigma]_2$$

因此许用荷载为

$$F \leqslant \frac{A_2[\sigma]_2}{\sqrt{2}} = \frac{10000 \times 10^{-6}\,\mathrm{m}^2 \times 10 \times 10^6\,\mathrm{Pa}}{\sqrt{2}} = 70710\mathrm{N} = 70.71\mathrm{kN}$$

为了保证两杆都能安全地工作，许用荷载为

$$[F] = 70.71\mathrm{kN}$$

6.2　圆轴在扭转时的应力与强度

6.2.1　圆轴在扭转时横截面上的切应力

1. 圆轴在扭转时的现象分析

取一等直圆轴，在圆轴表面画圆周线（代表横截面）和纵向线[图 6.3(a)]，在扭转外力偶 M_e 的作用下，可以观察到如下现象[图 6.3(b)]。

（1）各圆周线绕轴线相对旋转了一个角度，但大小、形状和相邻圆周线间的距离不变。

（2）各纵向线都倾斜了一个微小的角度 γ。变形前表面上的方格，变形后错动成菱形。

从上述观察到的现象，可以做出如下的假设及推断。

（1）由于各圆周线的形状、大小及间距保持不变，可以假设圆轴的横截面在扭转后仍保持为平面，各横截面像刚性平面一样绕轴线作相对转动。这一假设称为圆轴扭转时的平面假设。

（2）由于各圆周线的间距保持不变，故知横截面上没有正应力。

（3）由于矩形网格歪斜成了平行四边形，即左右横截面发生了相对转动，故可推断横截面上必有切应力 τ，且切应力的方向垂直于半径。

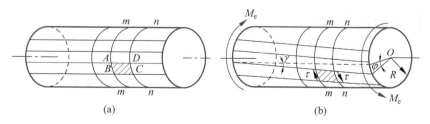

图　6.3

2. 圆轴在扭转时横截面上的切应力的计算公式

圆轴在扭转时横截面上任一点处切应力大小的计算公式为（推导从略）

$$\tau_\rho = \frac{T\rho}{I_p} \tag{6.3}$$

式中：T——横截面上的扭矩，以绝对值代入；

ρ——横截面上欲求应力的点处到圆心的距离；

I_p——横截面对圆心的**极惯性矩**。

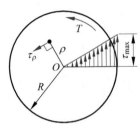

图 6.4

切应力的方向则与半径垂直，并与扭矩的转向一致（图 6.4）。

式（6.3）中的极惯性矩 I_p 是只与截面形状尺寸有关的几何量，常用单位为 m⁴ 或 mm⁴。对于直径为 d 的圆形截面：

$$I_p = \frac{\pi d^4}{32} \tag{6.4}$$

对于内、外径分别为 d、D 的圆环形截面：

$$I_p = \frac{\pi D^4}{32}(1-\alpha^4) \quad \left(\alpha = \frac{d}{D}\right) \tag{6.5}$$

由式（6.3）可知，横截面上任一点处的切应力的大小 τ_ρ 与该点到圆心的距离 ρ 成正比（图 6.4）。在横截面边缘上各点，即 $\rho=R$ 处切应力最大，其值为

$$\tau_{\max} = \frac{TR}{I_p} = \frac{T}{I_p/R} = \frac{T}{W_p} \tag{6.6}$$

式中：$W_p = I_p/R$——**扭转截面系数**（又称为**扭转截面模数**）。

扭转截面系数只与截面形状尺寸有关，是衡量截面抗扭能力的一个几何量，常用单位为 m³ 或 mm³。对于圆形截面和圆环形截面：

$$W_p = \frac{\pi d^3}{16} \tag{6.7}$$

以及

$$W_p = \frac{\pi D^3}{16}(1-\alpha^4) \quad \left(\alpha = \frac{d}{D}\right) \tag{6.8}$$

 注意

式（6.3）、式（6.6）只适用于圆轴，对小锥度圆杆也可近似使用。

6.2.2 圆轴的扭转强度计算

对于等直圆轴，最大切应力 $\tau_{\max}$ 发生在最大扭矩 $T_{\max}$ 所在截面的边缘上各点处。为了保证圆轴能安全工作，要求 $\tau_{\max}$ 不超过材料的许用切应力 $[\tau]$，即强度条件为

$$\tau_{\max} = \frac{T_{\max}}{W_p} \leqslant [\tau] \tag{6.9}$$

【**例 6.4**】 某机器传动轴由空心钢管制成，钢管外径 $D=90\text{mm}$，内径 $d=85\text{mm}$，材料的许用切应力 $[\tau]=60\text{MPa}$，轴传递的功率 $P=16\text{kW}$，转速 $n=100\text{r/min}$。试校核该轴的扭

转强度。

【解】（1）计算外力偶矩和扭矩。轴横截面上的扭矩 T 等于外力偶矩 M_e，即

$$T = M_e = 9549 \times \frac{P}{n} = 9549 \times \frac{16\text{kW}}{100\text{r/min}}$$

$$= 1527.8\text{N} \cdot \text{m}$$

（2）校核轴的扭转强度。轴内最大切应力为

$$\tau_{\max} = \frac{T}{\frac{\pi D^3}{16}(1-\alpha^4)} = \frac{1527.8\text{N} \cdot \text{m} \times 16}{\pi \times 90^3 \times 10^{-9}\text{m}^3 \times \left[1 - \left(\frac{85\text{mm}}{90\text{mm}}\right)^4\right]}$$

$$= 52.2 \times 10^6\text{Pa} = 52.2\text{MPa} < [\tau] = 60\text{MPa}$$

可见该传动轴的强度是足够的。

【例 6.5】 若例 6.4 中的传动轴采用实心圆轴，其他条件保持不变，现要求它与原来的空心圆轴的强度相同，试确定其直径，并比较空心圆轴与实心圆轴的重量。

【解】（1）确定实心圆轴的直径 D_1。因为要求与例 6.4 中的空心圆轴的强度相同，故实心圆轴的最大切应力也应为 52.2MPa，即

$$\tau_{\max} = \frac{T}{\frac{\pi D_1^3}{16}} = \frac{1527.8\text{N} \cdot \text{m} \times 16}{\pi \times D_1^3} = 52.2 \times 10^6\text{Pa}$$

于是

$$D_1 = \sqrt[3]{\frac{1527.8\text{N} \cdot \text{m} \times 16}{\pi \times 52.2 \times 10^6\text{Pa}}} = 5.30 \times 10^{-2}\text{m} = 53\text{mm}$$

（2）比较空心圆轴与实心圆轴的重量。上例中空心圆轴的横截面面积为

$$A_{空} = \frac{\pi(D^2 - d^2)}{4} = \frac{\pi \times (90^2 - 85^2) \times 10^{-6}\text{m}^2}{4} = 6.87 \times 10^{-4}\text{m}^2$$

实心圆轴的横截面面积为

$$A_{实} = \frac{\pi D_1^2}{4} = \frac{\pi \times 53^2 \times 10^{-6}\text{m}^2}{4} = 22.1 \times 10^{-4}\text{m}^2$$

在两轴长度相等，材料相同的情况下，两轴重量之比等于横截面面积之比，即

$$\frac{A_{空}}{A_{实}} = \frac{6.87 \times 10^{-4}\text{m}^2}{22.1 \times 10^{-4}\text{m}^2} = 0.31$$

（3）讨论。由上可知，在荷载相同的情况下，强度相等的空心圆轴的重量仅为实心圆轴的 31%，其在减轻重量、节约材料上是非常明显的。这可以用圆轴扭转时横截面上的切应力分布规律来解释。对于实心圆截面（图 6.4），当其边缘的切应力达到最大值时，圆心附近的切应力很小，材料没有被充分利用。若把圆心附近材料向边缘移置，使其成为空心圆截面（图 6.5），就会增大 I_p 和 W_p，从而提高轴的扭转强度。

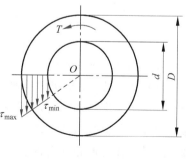

图 6.5

6.3　梁在弯曲时的应力与强度

6.3.1　梁在弯曲时横截面上的正应力

在一般情况下,梁的横截面上作用有剪力与弯矩。剪力与弯矩是横截面上分布内力的合成结果。在横截面上只有切向微内力 τdA 才能合成为剪力 F_S,只有法向微内力 σdA 才能合成为弯矩 M(图 6.6)。因此,梁横截面上一般存在着切应力 τ 和正应力 σ,它们分别由剪力 F_S 和弯矩 M 引起。

1. 梁在纯弯曲时横截面上的正应力

若梁在弯曲时,横截面上只有弯矩而无剪力,这种情况称为**纯弯曲**。下面先研究纯弯曲时梁横截面上正应力的计算公式。

1) 梁在纯弯曲时的现象分析

取一具有纵向对称面的梁,例如矩形截面梁,在其侧面画两条相邻的横向线 mm 和 nn(代表两个横截面),再在两横

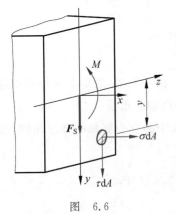

图　6.6

向线间靠近梁顶面和底面处画两条纵向线 aa 和 bb(代表两条纵向纤维),如图 6.7(a)所示。在梁的两端施加外力偶 M_e,使梁发生纯弯曲[图 6.7(b)]。此时可观察到下列现象。

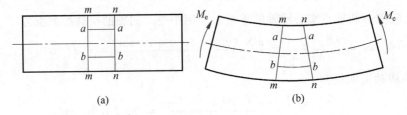

(a)　　　　　　　　　　　(b)

图　6.7

(1) mm 和 nn 仍为直线,只是相对旋转了一个角度。

(2) aa 和 bb 变为弧线,且 aa 缩短,bb 伸长。

(3) mm 和 nn 分别与 aa 和 bb 仍保持正交。

从上述观察到的现象,可以做出如下的假设及推断。

(1) 变形前原为平面的横截面,变形后仍为平面。相邻两横截面就像刚性平面一样,绕各自截面内某一轴相对转动了一个角度。这就是弯曲变形的平面假设。

(2) 设想梁由无数纵向纤维组成,当梁变形后,靠近顶面的纤维缩短,靠近底面的纤维伸长。由于变形是连续的,因而中间必定有一层纤维既不伸长也不缩短,这一层称为**中性层**。中性层与横截面的交线称为**中性轴**。梁弯曲时横截面绕中性轴转动。可以证明,中性轴通过横截面的形心并垂直于横截面的竖向对称轴(图 6.8)。

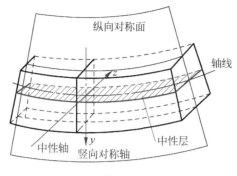

图 6.8

2）梁在纯弯曲时横截面上的正应力的计算公式

梁横截面上正应力的计算公式为（推导从略）

$$\sigma = \frac{My}{I_z} \tag{6.10}$$

式中：M——横截面上的弯矩；

　　　y——横截面上待求应力点至中性轴的距离；

　　　I_z——横截面对中性轴的**惯性矩**。

惯性矩是只与截面形状尺寸有关的几何量，常用单位为 m^4 或 mm^4。

在使用式（6.10）计算正应力时，通常以 M、y 的绝对值代入，求得 σ 的大小，再根据弯曲变形判断应力的正（拉）或负（压）。即以中性层为界，梁的凸出边的应力为拉应力，凹入边的应力为压应力。

由式（6.10）可知，梁横截面上某点处的正应力 σ 与该点到中性轴的距离 y 成正比，当 $y=0$ 时，$\sigma=0$，即中性轴上各点处的正应力为零。中性轴两侧，一侧受拉，另一侧受压。离中性轴最远的上、下边缘 $y=y_{max}$ 处正应力最大，一边为最大拉应力 σ_{tmax}，另一边为最大压应力 σ_{cmax}（图 6.9）。最大正应力值为

$$\sigma_{max} = \frac{My_{max}}{I_z} = \frac{M}{W_z} \tag{6.11}$$

式中：$W_z = I_z/y_{max}$——**弯曲截面系数**（又称为**弯曲截面模数**）。

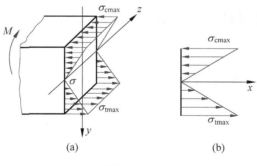

图 6.9

弯曲截面系数只与截面形状尺寸有关，是衡量截面抗弯能力的一个几何量，常用单位为 m^3 或 mm^3。

矩形、圆形及圆环形等常见简单截面的惯性矩和弯曲截面系数见表 6.1。型钢截面的惯性矩和弯曲截面系数可在附录 1 型钢规格表中查得。

表 6.1 常见简单截面的惯性矩与弯曲截面系数

截　　面	惯　性　矩	弯曲截面系数
 矩形	$I_z = \dfrac{bh^3}{12}$ $I_y = \dfrac{hb^2}{12}$	$W_z = \dfrac{bh^2}{6}$ $W_y = \dfrac{hb^2}{6}$
 圆形	$I_z = I_y = \dfrac{\pi d^4}{64}$	$W_z = W_y = \dfrac{\pi d^3}{32}$
 圆环形	$I_z = I_y = \dfrac{\pi D^4 (1 - \alpha^4)}{64}$ $\left(\alpha = \dfrac{d}{D} \right)$	$W_z = W_y = \dfrac{\pi D^3 (1 - \alpha^4)}{32}$ $\left(\alpha = \dfrac{d}{D} \right)$

2. 梁在横力弯曲时横截面上的正应力

梁弯曲时,横截面上既有弯矩又有剪力,这种情况称为横力弯曲。虽然公式(6.10)是纯弯曲条件下建立的,但试验与理论分析表明,对于细长梁(跨度与横截面高度之比 $l/h > 5$),用公式(6.10)计算横力弯曲时梁横截面上的正应力也是足够精确的。

6.3.2　梁在弯曲时横截面上的切应力

梁在横力弯曲时,横截面上还存在切应力。下面简单介绍矩形截面梁横截面上切应力的计算以及几种常见截面梁的最大切应力的计算。

1. 矩形截面梁

设宽为 b、高为 h 的矩形截面[图 6.10(a)]上的剪力 F_S 沿对称轴作用。若 $h > b$,则可对切应力的分布作如下假设。

(1) 横截面上各点处的切应力 τ 的方向都平行于剪力 F_S。

(2) 横截面上距中性轴等距离的各点处切应力大小相等。

根据以上假设,可以证明矩形截面梁横截面上切应力 τ 沿截面高度按抛物线规律变化[图 6.10(b)],距中性轴 y 处的切应力为

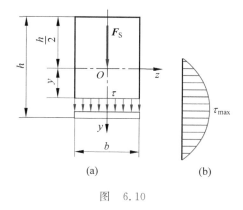

图 6.10

$$\tau = \frac{3}{2} \times \frac{F_S}{bh}\left(1 - \frac{4y^2}{h^2}\right) \tag{6.12}$$

在横截面上、下边缘处切应力为零；在中性轴上各点处切应力最大,其值为横截面上平均切应力的 $\frac{3}{2}$ 倍,即

$$\tau_{max} = \frac{3}{2} \times \frac{F_S}{A} \tag{6.13}$$

式中：$A = bh$——横截面面积。

2. 其他常见截面梁

对于工字形截面梁、圆形截面梁和薄壁圆环形截面梁,横截面上的最大切应力也发生在中性轴上的各点处,并沿中性轴均匀分布（图 6.11）,其值分别为

工字形截面梁

$$\tau_{max} \approx \frac{F_S}{A_f} \tag{6.14}$$

圆形截面梁

$$\tau_{max} = \frac{4}{3} \times \frac{F_S}{A} \tag{6.15}$$

薄壁圆环形截面梁

$$\tau_{max} = 2 \times \frac{F_S}{A} \tag{6.16}$$

式中：A_f——腹板部分的面积；

A——横截面面积。

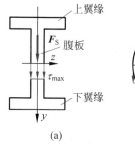
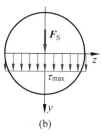
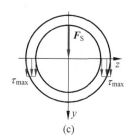

图 6.11

6.3.3 梁的弯曲强度计算

1. 弯曲强度条件

1) 正应力强度条件

等直梁弯曲时的最大正应力发生在最大弯矩所在横截面的上、下边缘各点处,在这些点处,切应力为零。仿照轴向拉(压)杆的强度条件,梁弯曲时的正应力强度条件为

$$\sigma_{max} \leqslant [\sigma] \tag{6.17a}$$

对于等截面直梁,利用式(6.11),上式可写成为

$$\sigma_{max} = \frac{M_{max}}{W_z} \leqslant [\sigma] \tag{6.17b}$$

式中:$[\sigma]$——材料的许用正应力,其值可在有关设计规范中查得。

对于抗拉和抗压强度不同的脆性材料,则要求梁的最大拉应力 σ_{tmax} 不超过材料的许用拉应力 $[\sigma_t]$,最大压应力 σ_{cmax} 不超过材料的许用拉应力 $[\sigma_c]$,即

$$\sigma_{tmax} \leqslant [\sigma_t], \quad \sigma_{cmax} \leqslant [\sigma_c] \tag{6.18}$$

2) 切应力强度条件

梁内的最大切应力 τ_{max} 发生在最大剪力所在横截面的中性轴上各点处,在这些点处,正应力为零。仿照圆轴扭转的强度条件,梁弯曲时的切应力强度条件为

$$\tau_{max} \leqslant [\tau] \tag{6.19}$$

式中:$[\tau]$——材料的许用切应力,其值可在有关设计规范中查得。

2. 弯曲强度计算

为了保证梁能正常工作,梁弯曲时必须同时满足正应力和切应力强度条件。由于正应力一般是梁内的主要应力,故通常只须按正应力强度条件进行强度计算。但是,对于以下三种情况必须进行切应力强度计算:

(1) 薄壁截面梁。例如,自行焊接的工字形截面梁等。

(2) 最大弯矩较小而最大剪力却很大的梁。例如,跨度与横截面高度比值较小的短粗梁、集中荷载作用于支座附近的梁等。

(3) 木梁。由于木材顺纹的抗剪能力很差,当横截面上切应力很大时,木梁也可能沿中性层发生剪切破坏。

在进行设计截面和确定许用荷载两类强度计算问题时,一般先由正应力强度条件求出初值,然后再校核切应力强度条件是否满足。

【例 6.6】 矩形截面松木梁[图 6.12(a)]的跨长 $l = 3$m,受均布荷载 $q = 5$kN/m 的作用,松木的许用正应力 $[\sigma] = 7$MPa,许用切应力 $[\tau] = 1$MPa。试设计截面(设 $h/b = 1.5$)。

【解】 (1) 绘制剪力图和弯矩图。梁的剪力图和弯矩图分别如图 6.12(b)、(c)所示。由图可知,最大剪力和最大弯矩分别为

$$F_{Smax} = \frac{ql}{2} = \frac{5kN/m \times 3m}{2} = 7.5kN$$

$$M_{max} = \frac{ql^2}{8} = \frac{5kN/m \times (3m)^2}{8} = 5.63kN \cdot m$$

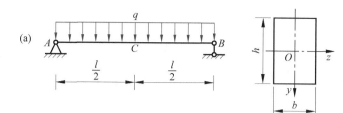

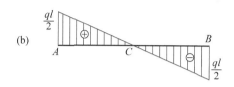

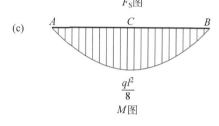

图 6.12

（2）设计截面。由梁的正应力强度条件

$$\sigma_{\max} = \frac{M_{\max}}{W_z} = \frac{M_{\max}}{\dfrac{b\ (1.5b)^2}{6}} \leqslant [\sigma]$$

得

$$b \geqslant \sqrt[3]{\frac{6M_{\max}}{1.5^2 \times [\sigma]}} = \sqrt[3]{\frac{6 \times 5.63 \times 10^3\,\mathrm{N \cdot m}}{1.5^2 \times 7 \times 10^6\,\mathrm{Pa}}} = 0.129\mathrm{m} = 129\mathrm{mm}$$

取 $b=130\mathrm{mm}$，则 $h=1.5b=1.5 \times 130\mathrm{mm}=195\mathrm{mm}$。

（3）校核切应力强度。梁的最大切应力为

$$\tau_{\max} = \frac{3F_{S\max}}{2A} = \frac{3F_{S\max}}{2bh} = \frac{3 \times 7.5 \times 10^3\,\mathrm{N}}{2 \times 130 \times 10^{-3}\,\mathrm{m} \times 195 \times 10^{-3}\,\mathrm{m}}$$

$$= 0.44 \times 10^6\,\mathrm{Pa} = 0.44\mathrm{MPa} < [\tau] = 1\mathrm{MPa}$$

可见梁也满足切应力强度条件。故取 $b=130\mathrm{mm}$，$h=195\mathrm{mm}$。

（4）讨论。在本例中，最大正应力和最大切应力的比值（请读者自行计算）为

$$\frac{\sigma_{\max}}{\tau_{\max}} = \frac{\dfrac{3ql^2}{4bh^2}}{\dfrac{3ql}{4bh}} = \frac{l}{h}$$

从本例看出，梁的最大正应力与最大切应力之比的数量级约等于梁的跨度 l 与梁的高度 h 之比。因为一般梁的跨度远大于其高度，所以梁内的主要应力是正应力。

【例 6.7】 由铸铁制成的外伸梁[图 6.13(a)]的横截面为 T 形，截面对形心轴 z 的惯性矩 $I_z=1.36 \times 10^6\,\mathrm{mm}^4$，$y_1=30\mathrm{mm}$。已知铸铁的许用拉应力 $[\sigma_t]=30\mathrm{MPa}$，许用压应力 $[\sigma_c]=60\mathrm{MPa}$。试校核梁的强度。

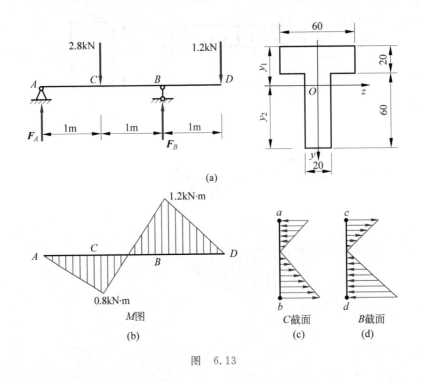

图 6.13

【解】 (1) 绘制弯矩图。由梁的平衡方程,求得支座反力为

$$F_A = 0.8\text{kN}, \quad F_B = 3.2\text{kN}$$

绘出弯矩图[6.13(b)],由图可知,最大正弯矩发生在横截面 C 上,$M_C = 0.8\text{kN} \cdot \text{m}$;最大负弯矩发生在横截面 B 上,$M_B = -1.2\text{kN} \cdot \text{m}$。

(2) 强度校核。由横截面 C 和 B 上的正应力分布情况[6.13(c)、(d)],横截面 C 上 b 点和横截面 B 上 c、d 点处的正应力分别为

$$\sigma_b = \frac{M_C y_2}{I_z} = \frac{0.8 \times 10^3 \text{N} \times 50 \times 10^{-3}\text{m}}{1.36 \times 10^6 \times 10^{-12}\text{m}^4} = 29.4 \times 10^6 \text{Pa} = 29.4\text{MPa}(拉)$$

$$\sigma_c = \frac{M_B y_1}{I_z} = \frac{1.2 \times 10^3 \text{N} \times 30 \times 10^{-3}\text{m}}{1.36 \times 10^6 \times 10^{-12}\text{m}^4} = 26.5 \times 10^6 \text{Pa} = 26.5\text{MPa}(拉)$$

$$\sigma_d = \frac{M_B y_2}{I_z} = \frac{1.2 \times 10^3 \text{N} \times 50 \times 10^{-3}\text{m}}{1.36 \times 10^6 \times 10^{-12}\text{m}^4} = 44.1 \times 10^6 \text{Pa} = 44.1\text{MPa}(压)$$

至于横截面 C 上 a 点处的正应力(压应力),必小于横截面 B 上 d 点处的正应力值,故不再计算。因此

$$\sigma_{\text{tmax}} = \sigma_b = 29.4\text{MPa} < [\sigma_t] = 30\text{MPa}$$

$$\sigma_{\text{cmax}} = \sigma_d = 44.1\text{MPa} < [\sigma_c] = 60\text{MPa}$$

可见梁的强度是足够的。

我们称应力较大的点为**危险点**,例如本例中横截面 C 上 b 点和横截面 B 上 d 点。

(3) 讨论。在横力弯曲时,如果梁的横截面对称于中性轴,例如矩形、圆形和圆环形等截面,则梁的最大正应力将发生在最大弯矩(绝对值)所在横截面的边缘各点处,且最大拉应力和最大压应力的值相等(见例 6.6)。

如果梁的横截面不对称于中性轴,例如 T 形截面,则梁的最大正应力将发生在最大正

弯矩或最大负弯矩所在横截面的边缘各点处,且最大拉应力和最大压应力的值不相等(见本例)。

6.3.4 提高梁弯曲强度的主要措施

前已指出,正应力强度条件是梁强度计算的主要依据。从这一条件可以看出,欲提高梁的强度,一方面应降低最大弯矩 M_{max};另一方面则应提高弯曲截面系数 W_z。从以上两方面出发,工程中主要采取如下几个措施。

1. 合理布置梁的支座和荷载

当荷载一定时,梁的最大弯矩 M_{max} 与梁的跨度有关,因此,首先应合理布置梁的支座。例如受均布载荷 q 作用的简支梁[图 6.14(a)],其最大弯矩为 $0.125ql^2$,若将梁两端支座向跨中方向移动 $0.2l$[图 6.14(b)],则最大弯矩变为 $0.025ql^2$,仅为前者的 $1/5$。

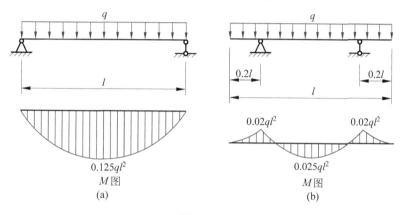

图 6.14

其次,若结构允许,应尽可能合理布置梁上荷载。例如在跨中作用集中荷载 F 的简支梁[图 6.15(a)],其最大弯矩为 $Fl/4$,若在梁的中间安置一根长为 $l/2$ 的辅助梁[图 6.15(b)],则最大弯矩变为 $Fl/8$,仅为前者的一半。

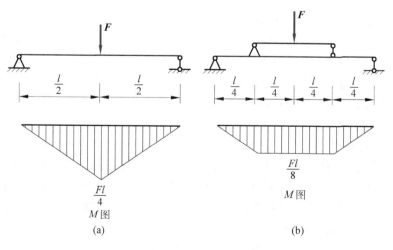

图 6.15

2. 采用合理的截面

梁的最大弯矩确定后,梁的弯曲强度取决于弯曲截面系数。梁的弯曲截面系数 W_z 越大,正应力越小。因此,在设计中,应当力求在不增加材料(用横截面面积来衡量)的条件下,使 W_z 值尽可能增大,即应使截面的 W_z/A 比值尽可能大,这种截面称为**合理截面**。

1)将材料配置在离中性轴较远处

宽为 b、高为 $h(h>b)$ 的矩形截面梁,如将截面竖放[图 6.16(a)],则 $W_{z1}=bh^2/6$,而将截面平放[图 6.16(b)],则 $W_{z2}=hb^2/6$。因为 $h>b$,所以 $W_{z1}>W_{z2}$。因而,矩形截面竖放比平放合理。

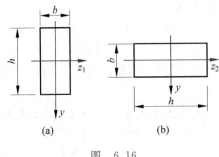

图　6.16

若将竖放的矩形横截面[图 6.17(a)]中性轴附近的材料取出,移到距中性轴较远的部位,形成工字形截面[图 6.17(b)]和箱形截面[图 6.17(c)],就更合理。

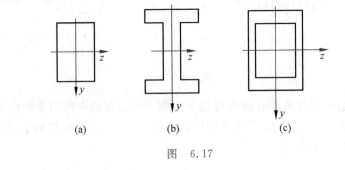

图　6.17

2)采用不对称于中性轴的横截面

在讨论合理截面时,还应考虑材料的力学性能。对于抗拉强度与抗压强度相同的材料(如低碳钢),宜采用对称于中性轴的截面,如圆形、矩形、工字形等。这样可使截面上、下边缘处的最大拉应力与最大压应力数值相同。对于抗拉与抗压强度不相同的材料(如铸铁),宜采用中性轴偏于受拉一侧的截面,例如 T 形截面(图 6.18),这样可使最大拉应力和最大压应力同时接近许用应力。

3. 采用变截面梁

等直梁在弯曲时,最大正应力发生在最大弯矩所在的横截面上,而其他横截面上的弯矩较小,应力也较低,材料未能充分利用。若在弯矩较大处采用较大的截面,在弯矩较小处采用较小的截面,就比较合理。这种横截面沿轴线变化的梁称为**变截面梁**。变截面梁的正应力计算仍可近似用等直梁的公式。若将变截面梁设计为使每个横截面上的最大正应力都等于材料的许用应力,这样的梁称为**等强度梁**。显然,等强度梁是最合理的结构形式。但由于

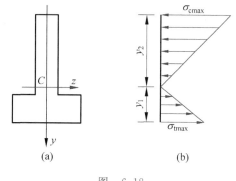

图　6.18

等强度梁外形复杂,加工制造困难,所以工程中一般只采用近似等强度的变截面梁,例如图 6.19 所示各梁。

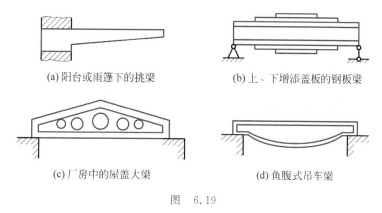

(a) 阳台或雨篷下的挑梁　　　　　(b) 上、下增添盖板的钢板梁

(c) 厂房中的屋盖大梁　　　　　(d) 鱼腹式吊车梁

图　6.19

6.4　杆件在组合变形时的应力与强度

6.4.1　组合变形的工程实例和分析方法

1. 组合变形的工程实例

在工程中,杆件的受力往往比较复杂,杆件往往同时产生两种或两种以上的同数量级的基本变形,这种变形情况称为组合变形。例如,屋架上的檩条梁[图 6.20(a)]受到横向荷载 q 的作用,q 通过截面形心 C,与对称轴 y 成 φ 角;若将 q 沿对称轴 y、z 分解成两个分力 q_y、q_z[图 6.20(b)、(c)],则它们使檩条梁分别在 xy 和 xz(檩条轴线为 x 轴)两个互相垂直的纵向对称平面内产生平面弯曲变形,这种组合变形称为斜弯曲。

又如,简易吊车的横梁 AB[图 6.21(a)]受到横向的吊重荷载 F、两端的约束力 F_{Ay} 和 F_{By},以及轴向的两端约束力 F_{Ax}、F_{Bx} 的作用[图 6.21(b)],它们使横梁产生压缩与弯曲的组合变形。

再如,图 6.22(a)所示厂房立柱,作用于立柱上的荷载 F 的作用线与立柱的轴线平行,但不重合,这种荷载称为偏心荷载。立柱截面形心至荷载作用线的垂直距离称为偏心距,用

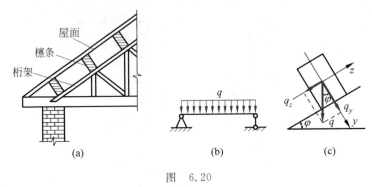

图　6.20

e 表示。若将偏心荷载 F 向立柱的轴线平移,得到轴向力 F 和作用于立柱纵向对称面内的力偶 $M_e = Fe$[图 6.22(b)],则它们使立柱产生压缩与弯曲的组合变形,这种组合变形也称为**偏心压缩**。

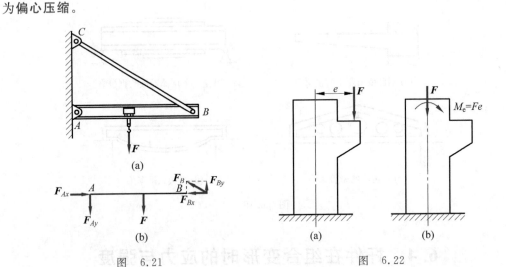

图　6.21　　　　　　　　　　　　图　6.22

2. 组合变形的分析方法

对于小变形且材料符合胡克定律的组合变形杆件,虽然同时产生几种基本变形,但每一种基本变形都各自独立、互不影响,因此可以利用叠加原理进行分析。其应力与强度计算的步骤如下:

(1) 将杆件承受的荷载进行分解或简化,使每一种荷载各自只产生一种基本变形。

(2) 分别计算每一种基本变形的应力。

(3) 利用叠加原理,即将各种基本变形的应力进行叠加,计算杆件危险点处的应力,据此进行强度计算。

6.4.2　斜弯曲

斜弯曲是两个互相垂直的纵向对称面内平面弯曲的组合变形。可以证明,对于矩形、工字形等截面,梁危险截面上的最大正应力发生在两个弯曲正应力具有相同符号的角点处。

【例6.8】 跨长 $l=4\mathrm{m}$ 的简支梁用 32a 号工字钢制成。作用于梁跨中点的集中力 $F=33\mathrm{kN}$,其与横截面竖向对称轴 y 的夹角 $\varphi=15°$[图6.23(a)、(c)]。已知钢的许用应力 $[\sigma]=170\mathrm{MPa}$,试校核此梁的强度。

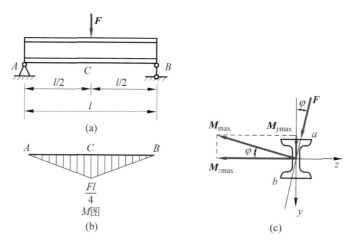

图　6.23

【解】 (1)外力分析。将外力 F 沿 y、z 轴分解为两个分力,它们分别在 xy 和 xz(梁的轴线为 x 轴)两个互相垂直的平面内产生平面弯曲,两个平面弯曲的中性轴分别为 z 轴和 y 轴。

(2)内力分析。由梁的弯矩图[图6.23(b)]可知,梁跨中截面是危险截面,其上弯矩[图6.23(c)]的大小为

$$M_{z\max}=\frac{Fl}{4}\times\cos\varphi=\frac{33\mathrm{kN}\times4\mathrm{m}}{4}\times\cos15°=31.88\mathrm{kN\cdot m}$$

$$M_{y\max}=\frac{Fl}{4}\times\sin\varphi=\frac{33\mathrm{kN}\times4\mathrm{m}}{4}\times\sin15°=8.55\mathrm{kN\cdot m}$$

上述结果也可以在求出总弯矩 $M_{\max}=Fl/4=33\mathrm{kN\cdot m}$ 后再分解而得到。

(3)应力分析。工字钢截面上角点 a 和 b 处是最大正应力所在的点。因为钢的抗拉和抗压强度相同,所以只取其中点 a 进行强度校核。由型钢规格表查得,32a 号工字钢的弯曲截面系数为

$$W_z=692\times10^3\mathrm{mm}^3,\quad W_y=70.8\times10^3\mathrm{mm}^3$$

危险点 a 处的正应力为

$$\sigma_{\max}=\frac{M_{z\max}}{W_z}+\frac{M_{y\max}}{W_y}$$

$$=\frac{31.88\times10^3\mathrm{N\cdot m}}{692\times10^3\times10^{-9}\mathrm{m}^3}+\frac{8.55\times10^3\mathrm{N\cdot m}}{70.8\times10^3\times10^{-9}\mathrm{m}^3}$$

$$=166.8\times10^6\mathrm{Pa}=166.8\mathrm{MPa}$$

(4)强度校核。一般情况下,实心截面梁或标准型钢截面梁在横向力作用下,横截面上弯曲切应力对杆件强度的影响很小,可不予考虑。因为

$$\sigma_{\max}=166.8\mathrm{MPa}<[\sigma]=170\mathrm{MPa}$$

所以此梁满足强度要求。

（5）讨论。在此例题中，若力 **F** 作用线与 y 轴重合，即 $\varphi=0$，则梁的最大正应力为

$$\sigma_{\max}=\frac{M_{\max}}{W_z}=\frac{33\times10^3\,\text{N}\cdot\text{m}}{692\times10^{-6}\,\text{m}^3}$$

$$=47.68\times10^6\,\text{Pa}=47.68\text{MPa}$$

仅为上述最大正应力的 28.6%。由此可知，对于工字钢截面梁，当外力偏离 y 轴一个很小的角度时，就会使最大正应力增加很多。其原因是工字钢截面的 I_y 远小于 I_z。因此，对于截面的 I_y 与 I_z 相差很大的梁，应该使外力尽可能作用在梁的纵向对称面 xy 内，以防止因斜弯曲而产生过大的应力。

6.4.3 压缩(拉伸)与弯曲

杆件受到轴向力与横向力共同作用时，轴向力使杆产生轴向压缩(拉伸)，横向力使杆产生平面弯曲，因此杆件产生压缩(拉伸)与弯曲的组合变形。

【**例 6.9**】 某一桥墩[图 6.24(a)]上承受的荷载有：上部结构传递给桥墩的压力 $F_1=1920\text{kN}$，桥墩墩帽及墩身自重 $F_2=330\text{kN}$，基础自重 $F_3=1450\text{kN}$，车辆的水平制动力 $F_4=300\text{kN}$，试绘出基础底部截面上的正应力分布图。

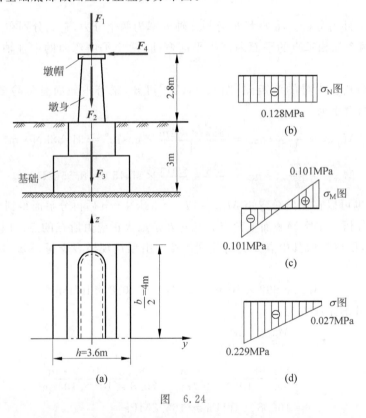

图 6.24

【**解**】 （1）内力分析。基础底部截面上的轴力和弯矩分别为

$$F_N=-(F_1+F_2+F_3)=-3700\text{kN}$$

$$M_z=F_4\times(2.8\text{m}+3\text{m})=300\text{kN}\times5.8\text{m}$$

$$=1740\text{kN}\cdot\text{m}(截面上左边受压，右边受拉)$$

（2）应力分析。基础底部截面面积和弯曲截面系数分别为

$$A = 8\text{m} \times 3.6\text{m} = 28.8\text{m}^2$$

$$W_z = \frac{bh^2}{6} = \frac{1}{6} \times 8\text{m} \times 3.6^2\text{m}^2 = 17.3\text{m}^3$$

由轴力 $\boldsymbol{F}_N$ 在基底引起的压应力[图6.24(b)]为

$$\sigma_N = \frac{F_N}{A} = -\frac{3700 \times 10^3\text{N}}{28.8\text{m}^2} = -0.128 \times 10^6\text{Pa} = -0.128\text{MPa}$$

由弯矩 M_z 在基底右边缘和左边缘引起的正应力[图6.24(c)]分别为

$$\sigma_M = \pm\frac{M_z}{W_z} = \frac{1740 \times 10^3\text{N} \cdot \text{m}}{17.3\text{m}^3} = \pm 0.101 \times 10^6\text{Pa} = \pm 0.101\text{MPa}$$

所以在基底右边缘和左边缘处的正应力[图6.24(d)]分别为

$$\sigma = \sigma_N + \sigma_M = \frac{F_N}{A} \pm \frac{M_z}{W_z} = -0.128\text{MPa} \pm 0.101\text{MPa} = \begin{array}{c} -0.027 \\ -0.229 \end{array}\text{MPa}$$

6.4.4 偏心压缩（拉伸）

1. 强度计算

对于偏心压缩（拉伸）问题，可将偏心荷载向杆轴线平移，得到一个轴向力和一个作用于杆纵向对称面内的力偶。轴向力使立柱产生轴向压缩（拉伸），力偶使杆产生平面弯曲。因此，偏心压缩（拉伸）是压缩（拉伸）与弯曲的组合变形。

【例6.10】 某偏心受压立柱[图6.25(a)]的偏心距 $e = 45\text{mm}$，偏心荷载 $F = 40\text{kN}$，地基只能承受压力，许用压应力 $[\sigma_c] = 0.3\text{MPa}$。已知地基宽1m，试校核地基的强度。

【解】（1）外力分析。厂房立柱与地基受偏心荷载 $\boldsymbol{F}$ 作用，故立柱与地基将发生压缩与弯曲的组合变形。

（2）内力分析。立柱的任一横截面上均有相同的内力，即轴力 $\boldsymbol{F}_N$ 和弯矩 M_z（作用在 xy 面内），其值分别为

$$F_N = -F = -40\text{kN}$$

$$M_z = Fe = 40\text{kN} \times 45 \times 10^{-3}\text{m} = 1.8\text{kN} \cdot \text{m}$$

（3）应力分析。根据地基 ABCD 截面[图6.25(b)]上与轴力 $\boldsymbol{F}_N$ 和弯矩 M_z 相对应的应力分布图[图6.25(c)、(d)]，显然，危险点在 AD、BC 二边缘上。

AD 边缘上各点处的应力 σ_N（压）与 σ_M（拉）叠加[图6.25(e)]，其值为

$$\sigma_{AD} = \sigma_N + |\sigma_M| = \frac{-40 \times 10^3\text{N}}{1\text{m} \times 300 \times 10^{-3}\text{m}} + \frac{1.8 \times 10^3\text{N} \cdot \text{m}}{\dfrac{1\text{m} \times 300^2 \times 10^{-6}\text{m}^2}{6}}$$

$$= -0.01 \times 10^6\text{Pa} = -0.01\text{MPa（压）}$$

BC 边缘上各点处的应力由 σ_N（压）与 σ_M（压）叠加[图6.25(e)]，其值为

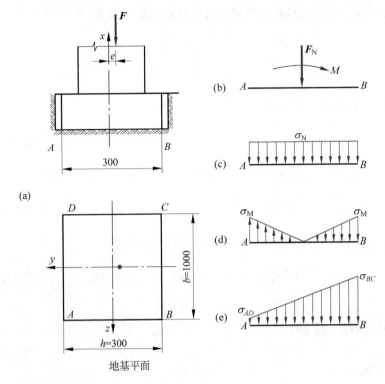

图 6.25

$$\sigma_{BC} = \sigma_N - |\sigma_M| = \frac{-40 \times 10^3 \, \text{N}}{1\text{m} \times 300 \times 10^{-3}\, \text{m}} - \frac{1.8 \times 10^3 \, \text{N} \cdot \text{m}}{\dfrac{1\text{m} \times 300^2 \times 10^{-6}\, \text{m}^2}{6}}$$

$$= -0.25 \times 10^6 \, \text{Pa} = -0.25 \, \text{MPa}(\text{压})$$

(4)强度校核。地基 $ABCD$ 截面上,无拉应力,且最大压应力为

$$\sigma_{cmax} = |\sigma_{BC}| = 0.25\text{MPa} < [\sigma_c] = 0.3\text{MPa}$$

所以地基的强度是足够的。

2. 截面核心

工程中,对砖、石、混凝土等材料制成的构件,由于材料的抗拉强度很低,在承受偏心压缩时,应设法避免横截面上产生拉应力。在图 6.25(a)中,$ABCD$ 截面上不出现拉应力的条件为

$$\sigma_{AD} = -\frac{F}{bh} + \frac{Fe}{\dfrac{bh^2}{6}} \leqslant 0$$

即

$$e \leqslant \frac{h}{6}$$

由此可见,当偏心压力作用点在截面形心周围的某个小范围内时,截面上不会出现拉应力。通常这个小范围称为**截面核心**。可以证明,矩形截面的截面核心为一菱形[图 6.26(a)],圆截面的截面核心为一同心圆[图 6.26(b)]。各种截面的截面核心可从有关设计手册中查得。

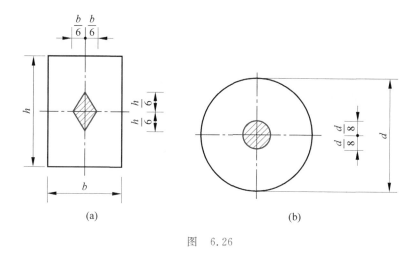

图 6.26

6.5 连接件的剪切与挤压强度

6.5.1 工程中的连接和连接件

工程中的构件之间,往往采用螺栓、铆钉、销轴等部件相互连接(图 6.27)。起连接作用的部件称为**连接件**。连接件在工作中主要承受剪切和挤压作用。由于连接件大多为粗短杆,应力和变形规律比较复杂,因此理论分析十分困难,通常采用实用计算法。

6.5.2 连接件的剪切强度计算

现以铆钉为例[图 6.27(b)],介绍剪切的概念及其强度的实用计算。当上、下两块钢板以大小相等、方向相反、作用线相距很近且垂直于铆钉轴线的两个力 $\boldsymbol{F}$ 作用于铆钉上时,铆钉将沿 m—m 截面发生相对错动,即产生剪切变形[图 6.28(a)]。如力 $\boldsymbol{F}$ 过大,铆钉会沿 m—m 截面被剪断。m—m 截面称为**剪切面**。应用截面法,将铆钉假想沿 m—m 截面切开,并取其中一部分为研究对象[图 6.28(b)],利用平衡方程求得剪切面上的剪力 $F_s = F$。

在剪切强度的实用计算中,假定切应力在剪切面上均匀分布,因而有

$$\tau = \frac{F_s}{A} \tag{6.20}$$

式中:A——剪切面面积;

F_s——剪切面上的剪力。

剪切的强度条件为

$$\tau = \frac{F_s}{A} \leqslant [\tau] \tag{6.21}$$

式中:$[\tau]$——材料的许用切应力,由剪切破坏试验测定。

对于钢材,其许用切应力 $[\tau]$ 与许用拉应力 $[\sigma]$ 之间的关系为

$$[\tau] = (0.6 \sim 0.8)[\sigma]$$

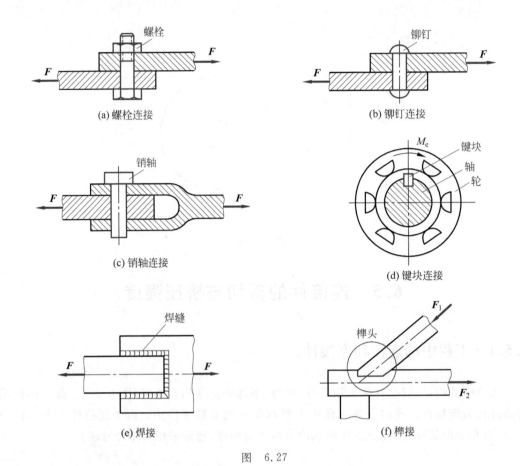

图 6.27

6.5.3 连接件的挤压强度计算

图 6.28 所示的铆钉在受剪切的同时,在钢板和铆钉的相互接触面上,还会出现局部受压现象,称为**挤压**。这种挤压作用有可能使接触处局部区域内的材料发生较大的塑性变形(图 6.29)。连接件与被连接件的相互接触面,称为**挤压面**(图 6.29)。挤压面上传递的压力称为**挤压力**,用 F_{bs} 表示。挤压面上的应力称为**挤压应力**,用 σ_{bs} 表示。在挤压强度的实用计算中,假定挤压应力在**挤压面的计算面积** A_{bs} 上均匀分布,因而有

$$\sigma_{bs} = \frac{F_{bs}}{A_{bs}} \tag{6.22}$$

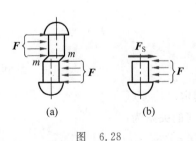

图 6.28

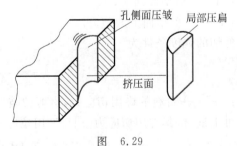

图 6.29

挤压强度条件为

$$\sigma_{bs} = \frac{F_{bs}}{A_{bs}} \leqslant [\sigma_{bs}] \tag{6.23}$$

式中：$[\sigma_{bs}]$——材料的许用挤压应力，由试验测定。

对于钢材，其许用挤压应力$[\sigma_{bs}]$与许用拉应力$[\sigma]$之间的关系为

$$[\sigma_{bs}] = (1.7 \sim 2.0)[\sigma]$$

式(6.22)和式(6.23)中的挤压面计算面积A_{bs}规定如下：当挤压面为平面时(如键连接)，A_{bs}即为该平面的面积；当挤压面为半个圆柱面时(如铆钉、螺栓、销轴连接)，A_{bs}为挤压面在其直径平面上投影的面积[图6.30(a)中阴影线部分的面积]。这是由于这样算得的挤压应力值，与理论分析所得的最大挤压应力值相近[图6.30(b)]。

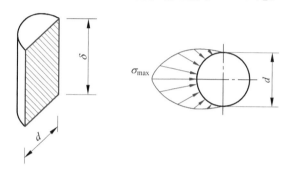

图 6.30

应该指出，在对杆件连接处的强度进行计算时，除了对连接件进行强度计算外，还应对被连接的杆件在削弱了的横截面处进行强度校核。

【例6.11】 拖车挂钩用销轴连接[图6.31(a)]。销轴材料的许用应力$[\tau]=30\text{MPa}$，$[\sigma_{bs}]=80\text{MPa}$。挂钩与被连接的板件厚度分别为$\delta_1=8\text{mm}$，$\delta_2=12\text{mm}$。拖车拉力$F=15\text{kN}$。试设计销轴的直径$d$。

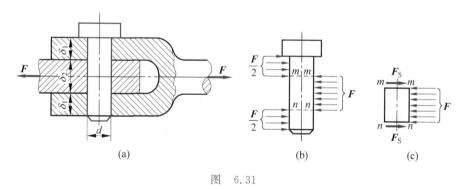

图 6.31

【解】 (1)由销轴的剪切强度条件设计销钉直径d。根据销轴的受力情况[图6.31(b)]，销轴有m—m和n—n两个剪切面，这种情况称为**双剪切**。取销轴中段为研究对象[图6.31(c)]，由平衡方程得

$$F_S = \frac{F}{2}$$

由剪切强度条件

$$\tau = \frac{F_S}{A} = \frac{\dfrac{F}{2}}{\dfrac{\pi d^2}{4}} \leqslant [\tau]$$

得

$$d \geqslant \sqrt{\frac{2F}{\pi [\tau]}} = \sqrt{\frac{2 \times 15 \times 10^3 \, \text{N}}{\pi \times 30 \times 10^6 \, \text{Pa}}} = 17.8 \times 10^{-3} \, \text{m}$$

（2）由销轴的挤压强度条件设计销钉直径 d。由于销轴上段及下段的挤压力之和等于中段的挤压力，而中段的挤压面计算面积为 $\delta_2 d$，小于上段及下段挤压面计算面积之和 $2\delta_1 d$ [图 6.31(b)]，故应按中段进行挤压强度计算。

由挤压强度条件

$$\sigma_{bs} = \frac{F_{bs}}{A_{bs}} = \frac{F}{\delta_2 d} \leqslant [\sigma_{bs}]$$

得

$$d \geqslant \frac{F}{\delta_2 [\sigma_{bs}]} = \frac{15 \times 10^3 \, \text{N}}{12 \times 10^{-3} \, \text{m} \times 80 \times 10^6 \, \text{Pa}} = 15.6 \times 10^{-3} \, \text{m}$$

最后选取销轴直径 $d = 18$mm。

习　题

6.1　试求习题 6.1 图所示各杆的最大正应力。已知习题 6.1 图(a)等直杆的横截面面积 $A = 400 \text{mm}^2$；习题 6.1 图(b)阶梯杆各段的横截面面积分别为 $A_1 = 200 \text{mm}^2$，$A_2 = 300 \text{mm}^2$，$A_3 = 400 \text{mm}^2$。

6.2　用绳索起吊钢筋混凝土管子如习题 6.2 图所示。管子重 $W = 10$kN，绳索的直径 $d = 40$mm，许用应力 $[\sigma] = 10$MPa，试校核绳索的强度。

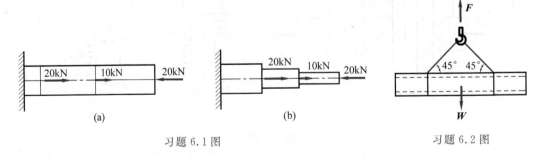

| 习题 6.1 图 | | 习题 6.2 图 |

6.3　习题 6.3 图所示小车上作用有力 $F = 15$kN，小车可以在横梁 AC 上移动。设小车对 AC 梁的作用可简化为集中力。斜杆 AB 为钢质圆杆，其许用应力 $[\sigma] = 170$MPa。试设计斜杆 AB 的直径。（提示：小车移动至 AC 梁的 A 端时，AB 杆最危险。）

6.4　如习题 6.4 图所示起重机，钢索 AB 的横截面面积 $A = 500 \text{mm}^2$，许用应力 $[\sigma] = 40$MPa。试根据钢索的强度条件确定起重机的许用起重量 $[W]$。

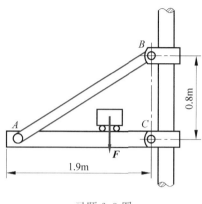

习题 6.3 图   习题 6.4 图

6.5 习题 6.5 图所示的简易吊车中，BC 为钢杆，AB 为木杆。杆 AB 的横截面面积 $A_1 = 1 \times 10^4 \text{mm}^2$，许用压应力 $[\sigma]_1 = 7\text{MPa}$；杆 BC 的横截面面积 $A_2 = 600\text{mm}^2$，许用拉应力 $[\sigma]_2 = 160\text{MPa}$。试求许用吊重 $[W]$。

6.6 在直径 $d = 20\text{mm}$ 的实心圆轴的各横截面上作用 $T = 100\text{N} \cdot \text{m}$ 的扭矩。试求轴的最大切应力 $\tau_{\max}$ 及横截面上距圆心 $\rho = 5\text{mm}$ 点处的切应力。

6.7 阶梯形圆轴直径分别为 $d_1 = 40\text{mm}$，$d_2 = 70\text{mm}$，轴上装有三个胶带轮，如习题 6.7 图所示。已知由轮 3 输入的功率 $P_3 = 30\text{kW}$，轮 1 输出的功率 $P_1 = 13\text{kW}$，轴作匀速转动，转速 $n = 200\text{r/min}$，材料的许用切应力 $[\tau] = 60\text{MPa}$。试校核轴的强度。

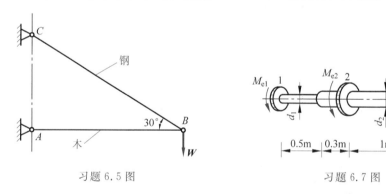

习题 6.5 图   习题 6.7 图

6.8 实心圆轴和空心圆轴通过牙嵌式离合器连接在一起。如习题 6.8 图所示，已知轴的转速 $n = 100\text{r/min}$，传递功率 $P = 7.5\text{kW}$，材料的许用切应力 $[\tau] = 40\text{MPa}$。试设计实心圆轴的直径 d_1 和内外径比值为 $1/2$ 的空心圆轴的外径 D_2。

6.9 有一钢制圆截面传动轴如习题 6.9 图所示，其直径 $d = 70\text{mm}$，转速 $n = 120\text{r/min}$，材料的许用切应力 $[\tau] = 60\text{MPa}$。试确定该轴所能传递的许用功率。

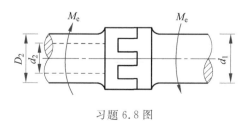

习题 6.8 图   习题 6.9 图

6.10 已知梁横截面上的弯矩为正，$M=10\text{kN}\cdot\text{m}$。试求其上 a、b、c 三点处的正应力（习题 6.10 图）。

6.11 已知梁横截面上的剪力为正，$F_s=3\text{kN}$。试求其上 a、b、c 三点处的切应力（习题 6.11 图）。

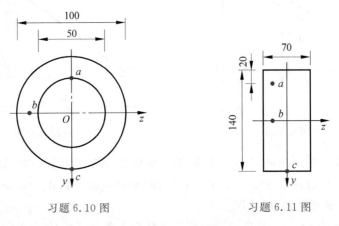

习题 6.10 图   习题 6.11 图

6.12 习题 6.12 图所示矩形截面外伸木梁受均布荷载作用，已知材料的许用正应力 $[\sigma]=10\text{MPa}$，许用切应力 $[\tau]=2\text{MPa}$。试校核该梁的强度。

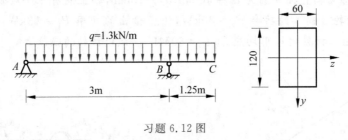

习题 6.12 图

6.13 如习题 6.13 图所示钢简支梁，已知钢材的许用正应力 $[\sigma]=170\text{MPa}$。试设计工字钢的型号。

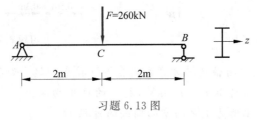

习题 6.13 图

6.14 20a 号工字钢梁的支承与受力情况如习题 6.14 图所示。若钢材的许用正应力 $[\sigma]=160\text{MPa}$，试求梁的许用荷载 $[F]$。

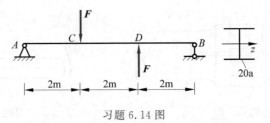

习题 6.14 图

6.15 ⊥形截面铸铁悬臂梁,尺寸及荷载如习题 6.15 图所示。若材料的许用拉应力 $[\sigma_t]=40\text{MPa}$,许用压应力 $[\sigma_c]=160\text{MPa}$,截面对形心轴 z_C 的惯性矩 $I_{z_C}=101.8\times10^6\text{mm}^4$,$y_1=96.4\text{mm}$。试求梁的许用荷载 $[F]$。

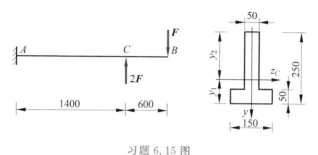

习题 6.15 图

6.16 悬臂梁长 $l=3\text{m}$,由 25b 号工字钢制成,作用于梁上的均布荷载 $q=5\text{kN/m}$,集中荷载 $F=2\text{kN}$,力 F 与轴的夹角 $\varphi=30°$。试求梁内的最大拉应力和最大压应力(习题 6.16 图)。

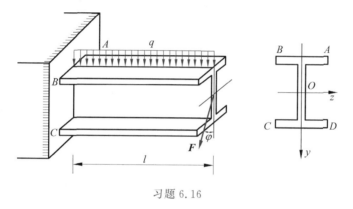

习题 6.16

6.17 矩形截面的悬臂木梁,承受 $F_1=0.8\text{kN}$、$F_2=1.6\text{kN}$ 的作用(习题 6.17 图)。已知材料的许用正应力 $[\sigma]=10\text{MPa}$,试设计截面尺寸 b、h(设 $h/b=2$)。

6.18 横截面为正方形的简支斜梁,承受铅直荷载 $F=3\text{kN}$ 作用(习题 6.18 图)。已知边长 $a=100\text{mm}$。试求梁内的最大拉应力和最大压应力,并指出各发生在哪个横截面上。

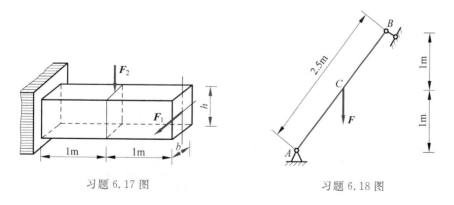

习题 6.17 图   习题 6.18 图

6.19 某水塔水箱盛满水连同基础共重 $W=2000\text{kN}$,离地面 $H=15\text{m}$ 处受水平风力的合力 $F=60\text{kN}$ 的作用(习题 6.19 图)。已知圆形基础的直径 $d=6\text{m}$,埋深 $h=3\text{m}$,地基为

红黏土，其许用压应力$[\sigma]=0.15\text{MPa}$。试校核基础底部地基土的强度。

6.20 习题6.20图所示为一矩形截面厂房立柱。受荷载$F_1=100\text{kN}$，$F_2=45\text{kN}$作用，若要使立柱截面内不出现拉应力，试求截面高度h。

6.21 柱截面为正方形，边长为a，顶端受轴向压力F作用，在右侧中部开一个深为$a/4$的槽（习题6.21图）。试求：

（1）开槽前后柱内最大压应力值及所在位置。

（2）若在柱的左侧对称位置再开一个相同的槽，则应力有何变化？

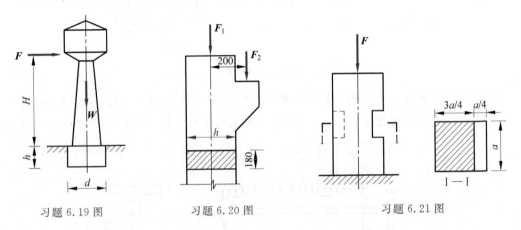

习题6.19图   习题6.20图   习题6.21图

6.22 某钢桁架的一个结点如习题6.22图所示。斜杆A由两个$\llcorner 63\times6$的等边角钢组成，受力$F=140\text{kN}$的作用。该斜杆用螺栓连接在厚度为$t=10\text{mm}$的结点板上，螺栓的直径$d=16\text{mm}$。已知角钢、结点板和螺栓的材料相同，许用应力分别为$[\sigma]=170\text{MPa}$，$[\tau]=130\text{MPa}$，$[\sigma_{bs}]=300\text{MPa}$。试求所需螺栓的个数，设每个螺栓的受力相等。

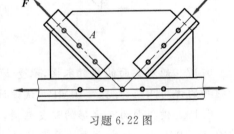

习题6.22图

6.23 习题6.23图所示正方形截面的混凝土柱，其横截面边长为200mm，其基底为边长$a=1\text{m}$的正方形混凝土板，柱受轴向压力$F=100\text{kN}$作用。假设地基对混凝土板的支反力为均匀分布，混凝土的许用切应力$[\tau]=1.5\text{MPa}$。为使柱不致穿过混凝土板，则板的最小厚度t应为多少？

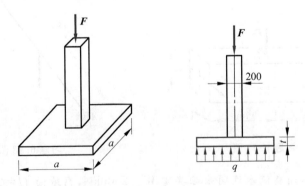

习题6.23图

第7章 杆件的变形与刚度

内容提要

　　杆件除满足强度要求外,还必须满足刚度要求。本章介绍杆件在拉压、扭转和弯曲时的变形计算,以及圆轴和梁的刚度计算。

学习要求

1. 熟练掌握拉压杆的变形计算,理解胡克定律,了解弹性模量、泊松比、拉压刚度的概念。
2. 掌握圆轴扭转时的变形与刚度计算。
3. 会用积分法求梁弯曲时的变形。
4. 熟练掌握用叠加法求梁弯曲时的变形以及进行刚度计算。

7.1 杆件在拉压时的变形

　　杆件在轴向拉伸或压缩时,其产生的主要变形是沿轴线方向的伸长或缩短,称为**纵向变形**;与此同时,垂直于轴线方向的横向尺寸也有所缩小或增大,称为**横向变形**[图 7.1(a)、(b)]。

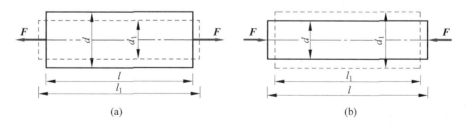

$$\text{(a)} \qquad\qquad\qquad\qquad \text{(b)}$$

图　7.1

7.1.1 纵向变形

　　设杆的原长为 l,变形后的长度为 l_1,则杆沿轴线方向的变形为

$$\Delta l = l_1 - l$$

Δl 称为杆的纵向变形。在拉伸的情况下[图 7.1(a)],$l_1 > l$,$\Delta l > 0$;在压缩的情况下[图 7.1(b)],$l_1 < l$,$\Delta l < 0$。

纵向变形 Δl 只反映杆在纵向的总变形量,它与杆的原长有关。为了进一步描述杆的变形程度,根据 4.3 节中线应变的概念,在杆的各部分都均匀伸长的情况下,纵向变形 Δl 与原长 l 的比值称为纵向线应变,用 ε 表示,即

$$\varepsilon = \frac{\Delta l}{l} \tag{7.1}$$

显然,拉伸时 $\varepsilon > 0$,称为拉应变;压缩时 $\varepsilon < 0$,称为压应变。ε 是一个量纲为 1 的量。

7.1.2 胡克定律

大量试验表明,当杆件变形在弹性范围内时,杆的纵向变形 Δl 与杆的轴力 F_N、杆长 l 成正比,与横截面面积 A 成反比,即

$$\Delta l \propto \frac{F_N l}{A}$$

引入比例常数 E,则有

$$\Delta l = \frac{F_N l}{EA} \tag{7.2}$$

式中：E——材料的弹性模量;

EA——杆的拉压刚度。

拉压刚度 EA 是单位长度的杆产生单位长度的变形所需的力。EA 越大,杆越不容易发生拉(压)变形,因此拉压刚度表示杆件抵抗拉(压)变形的能力。

因 $\sigma = \frac{F_N}{A}$、$\varepsilon = \frac{\Delta l}{l}$,故式(7.2)也可改写为

$$\sigma = E\varepsilon$$

上式称为胡克定律。它表明材料在弹性范围内应力与应变的物理关系。

【例 7.1】 一木方柱(图 7.2)受轴向荷载作用,横截面边长 $a = 200\text{mm}$,材料的弹性模量 $E = 10\text{GPa}$,杆的自重不计。试求各段柱的纵向线应变及柱的总变形。

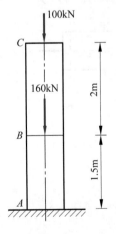

图　7.2

【解】 由于上下两段柱的轴力不等,故两段柱的变形要分别计算。各段柱的轴力为

$$F_{NBC} = -100\text{kN}$$

$$F_{NAB} = -260\text{kN}$$

由式(7.2),各段柱的纵向变形为

$$\Delta l_{BC} = \frac{F_{NBC} l_{BC}}{EA} = -\frac{100 \times 10^3 \text{N} \times 2\text{m}}{10 \times 10^9 \text{Pa} \times (0.2\text{m})^2}$$

$$= -0.5 \times 10^{-3}\text{m} = -0.5\text{mm}$$

$$\Delta l_{AB} = \frac{F_{NAB} l_{AB}}{EA} = -\frac{260 \times 10^3 \text{N} \times 1.5\text{m}}{10 \times 10^9 \text{Pa} \times (0.2\text{m})^2}$$

$$= -0.975 \times 10^{-3}\text{m} = -0.975\text{mm}$$

由式(7.1),各段柱的纵向线应变为

$$\varepsilon_{BC} = \frac{\Delta l_{BC}}{l_{BC}} = -\frac{0.5\text{mm}}{2000\text{mm}} = -2.5 \times 10^{-4}$$

$$\varepsilon_{AB} = \frac{\Delta l_{AB}}{l_{AB}} = -\frac{0.975\text{mm}}{1500\text{mm}} = -6.5 \times 10^{-4}$$

全柱的总变形为两段柱的变形之和,即

$$\Delta l = \Delta l_{BC} + \Delta l_{AB} = -0.5\text{mm} - 0.975\text{mm} = -1.475\text{mm}$$

7.1.3　横向变形

设图 7.1(a)所示拉杆原横向尺寸为 d,变形后缩小为 d_1,则其横向变形为

$$\Delta d = d_1 - d \tag{a}$$

相应的横向线应变为

$$\varepsilon' = \frac{\Delta d}{d} \tag{7.3}$$

杆件受拉时[图 7.1(a)],$\Delta d < 0$,$\varepsilon' < 0$;受压时[图 7.1(b)],$\Delta d > 0$,$\varepsilon' > 0$。

大量试验表明,当杆件变形在弹性范围内时,其横向线应变 ε' 与纵向线应变 ε 之比的绝对值为一常数,即

$$\nu = \left| \frac{\varepsilon'}{\varepsilon} \right| \tag{b}$$

ν 称为泊松比或横向变形因数。它是一个量纲为 1 的量,其值随材料而异,可由试验测定。考虑到 ε' 与 ε 的符号恒相反,由式(b)可得

$$\varepsilon' = -\nu\varepsilon \tag{7.4}$$

利用式(7.4),可由纵向线应变求横向线应变,反之亦然。

弹性模量 E 和泊松比 ν 是材料固有的两个弹性常数。表 7.1 给出了一些常用材料的 E、ν 的约值,以供参考。

表 7.1　常用材料的 E 和 ν 的约值

材　　料	E/GPa	ν	材　　料	E/GPa	ν
低碳钢	196～216	0.24～0.28	铝及硬铝合金	71	0.32～0.36
中碳钢	205	0.24～0.28	花岗岩	48	0.16～0.34
16Mn 钢	196～216	0.25～0.30	石灰岩	41	0.16～0.34
合金钢	186～216	0.25～0.30	混凝土	15～35	0.16～0.18
铸铁	59～162	0.23～0.27	木材(顺纹)	10～12	
铜及其合金	72～127	0.31～0.36	橡胶	0.0078	0.47

【例 7.2】　一直径 $d = 10\text{mm}$ 的圆截面杆,在轴向拉力 $\boldsymbol{F}$ 作用下,直径缩小了 0.0021mm,设材料的弹性模量 $E = 210\text{GPa}$,泊松比 $\nu = 0.3$。试求轴向拉力 $\boldsymbol{F}$ 的值。

【解】　由于已知杆的直径缩小量,故先求出杆的横向线应变为

$$\varepsilon' = \frac{\Delta d}{d} = -\frac{0.0021\text{mm}}{10\text{mm}} = -2.1 \times 10^{-4}$$

由式(7.3),杆的纵向线应变为

$$\varepsilon = -\frac{\varepsilon'}{\nu} = 7 \times 10^{-4}$$

根据胡克定律,可得横截面上的正应力为

$$\sigma = E\varepsilon = 210 \times 10^9 \text{Pa} \times 7 \times 10^{-4} = 147 \times 10^6 \text{Pa} = 147 \text{MPa}$$

故

$$F = \sigma A = 147 \times 10^6 \text{Pa} \times \frac{\pi}{4} \times (0.01\text{m})^2 = 11.54 \times 10^3 \text{N} = 11.54 \text{kN}$$

7.2 圆轴在扭转时的变形与刚度

7.2.1 圆轴在扭转时的变形

圆轴扭转时的变形用两个横截面绕轴线的相对扭转角来度量(图5.6)。如图7.3所示,相距为 $\text{d}x$ 的两个横截面间的扭转角为(推导从略)

$$\text{d}\varphi = \frac{T}{GI_\text{p}}\text{d}x$$

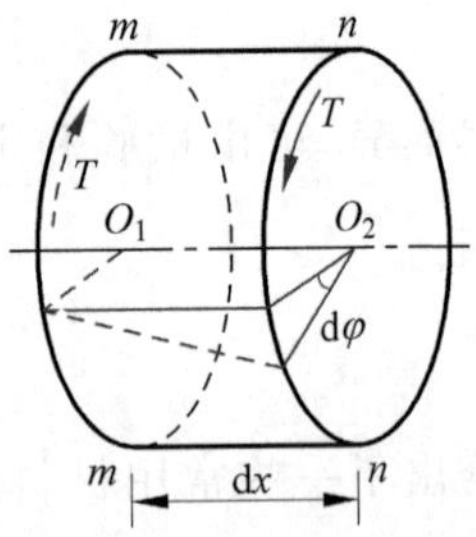

式中：T——横截面上的扭矩,以绝对值代入；

G——材料的切变模量；

I_p——横截面对圆心的极惯性矩。

因此,相距为 l 的两个横截面间的扭转角为

$$\varphi = \int_l \text{d}\varphi = \int_0^l \frac{T}{GI_\text{p}}\text{d}x \tag{7.5}$$

当 T、G、I_p 为常量时,式(7.5)成为

图 7.3

$$\varphi = \frac{Tl}{GI_\text{p}} \tag{7.6}$$

式(7.5)和式(7.6)中,GI_p 称为圆轴的**扭转刚度**。GI_p 越大,轴越不容易发生扭转变形,因此扭转刚度表示圆轴抵抗扭转变形的能力。

工程中通常采用**单位长度扭转角** θ,即

$$\theta = \frac{\varphi}{l} = \frac{T}{GI_\text{p}} \times \frac{180°}{\pi} \tag{7.7}$$

式(7.7)中 φ 的单位为 rad(弧度),θ 的单位为(°)/m(度/米)。

7.2.2 圆轴的扭转刚度计算

在设计受扭圆轴时,不仅要使其满足强度条件,还要满足刚度条件,即限制轴的扭转变形在一定的范围之内。通常规定圆轴的单位长度最大扭转角 $\theta_{\max}$ 不能超过某一规定的许用值 $[\theta]$,即刚度条件为

$$\theta_{\max} = \frac{T_{\max}}{GI_\text{p}} \times \frac{180°}{\pi} \leqslant [\theta] \tag{7.8}$$

式中：$[\theta]$——单位长度许用扭转角,各种轴的 $[\theta]$ 值可在有关手册中查到。

利用刚度条件,可以解决刚度校核、设计截面和确定许用荷载三种类型的刚度计算

问题。

【例 7.3】 已知传动轴的直径 $d=90\text{mm}$，材料的切变模量 $G=80\times10^3\text{MPa}$，单位长度许用扭转角 $[\theta]=1.1°/\text{m}$。若轴承受的最大扭矩 $T_{\max}=2.86\text{kN}\cdot\text{m}$，试校核该轴的刚度。

【解】 横截面的极惯性矩为

$$I_p = \frac{\pi d^4}{32} = \frac{\pi\times90^4\times10^{-12}\,\text{m}^4}{32} = 6.44\times10^{-6}\,\text{m}^4$$

轴的单位长度最大扭转角为

$$\theta_{\max} = \frac{T_{\max}}{GI_p}\times\frac{180°}{\pi} = \frac{2.86\times10^3\text{N}\cdot\text{m}}{8.0\times10^{10}\text{Pa}\times6.44\times10^{-6}\,\text{m}^4}\times\frac{180°}{\pi}$$
$$= 0.318°/\text{m} < [\theta] = 1.1°/\text{m}$$

可见满足刚度条件。

【例 7.4】 圆轴受到扭矩 $T=4\text{kN}\cdot\text{m}$ 的作用，已知材料的切变模量 $G=80\times10^3\text{MPa}$，单位长度许用扭转角 $[\theta]=0.25°/\text{m}$。试由刚度条件设计圆轴的直径。

【解】 由式(7.8)可得

$$I_p \geqslant \frac{T}{G[\theta]}\times\frac{180°}{\pi} = \frac{4\times10^3\text{N}\times180°}{80\times10^9\text{Pa}\times0.25°/\text{m}\times\pi} = 1.146\times10^{-5}\,\text{m}^4$$

因为 $I_p = \frac{\pi d^4}{32}$，所以有

$$d = \sqrt[4]{\frac{32I_p}{\pi}} \geqslant \sqrt[4]{\frac{32\times1.146\times10^{-5}\,\text{m}^4}{\pi}} = 104\text{mm}$$

取圆轴的直径 $d=104\text{mm}$。

7.3 梁在弯曲时的变形与刚度

7.3.1 用积分法求梁在弯曲时的变形

取梁变形前的轴线为 x 轴，与轴线垂直指向下的轴为 w 轴(图 7.4)。在平面弯曲的情况下，梁变形后的轴线在 xw 平面内弯成一曲线(图 7.4 中虚线)，称为梁的**挠曲线**。

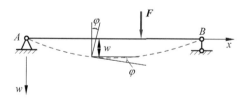

图　7.4

梁受力变形后，其横截面形心在 w 方向的线位移称为该截面的**挠度**，用 w 表示，规定 w 以向下为正。横截面绕其中性轴转过的角度称为该截面的**转角**，用 φ 表示，规定 φ 以顺时针转向为正。根据平面假设，梁变形后的横截面仍保持为平面并与挠曲线正交，因而横截面的转角 φ 也等于挠曲线在该截面处的切线与 x 轴的夹角(图 7.4)。挠度和转角是表示梁变形

的两个基本量。在小变形条件下，横截面形心在 x 方向的线位移与 w 相比为高阶小量，通常略去不计。

梁的挠度和转角都是横截面位置 x 的函数，即

$$w = w(x), \quad \varphi = \varphi(x)$$

上两式分别称为梁的**挠曲线方程**和**转角方程**。在小变形情况下，由于转角 φ 很小，故可得挠度与转角的下述关系：

$$\frac{\mathrm{d}w}{\mathrm{d}x} = w' = \tan\varphi \approx \varphi \tag{7.9}$$

可以证明：在图 7.4 所示坐标系中，梁的**挠曲线近似微分方程**为

$$w'' = -\frac{M(x)}{EI} \tag{7.10}$$

式中：$M(x)$——梁的弯矩方程；

$\quad\quad E$——材料的弹性模量；

$\quad\quad I$——横截面对中性轴的惯性矩；

$\quad\quad EI$——梁的**弯曲刚度**。

弯曲刚度 EI 越大，梁越不容易发生弯曲变形，因此弯曲刚度表示梁抵抗弯曲变形的能力。

求解梁的挠曲线近似微分方程式(7.10)，就可求得梁的转角方程和挠曲线方程，从而求得梁任一横截面的转角和挠度。这种求挠度和转角的方法称为**积分法**。

积分法是求梁变形的基本方法。表 7.2 列出了几种常用梁在简单荷载作用下的变形，以备查用。

表 7.2　几种常用梁在简单荷载作用下的变形

序号	梁的计算简图	挠曲线方程	梁端转角	最大挠度
1		$w = \dfrac{Fx^2}{6EI}(3l-x)$	$\varphi_B = \dfrac{Fl^2}{2EI}$	$w_B = \dfrac{Fl^3}{3EI}$
2		$w = \dfrac{M_\mathrm{e} x^2}{2EI}$	$\varphi_B = \dfrac{M_\mathrm{e} l}{EI}$	$w_B = \dfrac{M_\mathrm{e} l^2}{2EI}$
3		$w = \dfrac{qx^2}{24EI}(x^2+6l^2-4lx)$	$\varphi_B = \dfrac{ql^3}{6EI}$	$w_B = \dfrac{ql^4}{8EI}$

序号	梁的计算简图	挠曲线方程	梁端转角	最大挠度
4		$w=\dfrac{Fbx}{6EIl}(l^2-x^2-b^2)$ $(0\leqslant x\leqslant a)$ $w=\dfrac{Fa(l-x)}{6EIl}(2lx-x^2-a^2)$ $(a\leqslant x\leqslant l)$	$\varphi_A=\dfrac{Fab(l+b)}{6EIl}$ $\varphi_B=-\dfrac{Fab(l+a)}{6EIl}$	当 $a>b$ 时 $w_C=\dfrac{Fb}{48EI}(3l^2-4b^2)$ $w_{max}=\dfrac{Fb}{9\sqrt{3}EIl}(l^2-b^2)^{3/2}$ $\left(\text{发生在 } x=\sqrt{\dfrac{t^2-b^2}{3}}\text{ 处}\right)$
5		$w=-\dfrac{M_ex}{6EIl}(l^2-x^2-3b^2)$ $(0\leqslant x\leqslant a)$ $w=\dfrac{M_e(l-x)}{6EIl}(2lx-x^2-3a^2)$ $(a\leqslant x\leqslant l)$	$\varphi_A=-\dfrac{M_e}{6EIl}(l^2-3b^2)$ $\varphi_B=-\dfrac{M_e}{6EIl}(l^2-3a^2)$	在 $x=\sqrt{\dfrac{l^2-3b^2}{3}}$ 处 $w_{1max}=-\dfrac{M_e}{9\sqrt{3}EIl}(l^2-3b^2)^{3/2}$ 在 $x=\sqrt{\dfrac{l^2-3a^2}{3}}$ 处 $w_{2max}=\dfrac{M_e}{9\sqrt{3}EIl}(l^2-3a^2)^{3/2}$
6		$w=\dfrac{M_ex}{6EIl}(2l^2-3lx+x^2)$	$\varphi_A=\dfrac{M_el}{3EI}$ $\varphi_B=\dfrac{M_el}{6EI}$	在 $x=(1-1/\sqrt{3})l$ 处 $w_{max}=\dfrac{M_el^2}{9\sqrt{3}EI}$ $w_C=\dfrac{M_el^2}{16EI}$
7		$w=\dfrac{qx}{24EI}(l^3-2lx^2+x^3)$	$\varphi_A=-\varphi_B=\dfrac{ql^3}{24EI}$	$w_C=\dfrac{5ql^4}{384EI}$
8		$w=-\dfrac{Fax}{6EI}(l^2-x^2)$ $(0\leqslant x\leqslant l)$ $w=\dfrac{F(x-l)}{6EI}\times[a(3x-l)-(x-l)^2]$ $(l\leqslant x\leqslant l+a)$	$\varphi_A=-\dfrac{1}{2}\varphi_B=-\dfrac{Fal}{6EI}$ $\varphi_D=\dfrac{Fa}{6EI}(2l+3a)$	$w_{1max}=-\dfrac{Fal^2}{9\sqrt{3}EI}$ $\left(\text{发生在 } x=\dfrac{l}{\sqrt{3}}\text{ 处}\right)$ $w_D=w_{2max}=\dfrac{Fa^2}{3EI}(l+a)$
9		$w=-\dfrac{M_ex}{6EIl}(x^2-l^2)$ $(0\leqslant x\leqslant l)$ $w=\dfrac{M_e}{6EI}(3x^2-4xl+l^2)$ $(l\leqslant x\leqslant l+a)$	$\varphi_A=-\dfrac{1}{2}\varphi_B=-\dfrac{M_el}{6EI}$ $\varphi_D=\dfrac{M_e}{3EI}(l+3a)$	$w_{1max}=-\dfrac{M_el^2}{9\sqrt{3}EI}$ $\left(\text{发生在 } x=\dfrac{l}{\sqrt{3}}\text{ 处}\right)$ $w_D=w_{2max}=\dfrac{M_ea}{6EI}(2l+3a)$
10		$w=-\dfrac{qa^2x}{12EIl}(x^2-l^2)$ $(0\leqslant x\leqslant l)$ $w=\dfrac{q(x-l)}{24EI}[2a^2x(x+l)-2a\times(2l+a)(x-l)^2+l(x-l)^3]$ $(l\leqslant x\leqslant l+a)$	$\varphi_A=-\dfrac{1}{2}\varphi_B=-\dfrac{qa^2l}{12EI}$ $\varphi_D=\dfrac{qa^2}{6EI}(l+a)$	$w_{1max}=-\dfrac{qa^2l^2}{18\sqrt{3}EI}$ $\left(\text{发生在 } x=\dfrac{l}{\sqrt{3}}\text{ 处}\right)$ $w_D=w_{2max}=\dfrac{qa^3}{24EI}(4l+3a)$

7.3.2 用叠加法求梁在弯曲时的变形

在积分法中,由于利用了"小变形假设",并且梁的挠曲线微分方程是材料在弹性范围内导出的,所以梁的变形与作用于梁上的荷载呈线性关系。根据叠加原理,当梁上受到多个荷载作用时,可先分别计算出单个荷载作用时梁的挠度与转角,然后再进行叠加(求代数和),即得梁在所有荷载共同作用下的挠度与转角。这种求挠度和转角的方法称为**叠加法**。

【例 7.5】 图 7.5 所示简支梁同时受均布荷载 q 和集中荷载 F 作用,试用叠加法求梁的最大挠度。设弯曲刚度 EI 为常数。

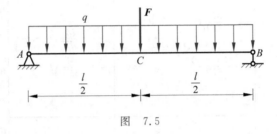

图 7.5

【解】 由表 7.2 查得,在均布荷载 q 作用下,简支梁跨中点 C 处横截面有最大挠度,其值为

$$w_{Cq} = \frac{5ql^4}{384EI} \quad (\downarrow)$$

在集中荷载 F 作用下,简支梁跨中点 C 处横截面有最大挠度,其值为

$$w_{CF} = \frac{Fl^3}{48EI} \quad (\downarrow)$$

因此,在荷载 q、F 共同作用下,横截面 C 的挠度为该梁的最大挠度,其值为

$$w_{max} = w_{Cq} + w_{CF} = \frac{5ql^4}{384EI} + \frac{Fl^3}{48EI} \quad (\downarrow)$$

【例 7.6】 图 7.6(a)所示悬臂梁的 AC 段受均布荷载 q 作用,试用叠加法求自由端 B 横截面处的挠度和转角。设弯曲刚度 EI 为常数。

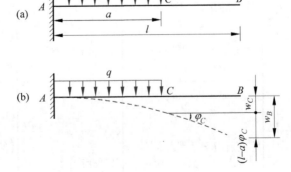

图 7.6

【解】 梁上的荷载将梁分为两段。当悬臂梁 AB 变形时,横截面 C 有挠度 w_C 和转角 φ_C[图 7.6(b)],查表 7.2 得

$$w_C = \frac{qa^4}{8EI} \quad (\downarrow), \quad \varphi_C = \frac{qa^3}{6EI} \quad (\circlearrowleft)$$

因为 CB 段梁上无荷载,在 B 处无约束,所以 CB 段梁变形后仍保持为直杆。由变形的连续性可知,B 横截面处的转角应与 C 横截面处的转角相同;而 B 横截面处的挠度应由 C 横截面处的挠度 w_C 再加上由于 C 横截面处的转角的影响而产生的挠度[图 7.6(b)]。考虑到小变形时 $\tan\varphi \approx \varphi$,故有

$$w_B = w_C + (l - a)\varphi_C = \frac{qa^4}{8EI} + (l - a)\frac{qa^3}{6EI} \quad (\downarrow)$$

$$\varphi_B = \varphi_C = \frac{qa^3}{6EI} \quad (\circlearrowleft)$$

7.3.3 梁的弯曲刚度计算

如果梁的弯曲变形过大,即使强度满足要求,它也不能正常工作。例如,房屋中的楼面板或梁变形过大,会使抹灰层出现裂缝;厂房中的吊车梁变形过大,会影响吊车的运行,等等。因此,在按强度条件对梁进行设计后,往往还要对梁进行刚度校核,即检查梁在荷载作用下的变形是否在许用范围之内。

梁的刚度条件为

$$\left.\begin{array}{c} w_{\max} \leqslant [w] \\ \varphi_{\max} \leqslant [\varphi] \end{array}\right\} \tag{7.11}$$

式中:$w_{\max}$、$\varphi_{\max}$——梁的最大挠度和最大转角;

$[w]$、$[\varphi]$——**许用挠度和许用转角**。

许用挠度 $[w]$ 和许用转角 $[\varphi]$ 的值可在有关设计规范中查得。

在建筑工程中,通常只对梁的挠度加以限制。梁的许用挠度 $[w]$ 通常限制在 $\left(\dfrac{1}{1000} \sim \dfrac{1}{200}\right)l$ 范围内,l 为梁的跨长。并且,如果梁的强度条件满足,一般刚度条件也能满足。但对于刚度要求很高的梁,则必须进行刚度计算,此时刚度条件可能起到控制作用。

【例 7.7】 悬臂工字钢梁(图 7.7)的长度 $l=4\mathrm{m}$,荷载 $q=10\mathrm{kN/m}$,已知材料的许用应力 $[\sigma]=170\mathrm{MPa}$,弹性模量 $E=210\mathrm{GPa}$,梁的许用挠度 $[w]=\dfrac{l}{400}$,试按强度条件和刚度条件设计工字钢型号。

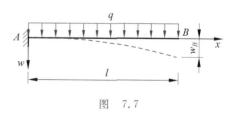

图 7.7

【解】 (1)按强度条件设计截面。支座 A 横截面上的弯矩最大,为

$$M_A = M_{\max} = \frac{1}{2}ql^2 = 80\mathrm{kN \cdot m}$$

按强度条件,该梁所需的弯曲截面系数为

$$W \geqslant \frac{M_{\max}}{[\sigma]} = \frac{80 \times 10^3 \text{N} \cdot \text{m}}{170 \times 10^6 \text{Pa}} = 4.71 \times 10^{-4} \text{m}^3 = 471 \text{cm}^3$$

查型钢规格表,选用 28a 号工字钢,有关数据为

$$W = 508 \text{cm}^3, \quad I = 7110 \text{cm}^4$$

(2) 校核梁的刚度。梁的最大挠度发生在 B 横截面处,查表 7.2 得

$$w_{\max} = w_B = \frac{ql^4}{8EI}$$

因此有

$$w_{\max} = \frac{ql^4}{8EI} = \frac{10 \times 10^3 \text{N/m} \times 4^4 \text{m}^4}{8 \times 210 \times 10^9 \text{Pa} \times 7110 \times 10^{-8} \text{m}^4}$$

$$= 2.14 \times 10^{-2} \text{m} > \frac{1}{400} = 1 \times 10^{-2} \text{m}$$

可见不满足刚度要求。

(3) 按刚度条件重新设计截面。由刚度条件可得

$$I \geqslant \frac{ql^4}{8E[w]} = \frac{10 \times 10^3 \text{N/m} \times (4\text{m})^3}{8 \times 210 \times 10^9 \text{Pa}} \times 400 = 1.5238 \times 10^{-4} \text{m}^4 = 15238 \text{cm}^4$$

查型钢规格表,选用 36a 号工字钢,有关数据为

$$I = 15800 \text{cm}^4, \quad W = 875 \text{cm}^3$$

通过上述计算可知,选用 36a 号工字钢既能满足强度要求又能满足刚度要求。

习　　题

7.1　已知习题 7.1 图所示杆各段横截面面积 $A_1 = A_3 = 300 \text{mm}^2$, $A_2 = 200 \text{mm}^2$,材料的弹性模量 $E = 200 \text{GPa}$。试求杆的总变形 Δl。

7.2　一板状拉伸试件如习题 7.2 图所示。为了测得试件的应变,在试件表面的纵向和横向贴上电阻片。在测定过程中,每增加 3kN 的拉力时,测得试件的纵向线应变 $\varepsilon = 120 \times 10^{-6}$,横向线应变 $\varepsilon' = -38 \times 10^{-6}$。试求试件材料的弹性模量 E 和泊松比 ν。

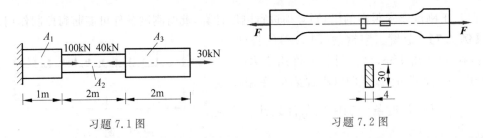

习题 7.1 图　　　　　　　　　　　　　习题 7.2 图

7.3　一矩形截面受拉杆,长 $l = 3.5 \text{m}$,横截面尺寸 $b = 25 \text{mm}$、$h = 50 \text{mm}$,受到轴向拉力 F 作用后,实测伸长量为 1.5mm。已知材料的弹性模量 $E = 200 \text{GPa}$,试计算该杆所受的拉力。

7.4　钢制传动轴直径 $d = 40 \text{mm}$,轴传递的功率 $P = 30 \text{kW}$,转速 $n = 1400 \text{r/min}$,材料的切变模量 $G = 80 \times 10^3 \text{MPa}$,许用切应力 $[\tau] = 40 \text{MPa}$,轴的单位长度许用扭转角 $[\theta] =$

$2°/m$。试校核此轴的强度和刚度。

7.5　一传动轴传递的功率 $P=60\mathrm{kW}$，转速 $n=200\mathrm{r/min}$，材料的切变模量 $G=80\times10^3\mathrm{MPa}$，轴的单位长度许用扭转角 $[\theta]=0.2°/m$，试按刚度条件设计该实心圆轴的直径。

7.6　实心圆轴的直径 $d=50\mathrm{mm}$，转速 $n=250\mathrm{r/min}$，材料的切变模量 $G=80\times10^3\mathrm{MPa}$，许用切应力 $[\tau]=60\mathrm{MPa}$，轴的单位长度许用扭转角 $[\theta]=0.5°/m$。试求此轴所能传递的最大功率。

7.7　试用叠加法求习题7.7图所示各梁 C 横截面的挠度和 B 横截面的转角。设弯曲刚度 EI 为常数。

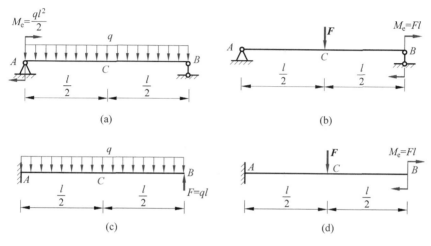

习题 7.7 图

7.8　习题7.8图所示悬臂梁的弯曲刚度 $EI=5\times10^5\mathrm{kN\cdot m^2}$，梁的许用挠度 $[w]=\dfrac{l}{200}$。试对该梁进行刚度校核。

7.9　习题7.9图所示简支梁用工字钢制成。材料的许用应力 $[\sigma]=170\mathrm{MPa}$，弹性模量 $E=2.1\times10^5\mathrm{MPa}$，梁的许用挠度 $[w]=\dfrac{l}{500}$。试按强度条件和刚度条件设计工字钢的型号。

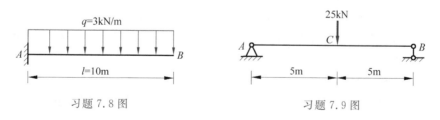

习题 7.8 图　　　　　　　　　　　　　习题 7.9 图

7.10　用45a号工字钢制成的简支梁，全梁受均布荷载 q 作用。已知跨长 $l=10\mathrm{m}$，钢的弹性模量 $E=200\mathrm{GPa}$，规定梁的最大挠度不超过 $\dfrac{l}{500}$。试求梁的许用均布荷载 $[q]$ 的值。

第8章 压杆稳定

内容提要

受压杆件的破坏不仅会由于强度不够而引起,也可能会由于稳定性的丧失而发生。因此在设计受压杆件时,除了进行强度计算外,还必须进行稳定计算以满足其稳定条件。本章将对压杆的稳定问题作简要介绍。

学习要求

1. 理解压杆稳定的概念。
2. 掌握压杆的柔度计算,失稳平面的判别和临界力、临界应力的计算。
3. 会用安全因数法对压杆进行稳定校核。
4. 熟练掌握用折减因数法对压杆进行稳定校核。
5. 了解提高压杆稳定性的主要措施。

8.1 压杆稳定的概念

在前面介绍轴向拉、压杆的强度计算时,认为当压杆横截面上的应力超过材料的极限应力时,压杆就会因强度不够而引起破坏。这种观点对于始终保持其原有直线形状的粗短杆(杆的横向尺寸较大,纵向尺寸较小)来说是正确的。但是,对于细长杆(杆的横向尺寸较小,纵向尺寸较大)则不然,它在应力远低于材料的极限应力时,就会突然产生显著的弯曲变形而失去承载能力。

为了研究方便,我们将实际的压杆抽象为如下的力学模型:即将压杆看作轴线为直线,且压力作用线与轴线重合的均质等截面直杆,称为**中心受压直杆**或**理想柱**。而把杆轴线存在的初曲率、压力作用线稍微偏离轴线及材料不完全均匀等因素,抽象为使杆产生微小弯曲变形的微小横向干扰。

采用上述中心受压直杆的力学模型后,在压杆所受的压力 F 不大时,若给杆一微小的横向干扰,使杆发生微小的弯曲变形,则在干扰撤去后,杆经若干次振动后仍会回到原来的直线形状的平衡状态[图 8.1(a)],称压杆此时处于**稳定的平衡状态**。增大压力 F 至某一极限值 F_{cr} 时,若再给杆一微小的横向干扰,使杆发生微小的弯曲变形,则在干扰撤去后,杆不再恢复到原来直线形状的平衡状态,而是仍处于微弯形状的平衡状态[图 8.1(b)],我们把受干扰前杆的直线形状的平衡状态称为**临界平衡状态**,此时的压力 F_{cr} 称为压杆的**临界力**。临界平衡状态实质上是一种**不稳定的平衡状态**,因为此时杆一经干扰后就不能维持原有直线形状的平衡状态了。由此可见,当压力 F 达到临界力 F_{cr} 时,压杆就从稳定的平衡状态转变为不稳定的平衡状态,这种现象称为丧失稳定性,简称**失稳**或**屈曲失效**。当压力 F 超过 F_{cr} 时,杆的弯曲变形将急剧增大,甚至最后造成弯折破坏[图 8.1(c)]。

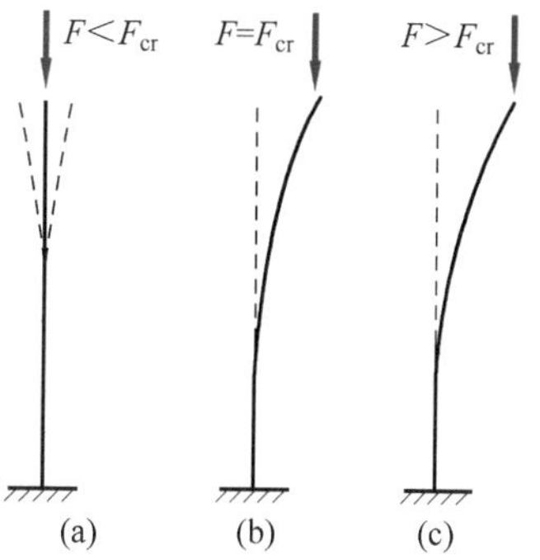

由于杆件失稳是在远低于强度许用承载能力的情况下骤然发生的,所以往往造成严重的事故。例如,在 1907 年,加拿大长达 548m 的魁北克大桥在施工中突然倒塌,就是由于两根受压杆件的失稳引起的。因此,在设计杆件(特别是受压杆件)时,除了进行强度计算外,还必须进行稳定计算,以满足其稳定性方面的要求。本章仅讨论压杆的稳定性计算问题。

图 8.1

8.2 压杆的临界力与临界应力

8.2.1 细长压杆的临界力

临界力 F_{cr} 是压杆处于微弯形状的平衡状态所需的最小压力,由此我们得到计算压杆临界力的一个方法:假定压杆处于微弯形状的平衡状态,求出此时所需的最小压力即为压杆的临界力。

以两端铰支并承受轴向压力作用的等截面直杆[图 8.2(a)]为例,说明计算压杆临界力的方法。设压杆在临界力 F_{cr} 的作用下保持微弯形状的平衡状态,此时压杆的轴线就变成了弯曲问题中的挠曲线。如果杆内的压应力不超过材料的比例极限,则由式(7.10),压杆的挠曲线近似微分方程为[图 8.2(b)]

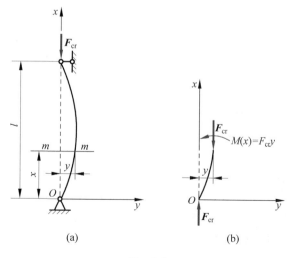

图 8.2

$$EI \frac{\mathrm{d}^2 y}{\mathrm{d}x^2} = -M(x) = -F_{cr} y \qquad\qquad (a)$$

将式(a)两边同除以 EI,并令

$$\sqrt{\frac{F_{cr}}{EI}} = k \qquad\qquad (b)$$

移项后得到

$$\frac{\mathrm{d}^2 y}{\mathrm{d}x^2} + k^2 y = 0 \qquad\qquad (c)$$

解此微分方程,可以得到两端铰支细长压杆的临界力为

$$F_{cr} = \frac{\pi^2 EI}{l^2} \qquad\qquad (8.1)$$

式(8.1)即为计算两端铰支细长压杆临界力的**欧拉公式**。

对于其他杆端约束情况下的细长压杆,可用同样的方法求得其临界力。各种细长压杆的临界力可用下面的欧拉公式的一般形式统一表示为

$$F_{cr} = \frac{\pi^2 EI}{(\mu l)^2} \qquad\qquad (8.2)$$

式中：μ——压杆的**长度因数**,它反映了不同的支承情况对临界力的影响；

μl——压杆的**相当长度**。

表 8.1 列出了四种典型的杆端约束下细长压杆的临界力,以备查用。

表 8.1　四种典型细长压杆的临界力

杆端约束	两端铰支	一端铰支 一端固定	两端固定	一端固定 一端自由
失稳时挠曲线形状				
临界力	$F_{cr} = \dfrac{\pi^2 EI}{l^2}$	$F_{cr} = \dfrac{\pi^2 EI}{(0.7l)^2}$	$F_{cr} = \dfrac{\pi^2 EI}{(0.5l)^2}$	$F_{cr} = \dfrac{\pi^2 EI}{(2l)^2}$
长度因数	$\mu = 1$	$\mu = 0.7$	$\mu = 0.5$	$\mu = 2$

特别提示

工程实际中压杆的杆端约束情况往往比较复杂,应对杆端支承情况作具体分析,或查阅有关的设计规范,定出合适的长度因数。

【例8.1】 一长 $l=4\mathrm{m}$，直径 $d=100\mathrm{mm}$ 的细长钢压杆，支承情况如图8.3所示，在 xy 平面内为两端铰支，在 xz 平面内为一端铰支、一端固定。已知钢的弹性模量 $E=200\mathrm{GPa}$，试求此压杆的临界力。

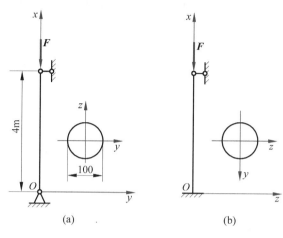

图 8.3

【解】 钢压杆的横截面是圆形，圆形截面对其任一形心轴的惯性矩都相同，均为

$$I = \frac{\pi d^4}{64} = \frac{\pi \times 100^4 \times 10^{-12}\mathrm{m}^4}{64} = 0.049 \times 10^{-4}\mathrm{m}^4$$

因为临界力是使压杆产生失稳所需要的最小压力，而钢压杆在各纵向平面内的弯曲刚度 EI 相同，所以式(8.2)中的 μ 应取较大的值，即失稳发生在杆端约束最弱的纵向平面内。由已知条件，钢压杆在 xy 平面内的杆端约束为两端铰支[图8.3(a)]，$\mu=1$；在 xz 平面内杆端约束为一端铰支、一端固定[图8.3(b)]，$\mu=0.7$。故失稳将发生在 xy 平面内，应取 $\mu=1$ 进行计算。临界力为

$$F_{\mathrm{cr}} = \frac{\pi^2 EI}{(\mu l)^2} = \frac{\pi^2 \times 200 \times 10^9 \mathrm{Pa} \times 0.049 \times 10^{-4}\mathrm{m}^4}{(1 \times 4)^2\mathrm{m}^2} = 605 \times 10^3\mathrm{N} = 605\mathrm{kN}$$

由上可知，压杆在各个纵向平面内的弯曲刚度相同，则杆端约束最弱的纵向平面为失稳平面。

【例8.2】 有一两端铰支的细长木柱(图8.4)，已知柱长 $l=3\mathrm{m}$，横截面为 $80\mathrm{mm} \times 140\mathrm{mm}$ 的矩形，木材的弹性模量 $E=10\mathrm{GPa}$。试求此木柱的临界力。

【解】 由于木柱两端约束为球形铰支，故木柱两端在各个方向的约束都相同(都是铰支)。因为临界力是使压杆产生失稳所需要的最小压力，所以式(8.2)中的 I 应取 $I_{\min}$。由图8.4知，$I_{\min} = I_y$，其值为

$$I_y = \frac{140 \times 80^3}{12}\mathrm{mm}^4 = 597.3 \times 10^4\mathrm{mm}^4$$

$$= 597.3 \times 10^{-8}\mathrm{m}^4$$

故临界力为

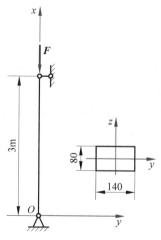

图 8.4

$$F_{cr} = \frac{\pi^2 EI_y}{(\mu l)^2} = \frac{\pi^2 \times 10 \times 10^9 \, \text{Pa} \times 597.3 \times 10^{-8} \, \text{m}^4}{(1 \times 3)^2 \, \text{m}^2} = 65.5 \times 10^3 \, \text{N} = 65.5 \, \text{kN}$$

在临界力 $\boldsymbol{F}_{cr}$ 作用下，木柱将在弯曲刚度最小的 xz 平面内发生失稳。

由上可知，压杆在各个纵向平面内的杆端约束情况相同，则弯曲刚度最小的纵向平面为失稳平面。

例 8.1 和例 8.2 是两个特殊情况。在一般情况中，则应分别计算压杆在两个纵向对称平面内的柔度（参见 8.2.2 小节），柔度较大的平面为失稳平面。

8.2.2　压杆的临界应力

临界力 F_{cr} 也是压杆保持直线形状的平衡状态所能承受的最大压力，因而压杆在开始失稳时，杆的应力仍可按轴向拉、压杆的应力公式计算，即

$$\sigma_{cr} = \frac{F_{cr}}{A} \tag{8.3}$$

式中：A——压杆的横截面面积；

　　σ_{cr}——压杆的**临界应力**。

1. 欧拉公式的适用范围

在欧拉公式的推导中使用了压杆失稳时挠曲线的近似微分方程，该方程只有当材料处于线弹性范围内时才成立，这就要求在压杆的临界应力 σ_{cr} 不大于材料的比例极限 σ_p 的情况下，方能应用欧拉公式。下面具体表达欧拉公式的适用范围。

将式（8.3）改写为

$$\sigma_{cr} = \frac{F_{cr}}{A} = \frac{\pi^2 EI}{A(\mu l)^2} = \frac{\pi^2 E}{\left(\dfrac{\mu l}{i}\right)^2}$$

故

$$\sigma_{cr} = \frac{\pi^2 E}{\lambda^2} \tag{8.4}$$

式中：$i = \sqrt{\dfrac{I}{A}}$——压杆横截面的**惯性半径**。

$$\lambda = \frac{\mu l}{i} \tag{8.5}$$

λ 称为压杆的**柔度**或**长细比**。柔度 λ 综合地反映了压杆的杆端约束、杆长、杆横截面的形状和尺寸等因素对临界应力的影响。柔度 λ 越大，临界应力 σ_{cr} 越小，压杆越容易失稳。反之，柔度 λ 越小，临界应力就越大，压杆能承受较大的压力，压杆的稳定性越好。根据式（8.4），欧拉公式的适用范围为

$$\frac{\pi^2 E}{\lambda^2} \leqslant \sigma_p$$

或

$$\lambda \geqslant \sqrt{\frac{\pi^2 E}{\sigma_p}} \tag{8.6}$$

令

$$\lambda_p = \sqrt{\frac{\pi^2 E}{\sigma_p}} \tag{8.7}$$

λ_p 是对应于比例极限的柔度值。由上可知,只有对柔度 $\lambda \geqslant \lambda_p$ 的压杆,才能用欧拉公式计算其临界力。柔度 $\lambda \geqslant \lambda_p$ 的压杆称为**大柔度压杆**或**细长压杆**。

由式(8.7)可知,λ_p 的值仅与压杆的材料有关。例如,由 Q235 钢制成的压杆,E、σ_p 的平均值分别为 206GPa 与 200MPa,代入式(8.7)后算得 $\lambda_p \approx 100$。对于木压杆,$\lambda_p \approx 110$。

2. 经验公式

$\lambda < \lambda_p$ 的压杆称为**中、小柔度压杆**。这类压杆的临界应力通常采用经验公式进行计算。经验公式是根据大量试验结果建立起来的,目前常用的有直线公式和抛物线公式两种。本书仅介绍抛物线公式,其表达式为

$$\sigma_{cr} = \sigma_s - a\lambda^2 \tag{8.8}$$

式中:σ_s——材料的屈服极限,单位为 MPa;

a——与材料有关的常数,单位为 MPa。

例如,Q235 钢:$\sigma_{cr} = 235 - 0.00668\lambda^2$;16 锰钢:$\sigma_{cr} = 343 - 0.00142\lambda^2$。

实际压杆的柔度值不同,临界应力的计算公式也不同。为了直观地表达这一点,可以绘出临界应力随柔度的变化曲线,这种图线称为压杆的**临界应力总图**。

图 8.5 为 Q235 钢压杆的临界应力总图。在图中,抛物线和欧拉曲线在 C 处光滑连接,C 点对应的柔度 $\lambda_C = 123$,临界应力为 134MPa。由于经验公式更符合压杆的实际情况,故在实用中,对 Q235 钢制成的压杆,当 $\lambda \geqslant \lambda_C = 123$ 时才按欧拉公式计算临界应力,当 $\lambda < 123$ 时,采用抛物线公式计算临界应力。

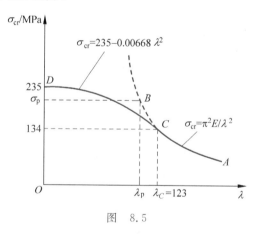

图 8.5

8.3 压杆的稳定校核

8.3.1 安全因数法和折减因数法

由于压杆在使用过程中存在失稳破坏的问题,且一般情况下发生失稳破坏时的临界应力 σ_{cr} 低于强度许用应力 $[\sigma]$。因此,必须对压杆建立相应的稳定条件,进行稳定计算。

1. 安全因数法

为了保证压杆能够安全地工作,要求压杆承受的压力 F 应满足下面的条件。

$$F \leqslant \frac{F_{cr}}{n_{st}} = [F]_{st} \tag{8.9}$$

式中: n_{st}——稳定安全因数;

$[F]_{st}$——稳定许用压力。

或者将上式两边同时除以横截面面积 A,得到压杆横截面上的应力 σ 应满足的条件。

$$\sigma = \frac{F}{A} \leqslant \frac{\sigma_{cr}}{n_{st}} = [\sigma]_{st} \tag{8.10}$$

式中: $[\sigma]_{st}$——稳定许用应力。

式(8.9)和式(8.10)是安全因数法的稳定条件。

稳定安全因数 n_{st} 的取值除考虑在确定强度安全因数时的因素外,还应考虑实际压杆不可避免地存在杆轴线的初曲率、压力的偏心和材料的不均匀等因素。这些因素将使压杆的临界力显著降低,对压杆稳定的影响较大,并且压杆的柔度越大,影响也越大。但是,这些因素对压杆强度的影响就不那么显著。因此,稳定安全因数 n_{st} 的取值一般大于强度安全因数 n,并且随柔度 λ 而变化。例如,钢压杆的强度安全因数 $n=1.4 \sim 1.7$,而稳定安全因数 $n_{st}= 1.8 \sim 3.0$,甚至更大。常用材料制成的压杆,在不同工作条件下的稳定安全因数 n_{st} 的值,可在有关的设计手册中查到。

利用稳定条件式(8.9)或式(8.10),可以解决压杆的稳定校核、设计截面和确定许用荷载三类稳定计算问题。这样进行压杆稳定计算的方法称为安全因数法。

在稳定计算中,当遇到压杆局部截面被削弱的情况(例如钉孔、沟槽等)时,仍按没有被削弱的截面尺寸进行计算。这是因为压杆的临界力是由压杆整体的弯曲变形决定的,局部截面的削弱对整体弯曲变形的影响很小,也就是说对压杆临界力的影响很小,故可以忽略。但是,对这类压杆,除了进行稳定计算外,还应针对削弱了的横截面进行强度校核。

【例 8.3】 长度 $l=1.8 \text{m}$,两端铰支的实心圆截面钢压杆,承受 $F=60 \text{kN}$ 的压力。已知 $\lambda_p=123$,$E=210 \text{GPa}$,$d=45 \text{mm}$,$n_{st}=2$,试校核其稳定性。

【解】 压杆两端铰支,$\mu=1$;截面为圆形,$i=\sqrt{\dfrac{I}{A}}=\dfrac{d}{4}$。柔度为

$$\lambda = \frac{\mu l}{i} = \frac{\mu l}{\dfrac{d}{4}} = \frac{1 \times 1800 \text{mm}}{\dfrac{45 \text{mm}}{4}} = 160 > \lambda_p = 123$$

故可以用欧拉公式计算其临界力。临界力为

$$F_{cr} = A\sigma_{cr} = \frac{\pi d^2}{4} \times \frac{\pi^2 E}{\lambda^2} = 128.8 \times 10^3 \text{N} = 128.8 \text{kN}$$

压杆的许用压力为

$$[F]_{st} = \frac{F_{cr}}{n_{st}} = 64.4 \text{kN} > F = 60 \text{kN}$$

所以该压杆满足稳定要求。

2. 折减因数法

折减因数法的稳定条件是将稳定条件式(8.10)中的稳定许用应力 $[\sigma]_{st}$,写成材料的强

度许用应力$[\sigma]$乘以一个随压杆柔度λ而改变且小于1的因数$\varphi = \varphi(\lambda)$,即

$$[\sigma]_{\mathrm{st}} = \varphi[\sigma]$$

于是得到折减因数法的稳定条件为

$$\sigma = \frac{F}{A} \leqslant \varphi[\sigma] \tag{8.11}$$

式中：φ——压杆的折减因数或稳定因数。

在我国的《钢结构设计规范》(GB 50017—2003)中,根据工程中常用压杆的截面形状、尺寸和加工条件等因素,把截面分为a、b、c、d四类,例如轧制圆形截面属于a类截面。本书给出了Q235钢制成的a类截面压杆的折减因数φ的计算用表(表8.2),以供参考。

表 8.2　Q235 钢 a 类截面中心受压直杆的折减因数 φ

λ	0	1	2	3	4	5	6	7	8	9
0	1.000	1.000	1.000	1.000	0.999	0.999	0.998	0.998	0.997	0.996
10	0.995	0.994	0.993	0.992	0.991	0.989	0.988	0.986	0.985	0.983
20	0.981	0.979	0.977	0.976	0.974	0.972	0.970	0.968	0.966	0.964
30	0.963	0.961	0.959	0.957	0.955	0.952	0.950	0.948	0.946	0.944
40	0.941	0.939	0.937	0.934	0.932	0.929	0.927	0.924	0.921	0.919
50	0.916	0.913	0.910	0.907	0.904	0.900	0.897	0.894	0.890	0.886
60	0.883	0.879	0.875	0.871	0.867	0.863	0.858	0.854	0.849	0.844
70	0.839	0.834	0.829	0.824	0.818	0.813	0.807	0.801	0.795	0.789
80	0.783	0.776	0.770	0.763	0.757	0.750	0.743	0.736	0.728	0.721
90	0.714	0.706	0.699	0.691	0.684	0.676	0.668	0.661	0.653	0.645
100	0.638	0.630	0.622	0.615	0.607	0.600	0.592	0.585	0.577	0.570
110	0.563	0.555	0.548	0.541	0.534	0.527	0.520	0.514	0.507	0.500
120	0.494	0.488	0.481	0.475	0.469	0.463	0.457	0.451	0.445	0.440
130	0.434	0.429	0.423	0.418	0.412	0.407	0.402	0.397	0.392	0.387
140	0.383	0.378	0.373	0.369	0.364	0.360	0.356	0.351	0.347	0.343
150	0.339	0.335	0.331	0.327	0.323	0.320	0.316	0.312	0.309	0.305
160	0.302	0.298	0.295	0.292	0.289	0.285	0.282	0.279	0.276	0.273
170	0.270	0.267	0.264	0.262	0.259	0.256	0.253	0.251	0.248	0.246
180	0.243	0.241	0.238	0.236	0.233	0.231	0.229	0.226	0.224	0.222
190	0.220	0.218	0.215	0.213	0.211	0.209	0.207	0.205	0.203	0.201
200	0.199	0.198	0.196	0.194	0.192	0.190	0.189	0.187	0.185	0.183
210	0.182	0.180	0.179	0.177	0.175	0.174	0.172	0.171	0.169	0.168
220	0.166	0.165	0.164	0.162	0.161	0.159	0.158	0.157	0.155	0.154
230	0.153	0.152	0.150	0.149	0.148	0.147	0.146	0.144	0.143	0.142
240	0.141	0.140	0.139	0.138	0.136	0.135	0.134	0.133	0.132	0.131
250	0.130	—	—	—	—	—	—	—	—	—

对于木压杆的折减因数 φ，在我国的《木结构设计规范》(GB 50005—2003)中，给出了下面两组计算公式。

树种强度等级为 TC17、TC15 及 TB20：

当柔度 $\lambda \leqslant 75$ 时 $\qquad \varphi = \dfrac{1}{1+\left(\dfrac{\lambda}{80}\right)^2}$

$$\left. \right\} \qquad (8.12)$$

当柔度 $\lambda > 75$ 时 $\qquad \varphi = \dfrac{3000}{\lambda^2}$

树种强度等级为 TC13、TC11、TB17、TB15、TB13 及 TB11：

当柔度 $\lambda \leqslant 91$ 时 $\qquad \varphi = \dfrac{1}{1+\left(\dfrac{\lambda}{65}\right)^2}$

$$\left. \right\} \qquad (8.13)$$

当柔度 $\lambda > 91$ 时 $\qquad \varphi = \dfrac{2800}{\lambda^2}$

【例 8.4】 图 8.6 所示木屋架中 AB 杆的横截面为边长 $a=110$mm 的正方形，杆长 $l=3.6$m，承受的轴向压力 $F=25$kN。木材的树种强度等级为 TC15，许用应力 $[\sigma]=10$MPa。试校核 AB 杆的稳定性(只考虑在桁架平面内的失稳)。

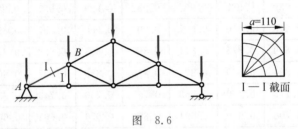

图　8.6

【解】 正方形截面的惯性半径为

$$i = \frac{a}{\sqrt{12}} = \frac{110\text{mm}}{\sqrt{12}} = 31.75\text{mm}$$

由于在桁架平面内 AB 杆两端为铰支，故 $\mu=1$。AB 杆的柔度为

$$\lambda = \frac{\mu l}{i} = \frac{1 \times 3.6 \times 10^3 \text{mm}}{31.75\text{mm}} = 113.4$$

利用式(8.12)算得折减因数 φ 为

$$\varphi = \frac{3000}{\lambda^2} = 0.233$$

AB 杆的工作应力为

$$\sigma = \frac{F}{A} = \frac{25 \times 10^3 \text{N}}{110^2 \times 10^{-6}\text{m}^2} = 2.066\text{MPa} < \varphi[\sigma] = 2.33\text{MPa}$$

满足稳定条件式(8.11)，故 AB 杆是稳定的。

8.3.2　提高压杆稳定性的主要措施

提高压杆的稳定性就是增大压杆的临界力或临界应力。可以从影响临界力或临界应力的诸种因素出发，采取下列一些措施。

1. 合理地选择材料

对于大柔度压杆，临界应力 $\sigma_{cr}=\dfrac{\pi^2 E}{\lambda^2}$，故采用 E 值较大的材料能够增大其临界应力，也就能提高其稳定性。由于各种钢材的 E 值大致相同，所以对大柔度钢压杆不宜选用优质钢材，以避免造成浪费。

对于中、小柔度压杆，根据经验公式，采用强度较高的材料能够提高其临界应力，即能提高其稳定性。

2. 选择合理的截面

在截面面积一定的情况下，应尽可能将材料放在离形心较远处，以提高惯性半径 i 的数值，从而减小压杆的柔度和提高临界应力。例如，采用空心圆截面比实心圆截面更为合理（图 8.7）。但应注意空心圆筒的壁厚不能过薄，否则有引起局部失稳从而发生折皱的危险。另外，压杆总是在柔度较大的纵向平面内失稳，所以应尽量使各纵向平面内的柔度相同或相近，例如采用图 8.8(a)、(b)所示截面。

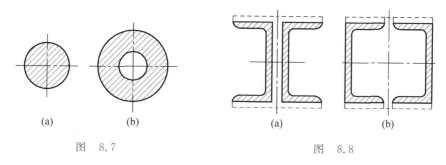

图 8.7 图 8.8

3. 减小杆的长度

杆长 l 越小，则柔度 λ 越小，临界应力提高。在工程中，通常用增设中间支撑的方法来达到减小杆长的目的。例如两端铰支的细长压杆，在杆中点处增设一个铰支座（图 8.9），则其相当长度 μl 为原来的一半，而由欧拉公式算得的临界应力或临界力却是原来的四倍。当然增设支座也相应地增加了工程造价，故设计时应加以综合考虑。

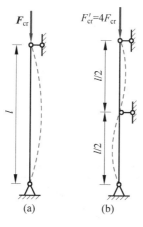

图 8.9

4. 增强杆端约束

压杆的杆端约束越强，μ 值就越小，λ 也就越小，从而提高临界应力。例如将两端铰支的细长压杆的杆端约束增强为两端固定，那么由欧拉公式可知其临界力将变为原来的四倍。

习　　题

8.1　直径 $d=25\text{mm}$，长 $l=1500\text{mm}$，两端固定的细长钢压杆，材料的弹性模量 $E=200\text{GPa}$。试用欧拉公式计算其临界力 F_{cr}。

8.2　两端铰支的细长压杆的长 $l=1000\text{mm}$，横截面为 $20\text{mm}\times40\text{mm}$ 的矩形，材料的弹性模量 $E=200\text{GPa}$。试用欧拉公式计算其临界力 F_{cr}。

8.3　两根两端铰支的圆截面压杆，直径均为 $d=160\text{mm}$，长度分别为 l_1、l_2，且 $l_1=2l_2=5\text{m}$，材料为 Q235 钢，弹性模量 $E=200\text{GPa}$。试求两杆的临界力 F_{cr}。

8.4　习题 8.4 图所示一闸门的螺杆式启闭机。已知螺杆的长度为 3m，外径为 60mm，内径为 51mm，材料为 Q235 钢，弹性模量 $E=206\text{GPa}$，$\lambda_p=100$，设计压力 $F=50\text{kN}$，$n_{\text{st}}=3$，杆端支承情况可认为一端固定、另一端铰支。试按内径尺寸对此杆进行稳定校核。

8.5　习题 8.5 图所示桁架中，$F=120\text{kN}$，BC 杆为用 Q235 钢制成的圆截面杆（a 类截面），直径 $d=20\text{mm}$，许用应力 $[\sigma]=180\text{MPa}$。试校核 BC 杆的稳定性。

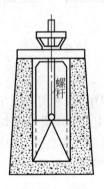

习题 8.4 图

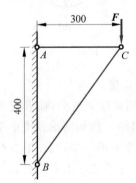

习题 8.5 图

8.6　两端铰支的松木柱，树种强度等级为 TC13，横截面为 $150\text{mm}\times150\text{mm}$ 的正方形，长度 $l=3.5\text{m}$，设计压力 $F=95\text{kN}$，许用应力 $[\sigma]=11\text{MPa}$。试校核该木柱的稳定性。

8.7　习题 8.7 图所示结构中，BD 杆为正方形截面的木杆，树种强度等级为 TC17，已知 $l=2\text{m}$，$a=0.1\text{m}$，木材的许用应力 $[\sigma]=10\text{MPa}$。试从 BD 杆的稳定考虑，确定该结构的许用荷载 $[F]$。

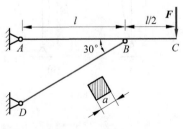

习题 8.7 图

第9章 几何组成分析

内容提要

　　本章介绍平面杆件体系的几何组成分析,内容包括几何组成分析的目的、几何不变体系的基本组成规则、判别体系是否几何不变,正确区分静定结构和超静定结构,以及平面杆件结构的分类。本章是以后进行结构内力计算的基础。

学习要求

1. 理解几何不变体系与几何可变体系的概念,了解几何组成分析的目的。
2. 了解几何组成分析中的若干基本概念,主要有:刚片、自由度、约束对自由度的影响、单铰、复铰、虚铰、瞬铰、多余约束、瞬变体系。
3. 掌握几何不变体系的基本组成规则,并能熟练应用规则对一般的平面杆件体系进行几何组成分析。
4. 了解体系的几何组成与静定性的关系,能正确区分静定结构与超静定结构。
5. 了解平面杆件结构的分类。

9.1 概　　述

9.1.1 几何不变体系和几何可变体系

　　杆件结构通常是由若干杆件按一定规律互相连接在一起而组成的体系,起着承受荷载和传递荷载的作用。

　　有些杆件体系是不能作为结构的。例如,建筑工地上常见的扣件式钢管脚手架都不会搭成如图9.1(a)所示的形式,因为这样的架子是很容易倒塌的,必须再加上一些斜杆,搭成如图9.1(b)所示的形式才能稳当可靠。

　　在荷载作用下,材料会产生应变,因而结构会变形。但这种变形与结构的原有尺寸相比是很微小的,在几何组成分析中不考虑这种变形的影响。在这个前提下,体系可分为两类:一类是在任意荷载作用下,其原有的几何形状和位置保持不变,这样的体系称为**几何不变体**

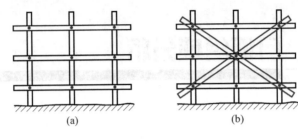

图 9.1

系[图 9.2(a)]。另一类是在任意微小荷载作用下,不能保持固定的几何形状而发生相对运动,这样的体系称为**几何可变体系**[图 9.2(b)]。

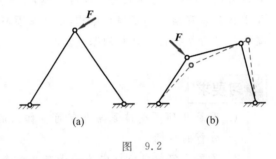

图 9.2

显然,工程结构必须是几何不变体系,决不能采用几何可变体系。

9.1.2 几何组成分析的目的

分析体系的几何组成,以确定它们属于哪一类体系,称为**体系的几何组成分析**。作这种分析的目的如下:

(1) 判别某一体系是否几何不变,从而决定它能否作为结构。

(2) 研究几何不变体系的组成规则,以保证所设计的结构是几何不变的。

(3) 正确区分静定结构和超静定结构,为结构的内力计算打下必要的基础。

9.1.3 刚片、自由度和约束的概念

下面介绍几何组成分析中的若干基本概念。

1. 刚片

对体系进行几何组成分析时,由于不考虑材料的应变,故可将每一根杆件都视为刚体,在平面体系中把刚体称为刚片。体系中已被确定为几何不变的某个部分,可看成一个刚片。同样,作为支承体系的基础也可看成为一个刚片。

2. 自由度

一个体系的**自由度**,是指该体系在运动时,确定其位置所需的独立坐标的数目。

设平面上一个点 A,确定其位置只要用 x 和 y 两个坐标变量就可以了[图 9.3(a)]。因此,平面上一个点有两个自由度。一个刚片在平面内运动时,其位置可由它上面的任一点 A

的坐标 x、y 和过点 A 的任一直线 AB 的倾角 φ 来确定[图 9.3(b)]。因此,一个刚片在平面内有三个自由度。

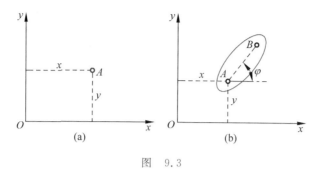

图 9.3

3. 约束对自由度的影响

约束是对物体运动的限制条件,显然体系内的刚片与基础或刚片与刚片之间的连接装置就是约束。体系由于加入约束而使自由度减少。在以后的分析中,我们把能减少一个自由度的装置称为一个约束。

两端是铰链连接,中间不受力的直杆称为**链杆**。如果用一根链杆将刚片Ⅰ与基础相连接[图 9.4(a)],则刚片在链杆方向的运动将被限制。但还存在两种独立的运动形式,即点 A 绕点 C 的转动和刚片Ⅰ绕点 A 的转动。加入链杆前,刚片Ⅰ有三个自由度,加入链杆后,自由度减少为两个。可见,加入一根链杆可减少一个自由度,故一根链杆相当于一个约束。

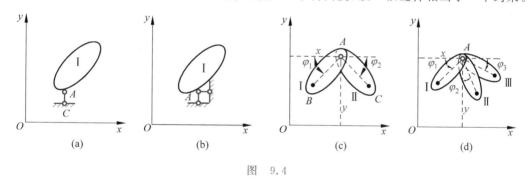

图 9.4

如果在点 A 处再加上一根水平链杆[图 9.4(b)],即点 A 处成为一个固定铰支座[①],则刚片Ⅰ只能绕点 A 转动,其自由度只有一个。可见,增加一个固定铰支座可减少两个自由度,故一个固定铰支座相当于两个约束。通过类似的分析可以知道,一个固定端支座相当于三个约束。

如果将刚片Ⅰ与刚片Ⅱ用铰 A 相连接[图 9.4(c)],设刚片Ⅰ的位置可以由点 A 的坐标 x、y 和倾角 φ_1 确定。由于点 A 是两刚片的共同点,则刚片Ⅱ的位置只需要用倾角 φ_2 一个独立参数就可以确定。因此,两刚片原有的六个自由度减少为四个,这种连接两刚片的铰称为**单铰**。一个单铰相当于两个约束。当两个以上的刚片连接于同一铰时,这样的铰称为**复铰**[图 9.4(d)]。三个刚片连接于点 A 的复铰,使体系的自由度从九个减少为五个,即点 A

---

① 固定铰支座以后也采用两根链杆的画法。

处的复铰减少了四个自由度,因此这个复铰起了两个单铰的作用。一般来说,连接 n 个刚片的复铰,其作用相当于 $(n-1)$ 个单铰。

设一刚片用两根不平行的链杆与基础相连接[图9.5(a)],此时刚片只能绕两根链杆的延长线交点 O 作转动,在转动一微小角度后,点 O 到了点 O'。这种由延长线交点而形成的铰称为**虚铰**。当体系运动时,虚铰的位置也随之改变,故又称它为**瞬铰**。同理,刚片 I 与刚片 II 由两根不平行的链杆相连接[图9.5(b)],链杆的延长线交点在 O,两刚片可绕虚铰 O 发生相对转动。虚铰的作用与单铰一样,仍相当于两个约束。

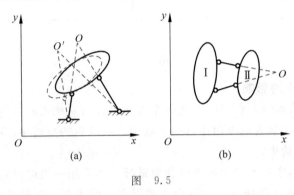

图 9.5

4. 多余约束

如果在一个体系中增加一个约束,而体系的自由度并不因此而减少,则此约束称为**多余约束**。例如,平面内一个点 A 有两个自由度,如果用两根不共线的链杆将点 A 与基础相连接[图9.6(a)],则点 A 减少两个自由度,即被固定。如果用三根不共线的链杆将点 A 与基础相连接[图9.6(b)],实际上仍只减少两个自由度,故这三根链杆中有一根是多余约束。

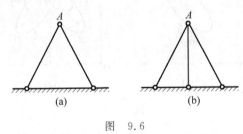

图 9.6

9.2 几何不变体系的基本组成规则

本节介绍无多余约束的平面几何不变体系的基本组成规则。所谓无多余约束是指体系内的约束数目恰好使该体系成为几何不变,只要去掉任意一个约束就会变成几何可变体系。

9.2.1 基本组成规则

1. 两刚片连接规则

设有刚片 I 和刚片 II,它们共有六个自由度,两者之间至少应该用三个约束连接,才有可能成为一个几何不变的体系。首先在两刚片之间加一个铰[图9.7(a)]，则刚片Ⅰ、Ⅱ之间的相对移动就被限制住了，但它们仍可围绕铰作相对转动。如果再在它们之间加一根不通过铰心的链杆[图9.7(b)]，则两刚片之间就不可能有相对运动了，于是刚片Ⅰ和刚片Ⅱ就组成了一个无多余约束的几何不变的体系。由于一个单铰相当于两根链杆的作用，故两刚片之间用图9.7(c)所示三根链杆连接，同样也组成一个无多余约束的几何不变的体系。

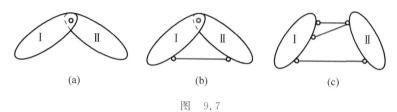

图 9.7

当两刚片之间用三根链杆连接时，若三根链杆同时汇交于一点A[图9.8(a)]，则刚片Ⅰ、Ⅱ可以绕点A转动，体系是几何可变的。若三根链杆的延长线同时汇交于点O[图9.8(b)]，则刚片Ⅰ、Ⅱ可以绕点O发生瞬时相对转动，并在转动一微小角度后三根链杆不再汇交于同一点，这种发生微小位移后不再运动的体系称为**瞬变体系**。瞬变体系是几何可变体系的一种特殊情况。若三根链杆互相平行且等长[图9.8(c)]，则刚片Ⅰ、Ⅱ可以沿着链杆垂直的方向发生相对平动，体系是几何可变的。若三根链杆相互平行但不等长[图9.8(d)]，则刚片Ⅰ、Ⅱ在发生一微小的相对位移后，三根链杆不再全平行，因而不再发生相对运动，故体系是瞬变体系。

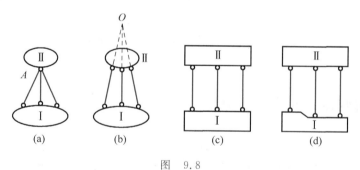

图 9.8

当两刚片之间用一个单铰及一根链杆连接时，若链杆通过铰心[图9.8(a)、(b)]，则体系是几何可变或瞬变的。

由上面的分析可得两刚片连接规则：两刚片用不全交于一点也不全平行的三根链杆相互连接，或用一个铰及一根不通过铰心的链杆相连接，组成无多余约束的几何不变体系。

2. 三刚片连接规则

平面内三个独立的刚片，共有九个自由度，三个刚片之间至少应该用六个约束连接，才有可能组成一个几何不变的体系。现将刚片Ⅰ、Ⅱ、Ⅲ用不在同一直线上的A、B、C三个铰两两相连[图9.9(a)]，若把刚片Ⅰ看作一根链杆，则应用两刚片连接规则，图9.9(a)所示体系是几何不变的，且无余约束。

将图9.9(a)中任一个铰用两根链杆代替，只要这些由两根链杆所组成的实铰或虚铰不在同一直线上，这样组成的体系也是几何不变体系且无多余约束[图9.9(b)]。

若三个刚片用位于同一直线上的三个铰两两相连(图9.10),设刚片Ⅰ不动,则铰C可沿以AC和BC为半径的圆弧的公切线作微小的移动。但在发生微小移动后,三个铰就不在同一直线上,体系不会继续发生相对运动,故此体系是瞬变体系。

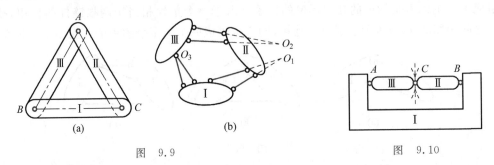

图 9.9   图 9.10

由上面的分析可得三刚片连接规则:三刚片用不在同一直线上的三个铰两两相连,组成无多余约束的几何不变体系。

3．加减二元体规则

如果将图9.9(a)中的刚片Ⅱ与Ⅲ看作链杆,就得到图9.11所示体系。显然,它是几何

图 9.11

不变的。这个体系可看成是在刚片上通过两根不共线的链杆连接一个结点A组成的。用两根不共线的链杆连接一个结点的装置称为二元体。由于一个结点的自由度等于2,而两根不共线的链杆相当于两个约束,因此增加一个二元体对体系的自由度没有影响。同理,在一个体系上撤去一个二元体,也不会改变体系的几何组成性质。于是得到加减二元体规则:在一个体系上增加或减少二元体,不改变体系的几何可变或不变性。

9.2.2 对瞬变体系的进一步分析

虽然瞬变体系在发生一微小相对运动后成为几何不变体系,但它不能作为工程结构使用。这是由于瞬变体系受力时会产生很大的内力而导致结构破坏。例如在图9.12(a)所示瞬变体系中,在荷载F作用下,铰C向下发生微小位移而到达C'位置。由图9.12(b)列出平衡方程

$$\sum X = 0, \quad F_{BC}\cos\theta - F_{AC}\cos\theta = 0$$

得

$$F_{BC} = F_{AC} = F_{N}$$

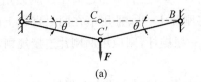

(a)   (b)

图 9.12

$$\sum Y = 0, \quad 2F_N \sin\theta - F = 0$$

得

$$F_N = \frac{F}{2\sin\theta}$$

当 $\theta \to 0$ 时,不论 F 有多小,$F_N \to \infty$,这将造成杆件破坏。因此,工程结构不能采用瞬变体系。

9.3 几何组成分析举例

应用基本组成规则对体系进行几何组成分析的关键是恰当地选取基础、体系中的杆件或可判别为几何不变的部分作为刚片,应用规则扩大其范围,如能扩大至整个体系,则体系为几何不变的;如不能,则应把体系简化成两至三个刚片,再应用规则进行分析。体系中如有二元体,则先将其逐一撤除,以使分析简化。若体系与基础是按两刚片规则连接时,则可先撤去这些支座链杆,只分析体系内部杆件的几何组成性质。下面举例加以说明。

【例 9.1】 试对图 9.13 所示体系进行几何组成分析。

【解】 体系与基础用不全交于一点也不全平行的三根链相连接,符合两刚片连接规则,先撤去这些支座链杆,只分析体系内部杆件的几何组成。任选一个铰接三角形,例如 ABC 作为刚片,依次增加二元体 $B—D—C$、$B—E—D$、$D—F—E$ 和 $E—G—F$,根据加减二元体规则,可见体系为几何不变的,且无多余约束。

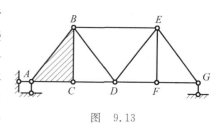

图 9.13

当然,也可用依次拆除二元体的方式进行,最后剩下刚片 ABC,同样得出该体系为无多余约束的几何不变体系。

【例 9.2】 试对图 9.14 所示体系进行几何组成分析。

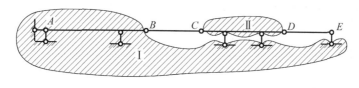

图 9.14

【解】 本题有六根支座链杆,应与基础一起作为一个整体来考虑。先选取基础为刚片,杆 AB 作为另一刚片,该两刚片由三根链杆相连接,符合两刚片连接规则,组成一个大的刚片,称为刚片Ⅰ。再取杆 CD 为刚片Ⅱ,它与刚片Ⅰ之间用杆 BC(链杆)和两根支座链杆相连接,符合两刚片连接规则,组成一个更大的刚片。最后将杆 DE 和 E 处的支座链杆作为二元体加到这个更大的刚片上,组成整个体系。因此,整个体系为无多余约束的几何不变体系。

【例9.3】 试对图9.15所示体系进行几何组成分析。

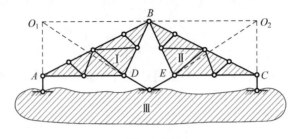

图 9.15

【解】 本题有四根支座链杆,应与基础一起作为一个整体来考虑。应用加减二元体规则,仿照例9.1的分析方法,可将 ABD 部分作为刚片Ⅰ,BCE 部分作为刚片Ⅱ。另外,取基础作为刚片Ⅲ。刚片Ⅰ与刚片Ⅱ由铰 B 相连接,刚片Ⅰ与刚片Ⅲ由两根链杆相连接,其延长线交于虚铰 O_1,刚片Ⅱ与刚片Ⅲ由两根链杆相连接,其延长线交于虚铰 O_2。因三个铰 B、O_1、O_2 恰在同一直线上,故体系为瞬变体系。

【例9.4】 试对图9.16所示体系进行几何组成分析。

【解】 本题有四根支座链杆,应与基础一起作为一个整体来考虑。先选取基础为刚片,杆 AB 为另一刚片,该两刚片由三根链杆相连接,符合两刚片连接规则,组成一个大的刚片。依次增加由 AD 和 D 处支座链杆组成的二元体,以及由杆 CD 和杆 CB 组成的二元体。这样形成一个更大的刚片,称为刚片Ⅰ。再选取铰接三角形 EFG 为刚片,增加二元体 E—H—G,形成刚片Ⅱ。刚片Ⅰ与刚片Ⅱ之间由四根链杆相连接,但不管选择其中哪三根链杆,它们都相交于一点 O,因此体系为瞬变体系。

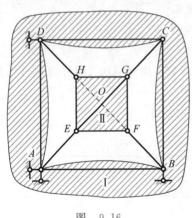

图 9.16

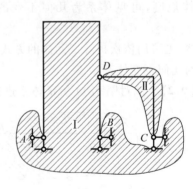

图 9.17

【例9.5】 试对图9.17所示体系进行几何组成分析。

【解】 本题有六根支座链杆,应与基础一起作为一个整体来考虑。先选取基础为一个刚片,杆 AD 和杆 BD 为另两个刚片,此三个刚片由铰 A、B、D 相连接,符合三刚片连接规则,组成一个大刚片,称为刚片Ⅰ。再选取杆 CD 为刚片Ⅱ,刚片Ⅰ和刚片Ⅱ之间由铰 D 和 C 处两根支座链杆相连接,根据两刚片连接规则,尚多余一根链杆,故体系为有一个多余约束的几何不变体系。

9.4 体系的几何组成与静定性的关系

前已说明,只有几何不变的体系才能作为结构。几何不变体系又分为无多余约束和有多余约束的两类。对于无多余约束的结构,如图 9.18 所示组合梁,它的全部约束力和内力都可由静力平衡方程求得,这类结构称为**静定结构**。对于有多余约束的结构,如图 9.19 所示连续梁,其约束力有四个,而静力平衡方程只有三个,仅用静力平衡方程无法求得全部约束力,当然也无法求得它的全部内力,这类结构称为**超静定结构**。未知力总数与静力平衡方程总数的差值,即多余约束的数目,称为**超静定次数**。图 9.19 所示连续梁为一次超静定结构。

图 9.18   图 9.19

静定结构与超静定结构有很大区别。对静定结构进行外力和内力分析时,只需考虑静力平衡条件;而对超静定结构进行外力和内力分析时,除了考虑静力平衡条件外,还需考虑变形条件。对体系进行几何组成分析,有助于正确区分静定结构和超静定结构,以便选择适当的结构计算方法。

9.5 平面杆件结构的分类

按结构的受力特征,平面杆件结构可分为以下五种类型。

1. 梁

梁的轴线通常为直线。梁主要承受弯矩和剪力,是以弯曲变形为主的结构。梁可以是单跨的或多跨的。图 9.20(a)、(b)分别表示单跨静定梁和**多跨静定梁**,图 9.20(c)、(d)分别表示单跨超静定梁和多跨超静定梁。

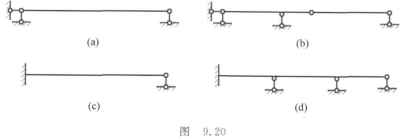

(a)   (b)

(c)   (d)

图 9.20

2. 刚架

刚架是由直杆组成,其结点全部或部分为刚结点的结构。刚架各杆主要承受弯矩,也承受剪力和轴力。图 9.21(a)所示为静定刚架,图 9.21(b)所示为超静定刚架。

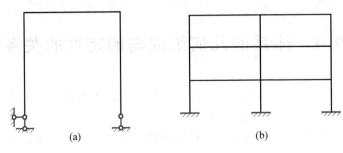

图 9.21

3. 桁架

桁架是由直杆组成,其所有结点都为铰结点的结构。当桁架受到结点荷载时,杆件只承受轴力。图 9.22(a)所示为静定桁架,图 9.22(b)所示为超静定桁架。

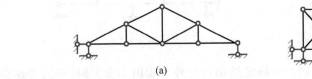

图 9.22

4. 组合结构

组合结构是由桁架和梁或刚架组合在一起而形成的结构。结构中有些杆件只承受轴力,而另一些杆件还同时承受弯矩和剪力。图 9.23(a)所示为静定组合结构,图 9.23(b)所示为超静定组合结构。

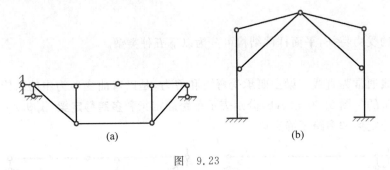

图 9.23

5. 拱

拱的轴线为曲线,在竖向荷载作用下能产生水平支座反力的结构,这种水平支座反力可减少拱横截面上的弯矩。图 9.24(a)所示为静定的三铰拱,图 9.24(b)所示为超静定的无铰拱。

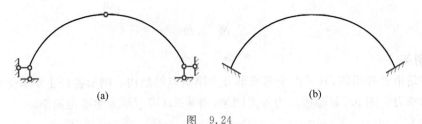

图 9.24

习　题

9.1~9.10　试对习题 9.1~习题 9.10 图所示体系进行几何组成分析。如果是具有多余约束的几何不变体系,则须指出其多余约束的数目。

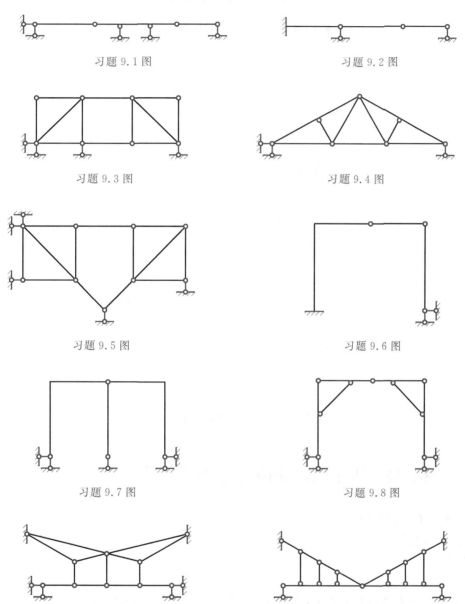

习题 9.1 图　　　　　　　　　　　　　习题 9.2 图

习题 9.3 图　　　　　　　　　　　　　习题 9.4 图

习题 9.5 图　　　　　　　　　　　　　习题 9.6 图

习题 9.7 图　　　　　　　　　　　　　习题 9.8 图

习题 9.9 图　　　　　　　　　　　　　习题 9.10 图

第 10 章　静定结构的内力

内容提要

　　本章介绍静定结构的内力计算,静定结构内力计算的基本方法是截面法,利用截面法求出控制截面上的内力值,再利用内力变化规律绘出结构的内力图。静定结构的内力计算是其强度、刚度以及稳定性计算的依据,也是超静定结构计算的基础。

学习要求

1. 了解多跨静定梁的几何组成和受力特性,熟练掌握其内力计算和内力图绘制。
2. 了解静定平面刚架的受力特性,熟练掌握其内力计算和内力图绘制。
3. 了解静定平面桁架的受力特性,掌握其内力计算。
4. 了解静定平面组合结构的受力特性,掌握其内力计算和内力图绘制。
5. 了解三铰拱的受力特性,掌握其内力计算,了解合理拱轴的概念。

10.1　多跨静定梁

10.1.1　多跨静定梁的工程实例和计算简图

1. 多跨静定梁的特点

　　多跨静定梁是由单跨静定梁通过铰加以适当连接而成的结构。它是工程中广泛使用的一种结构形式,例如公路桥梁[图 10.1(a)]和房屋中的檩条梁[图 10.1(d)]等,其计算简图分别如图 10.1(b)、(e)所示。

　　多跨静定梁有两种基本类型:第一种如图 10.1(b)所示,其特点是无铰跨和双铰跨交替出现;第二种如图 10.1(e)所示,其特点是第一跨无中间铰,其余各跨各有一个中间铰。

2. 层次图

　　就几何组成而言,多跨静定梁各个部分可分为基本部分和附属部分。在图 10.1(b)中,*AB* 梁由一个固定铰支座和一个活动铰支座(三根支座链杆)与基础相连接,是几何不变体

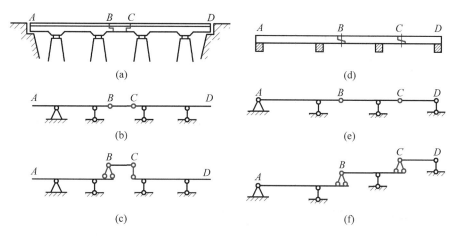

图 10.1

系,能独立地承受荷载;CD 梁在竖向荷载作用下,也能独立地承受荷载,它们称为**基本部分**。而 BC 梁则需依靠 AB 梁和 CD 梁的支承才能承受荷载,故称为**附属部分**。在图 10.1(e) 中,AB 梁是基本部分,而 BC 梁和 CD 梁则是附属部分。为清晰起见,可将它们的支承关系分别用图 10.1(c)、(f)表示。这种图称为**层次图**。

从层次图中可以看出:基本部分一旦遭到破坏,附属部分的几何不变性也将随之失去;而附属部分遭到破坏,在竖向荷载作用下基本部分仍可维持平衡。

10.1.2 多跨静定梁的内力计算和内力图绘制

多跨静定梁的计算首先要绘出层次图。通过层次图可以看出力的传递过程。因为基本部分直接与基础相连,当荷载作用于基本部分时,仅基本部分受力,附属部分不受力。当荷载作用于附属部分时,由于附属部分与基本部分相连,所以基本部分也受力。因此,多跨静定梁的约束力计算顺序应该是先计算附属部分后计算基本部分。即从附属程度最高的部分算起,求出附属部分的约束力后,将其反向加于基本部分作为基本部分的荷载,再计算基本部分的约束力。

当求出每一段梁的约束力后,其内力计算和内力图绘制就与单跨静定梁一样,最后将各段梁的内力图连在一起即得多跨静定梁的内力图。

【**例 10.1**】 试绘制图 10.2(a)所示多跨静定梁的内力图。

【**解**】 (1)绘制层次图。由几何组成分析,AC 梁为基本部分,CD 梁为附属部分,多跨静定梁的层次图如图 10.2(b)所示。

(2)求约束力。由层次图可以看出,多跨静定梁由两个层次构成。在计算约束力时,先计算 CD 梁,再计算 AC 梁。

取 CD 梁为研究对象[图 10.2(c)],由平衡方程求得 CD 梁的约束力为

$$F_D = 10\text{kN}$$

$$F_{Cx} = 0, \quad F_{Cy} = 10\text{kN}$$

将 CD 梁铰 C 处的约束力反向作用于 AC 梁上的 C 处[图 10.2(c)],再取 AC 梁为研究

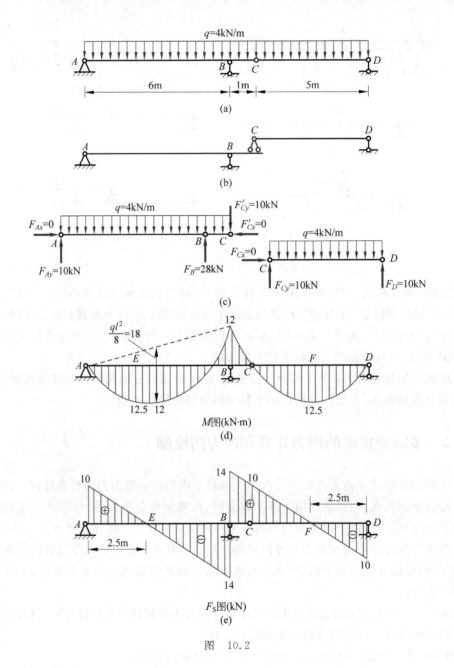

图 10.2

对象,由平衡方程求得 AC 梁的约束力为

$$F_{Ax} = 0, \quad F_{Ay} = 10\text{kN}$$

$$F_B = 28\text{kN}$$

(3) 绘制内力图。因为梁只受竖向荷载作用,$F_{Ax}=0$,因此梁内不会产生轴力,梁的内力图只有弯矩图和剪力图。

根据图 10.2(c),由第 5 章中梁的内力计算规律,求出 AC 梁和 CD 梁的各控制截面上的弯矩为

$$M_A = 0$$

$$M_B = F_{Ay} \times 6\text{m} - q \times 6\text{m} \times 3\text{m} = -12\text{kN} \cdot \text{m}$$

$$M_C = 0$$

$$M_E = F_{Cy} \times 2.5\text{m} - q \times 2.5\text{m} \times 1.25\text{m} = 12.5 \text{ kN} \cdot \text{m}$$

$$M_D = 0$$

由区段叠加法和微分关系法绘出梁的弯矩图如图 10.2(d)所示。

仍根据图 10.2(c)，由梁的内力计算规律，求出 AC 梁和 CD 梁的控制截面上的剪力为

$$F_{SB}^{L} = F_{Ay} - q \times 6\text{m} = -14\text{kN} \cdot \text{m}$$

$$F_{SC} = F_{Cy} = 10\text{kN}$$

由微分关系法绘出梁的剪力图如图 10.2(e)所示。剪力图上 A、B 和 D 处有突变，突变的值分别等于该处所受集中力的大小。

（4）讨论。本例若采用与多跨静定梁同跨度、同荷载的各自独立的两个简支梁，则其最大弯矩 $M_{\max} = \dfrac{ql^2}{8} = 18\text{kN} \cdot \text{m}$，显然比多跨静定梁的最大弯矩大得多。

由于多跨静定梁的基本部分中有伸臂存在，使支座处截面上产生负弯矩，从而降低跨中截面上的正弯矩数值。通过合理布置铰的位置（即伸臂长度），可以使各跨梁内的最大正弯矩和最大负弯矩的绝对值均相等。因此，多跨静定梁的受力较均匀，使用材料较节省。但多跨静定梁中铰的构造比较复杂，会增加工程造价。

10.2 静定平面刚架

10.2.1 静定平面刚架的工程实例和计算简图

1. 刚架的特点

刚架是由直杆组成，部分或全部结点为刚结点的结构。杆轴线和外力在同一平面内时称为平面刚架。在刚架中的刚结点处，刚结在一起的各杆不能发生相对移动和转动，变形时它们的夹角将保持不变，故刚结点能承受和传递弯矩，所以一般情况下刚架各杆的内力有弯矩、剪力和轴力。

由于存在刚结点，使刚架中的杆件较少，内部空间较大，比较容易制作，所以在工程中得到广泛应用。

2. 刚架的分类

静定平面刚架主要有以下四种类型。

1）悬臂刚架

悬臂刚架一般由一个构件用固定端支座与基础连接而成。例如图 10.3(a)所示站台雨篷。

2）简支刚架

简支刚架一般由一个构件用固定铰支座和活动铰支座与基础连接，或用三根既不全平行、又不全交于一点的链杆与基础连接而成。例如图 10.3(b)所示渡槽的槽身。简支刚架常见的有门式的和 T 形的两种。

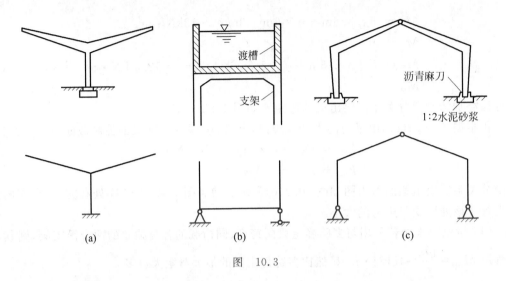

图　10.3

3）三铰刚架

三铰刚架一般由两个构件用铰连接，底部用两个固定铰支座与基础连接而成。例如图 10.3(c)所示屋架。

4）组合刚架

组合刚架通常是由上述三种刚架中的某一种作为基本部分，再按几何不变体系的组成规则连接相应的附属部分组合而成[图 10.4(a)、(b)]。

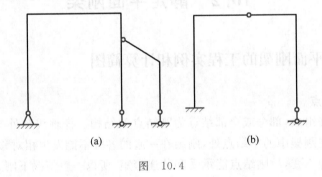

图　10.4

10.2.2　静定平面刚架的内力计算和内力图绘制

1. 刚架内力的表示和符号规定

由于刚架中有横向放置的杆件，也有竖向和斜向放置的杆件，为了使杆件内力表达得清晰，在内力符号的右下方用两个下标注明，第一个下标表示该内力所属的截面；第二个下标表示杆件（或杆段）的另一端截面。例如，杆件 AB 的 A 截面上的弯矩、剪力和轴力分别用 M_{AB}、F_{SAB} 和 F_{NAB} 表示；而 B 截面上的的弯矩、剪力和轴力分别用 M_{BA}、F_{SBA} 和 F_{NBA} 表示。

在刚架的内力计算中，弯矩可自行规定正负，例如可规定以使刚架内侧纤维受拉的为正，但须注明受拉的一侧；弯矩图绘在杆的受拉一侧。剪力和轴力的正负号规定同前，即剪力以使分离体产生顺时针转动趋势的为正，反之为负；轴力以拉力为正，压力为负。剪力图和轴力图可绘在杆的任一侧，但须注明正负号。

2. 刚架内力的计算规律

利用截面法,可得到刚架内力计算的如下规律。

(1) 刚架任一横截面上的弯矩,其数值等于该截面任一边刚架上所有外力对该截面形心之矩的代数和。力矩与该截面上规定的正号弯矩的转向相反时为正,相同时为负。

(2) 刚架任一横截面上的剪力,其数值等于该截面任一边刚架上所有外力在该截面所在杆的横向上的分力的代数和。当分力与该截面上正号剪力的方向相反时为正,相同时为负。

(3) 刚架任一横截面上的轴力,其数值等于该截面任一边刚架上所有外力在该截面所在杆的轴向上的分力的代数和。当分力与该截面上正号轴力的方向相反时为正,相同时为负。

3. 刚架内力图的绘制

绘制静定平面刚架内力图的步骤如下:

(1) 由整体或部分的平衡条件,求出支座反力和铰结点处的约束力。

(2) 选取刚架上的外力不连续点(如集中力作用点、集中力偶作用点、分布荷载作用的起点和终点等)和杆件的连接点作为控制截面,按刚架内力计算规律,计算各控制截面上的内力值。

(3) 面对杆件,即让杆件在面前横放,按单跨静定梁的内力图的绘制方法,逐杆绘制内力图,最后将各杆的内力图连在一起,即得整个刚架的内力图。

【**例 10.2**】 试绘制图 10.5(a)所示简支刚架的内力图。

【**解**】 (1) 求支座反力。由刚架整体的平衡方程,可得支座反力为

$$F_{Ax} = 60\text{kN}, \quad F_{Ay} = -16\text{kN}, \quad F_B = 76\text{kN}$$

(2) 绘制弯矩图。取杆(或杆段)AC、CE、CD、DB 的两端为控制截面,这些截面上的弯矩为

$$M_{AC} = 0$$
$$M_{CA} = F_{Ax} \times 4\text{m} - q \times 4\text{m} \times 2\text{m} = 160\text{kN} \cdot \text{m}(右侧受拉)$$
$$M_{EC} = 0$$
$$M_{CE} = -F_1 \times 2\text{m} = -40\text{kN} \cdot \text{m}(左侧受拉)$$
$$M_{CD} = -F_2 \times 3\text{m} + F_B \times 5\text{m} = 200\text{kN} \cdot \text{m}(下侧受拉)$$
$$M_{DC} = M_{DB} = F_B \times 2\text{m} = 152\text{kN} \cdot \text{m}(下侧受拉)$$
$$M_{BD} = 0$$

刚架的弯矩图如图 10.5(b)所示。其中杆 AC 的弯矩图由区段叠加法绘制。

(3) 绘制剪力图。取杆 AC 的两端、杆 CE 的 C 端、杆 CB 的 C 端为控制截面,这些截面上的剪力为

$$F_{SAC} = F_{Ax} = 60\text{kN}$$
$$F_{SCA} = F_{Ax} - q \times 4\text{m} = 20\text{kN}$$
$$F_{SCE} = F_1 = 20\text{kN}$$
$$F_{SCB} = F_2 - F_B = -16\text{kN}$$

刚架的剪力图如图 10.5(c)所示。其中杆 CB 的剪力图上 D 处向下突变,突变值等于集中力 F_2 的大小。

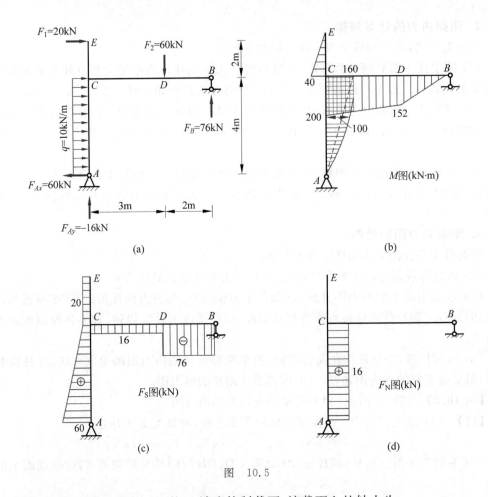

图 10.5

（4）绘制轴力图。取杆 AC 的 A 端为控制截面，该截面上的轴力为

$$F_{NAC} = - F_{Ay} = 16kN$$

杆 CE 和杆 CB 上因无轴向外力，故轴力都为零。刚架的轴力图如图 10.5(d) 所示。

10.3 静定平面桁架

10.3.1 静定平面桁架的工程实例和计算简图

1. 桁架的特点

梁和刚架在承受荷载时，主要产生弯曲内力，横截面上的受力分布是不均匀的，构件的材料不能得到充分的利用。桁架则弥补了上述结构的不足。桁架是由直杆组成，全部由铰结点连接而成的结构。在结点荷载作用下，桁架各杆的内力主要是轴力，横截面上受力分布是均匀的，充分发挥了材料的作用。同时，减轻了结构的自重。因此，桁架是大跨度结构中应用得非常广泛的一种，例如，民用房屋和工业厂房中的屋架[图 10.6(a)]、铁路和公路桥梁[图 10.6(b)]，起重机和电缆塔架，以及建筑施工中的支架等。

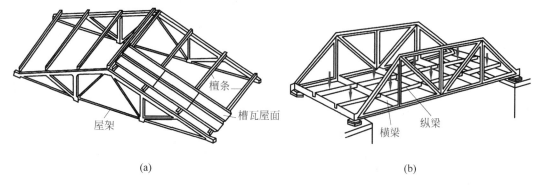

图　10.6

2. 桁架的计算假设

桁架各杆轴线和外力在同一平面内时称为平面桁架。在平面桁架的计算中,通常作如下假设。

(1) 各杆的轴线为直线。

(2) 各结点为光滑的理想铰,铰中心为杆轴线的交点。

(3) 外力作用于结点上。

符合上述假设的桁架称为**理想桁架**。理想桁架中各杆的内力只有轴力。然而,工程实际中的桁架与理想桁架有着较大的差别。例如,图 10.7(a)所示钢屋架中[图 10.7(b)为其计算简图],各杆是通过焊接、铆接而连接在一起的,结点具有很大的刚性,不完全符合理想铰的情况。此外,各杆的轴线不可能绝对平直,各杆的轴线也不可能完全交于一点,荷载也不可能绝对地作用于结点上。通常把按理想桁架计算的内力称为**桁架主内力**,把由于实际情况与理想情况不完全相符而产生的附加内力称为**桁架次内力**。理论分析和实测表明,在一般情况下桁架次内力可忽略不计。

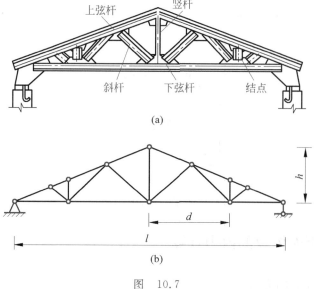

图　10.7

桁架的杆件分为**弦杆**和**腹杆**两类。弦杆分为**上弦杆**和**下弦杆**，腹杆分为**竖杆**和**斜杆**[图 10.7(a)]。弦杆相邻两结点之间的水平距离 d 称为**节间长度**，两支座间的水平距离 l 称为**跨度**，桁架最高点至支座连线的垂直距离 h 称为**桁高**[图 10.7(b)]。

3. 桁架的分类

桁架按其外形一般可分为**平行弦桁架**[图 10.8(a)]、**抛物线形桁架**[图 10.8(b)]、**三角形桁架**[图 10.8(c)]、**梯形桁架**[图 10.8(d)]等。

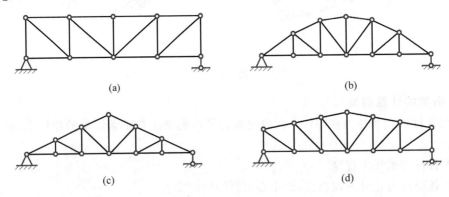

图 10.8

桁架按几何组成可分为**简单桁架**[图 10.9(a)]、**联合桁架**[图 10.9(b)]和**复杂桁架**[图 10.9(c)]。简单桁架是在一个铰接三角形上逐次增加二元体所组成；联合桁架是由几个简单桁架按几何组成规则相互连接而成；不按上述两种方式组成的静定桁架统称为复杂桁架。

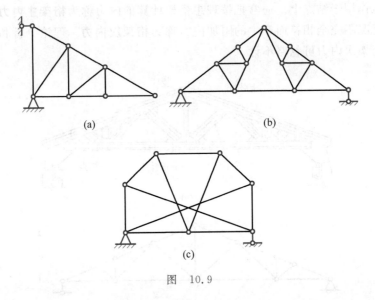

图 10.9

10.3.2 静定平面桁架的内力计算

1. 桁架内力计算的方法

静定平面桁架的内力计算方法通常有结点法和截面法。

　　结点法是截取桁架的一个结点为研究对象,利用该结点的静力平衡方程来计算截断杆的轴力。由于作用于桁架任一结点上的各力(包括荷载、支座反力和杆件的轴力)构成了一个平面汇交力系,而该力系只能列出两个独立的平衡方程,因此所取结点的未知力数目不能超过两个。结点法一般先从未知力不超过两个的结点开始,依次进行计算。

　　截面法是用一截面(平面或曲面)截取桁架的某一部分(两个结点以上)为研究对象,利用该部分的静力平衡方程来计算截断杆的轴力。由于该研究对象所受的力通常构成平面一般力系,而该力系只能列出三个独立的平衡方程,因此用截面法截断的杆件数目一般不应超过三根。截面法适用于求桁架中某些指定杆件的轴力。

　　简单桁架用结点法可较方便地求出各杆的轴力。联合桁架则要先用截面法求出联系杆的轴力,然后与简单桁架一样用结点法求各杆的轴力。对于复杂桁架,则可设法先求出某些杆的轴力,然后再求其他杆的轴力。一般在桁架计算中,往往是结点法和截面法联合应用。

　　在桁架的内力计算中,一般先假定各杆的轴力为拉力,然后根据计算结果的正负确定轴力为拉力或压力。此外,为避免求解联立方程,应恰当地选取矩心和投影轴,尽可能使一个平衡方程中只包含一个未知力。

2. 零杆的判别

　　桁架中有时会出现轴力等于零的杆件,称为**零杆**。在计算内力之前,如果能把零杆找出,可使计算得到简化。通常在下列情况中会出现零杆。

　　(1) 不共线的两杆组成的结点上无荷载作用时,该两杆均为零杆[图 10.10(a)]。

　　(2) 不共线的两杆组成的结点上有荷载作用时,若有一杆与荷载共线,则另一杆必为零杆[图 10.10(b)]。

　　(3) 三杆组成的结点上无荷载作用时,若其中有两杆共线,则另一杆必为零杆[图 10.10(c)]。

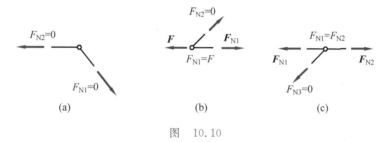

图　10.10

3. 斜杆内力与尺寸的比例关系

　　在列平衡方程时,可以把斜杆的轴力 F_N 分解为水平分力 F_{Nx} 和竖向分力 F_{Ny}(图 10.11)。F_N、F_{Nx}、F_{Ny} 与杆长 l 及其在水平轴和竖向轴上的投影 l_x、l_y 有如下比例关系:

$$\frac{F_N}{l} = \frac{F_{Nx}}{l_x} = \frac{F_{Ny}}{l_y} \qquad (10.1)$$

用分力 F_{Nx}、F_{Ny} 代替 F_N,可以避免计算斜杆的倾角 θ 及其三角函数,以减少计算量。

　　【例 10.3】 试求图 10.12(a)所示桁架各杆的轴力。

　　【解】 (1)求支座反力。由桁架整体的平衡方程,可得

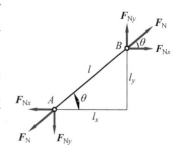

图　10.11

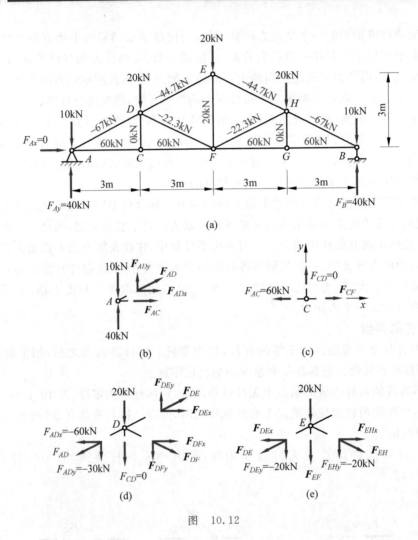

图 10.12

支座反力为

$$F_{Ax} = 0, \quad F_{Ay} = 40\text{kN}, \quad F_B = 40\text{kN}$$

（2）求各杆的轴力。在计算之前先找出零杆。通过对结点 C、G 的分析，可知杆 CD、GH 为零杆。

此桁架为对称桁架，只要计算其中一半杆件的轴力即可，现计算左半部分。从只包含两个未知力的结点 A 开始，顺序取结点 C、D、E 为研究对象进行计算。

取结点 A 为研究对象[图 10.12(b)]，由平衡方程 $\sum Y = 0$，得

$$F_{ADy} = 10\text{kN} - 40\text{kN} = -30\text{kN}$$

利用比例关系，得

$$F_{AD} = \frac{F_{ADy}}{1.5\text{m}} \times 3.35\text{m} = -67\text{kN}$$

$$F_{ADx} = \frac{F_{ADy}}{1.5\text{m}} \times 3\text{m} = -60\text{kN}$$

由平衡方程 $\sum X = 0$，得

$$F_{AC} = - F_{ADy} = 60 \text{kN}$$

取结点 C 为研究对象[图 10.12(c)]，由平衡方程 $\sum X = 0$，得

$$F_{CF} = F_{AC} = 60 \text{kN}$$

取结点 D 为研究对象[图 10.12(d)]，列出平衡方程

$$\sum X = 0, \quad F_{DEx} + F_{DFx} + 60 \text{kN} = 0$$

$$\sum Y = 0, \quad F_{DEy} - F_{DFy} + 30 \text{kN} - 20 \text{kN} = 0$$

利用比例关系，得

$$F_{DEx} = 2F_{DEy}$$

$$F_{DFx} = 2F_{DFy}$$

代入平衡方程，得

$$2F_{DEy} + 2F_{DFy} + 60 \text{kN} = 0$$

$$F_{DEy} - F_{DFy} + 10 \text{kN} = 0$$

解得

$$F_{DEx} = - 40 \text{kN}, \quad F_{DEy} = - 20 \text{kN}, \quad F_{DE} = - 44.7 \text{kN}$$

$$F_{DFx} = - 20 \text{kN}, \quad F_{DFy} = - 10 \text{kN}, \quad F_{DF} = - 22.3 \text{kN}$$

取结点 E 为研究对象[图 10.12(e)]，由结构的对称性，$F_{EHy} = F_{DEy} = - 20 \text{kN}$。由平衡方程 $\sum Y = 0$，得

$$F_{EF} = 2 \times 20 \text{kN} - 20 \text{kN} = 20 \text{kN}$$

轴力计算完成后，将各杆的轴力标注在图上[图 10.12(a)]，图中轴力的单位为 kN。

（3）讨论。若只要求桁架中杆 CF、DE、DF 的轴力，则用截面法较为方便，请读者自行完成。

10.4 静定平面组合结构

10.4.1 静定平面组合结构的工程实例和计算简图

在工程实际中，经常会遇到一种结构，这种结构中一部分杆件只受轴力作用，属于**链杆**，而另一部分杆件除受轴力的作用外还承受弯矩和剪力的作用，属于**梁式杆**。这种由链杆和梁式杆混合组成的结构通常称为组合结构。

在组合结构中，利用链杆的受力特点，能较充分地利用材料，并从加劲的角度出发，改善了梁式杆的受力状态，因而组合结构广泛应用于较大跨度的建筑物。例如，图 10.13(a)所示的下撑式五角形屋架就是静定组合结构中的一个较为典型的例子，它的上弦杆由钢筋混凝土制成，主要承受弯矩；下弦杆和腹杆由型钢制成，主要承受轴力。其计算简图如图 10.13(b)所示。

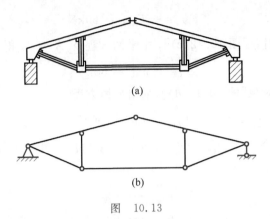

图　10.13

10.4.2　静定平面组合结构的内力计算和内力图绘制

组合结构的内力计算,一般是在求出支座反力后,首先计算链杆的轴力,其计算方法与平面桁架内力计算相似,可用截面法和结点法;其次计算梁式杆的内力,其计算方法与梁、刚架内力计算相似,可利用内力计算规律;最后由区段叠加法和微分关系法绘制梁式杆的内力图。

【例 10.4】　试求图 10.14(a)所示组合结构的内力,并绘制内力图。

【解】　在组合结构中,AC、CB 杆为梁式杆,其余为链杆。由于荷载和结构都是对称的,故可取一半结构计算。

(1) 求支座反力。由对称性有

$$F_A = F_B = \frac{ql}{2} = 80\text{kN}$$

(2) 求链杆的轴力。取 I—I 截面左边部分为研究对象[图 10.14(b)],列出平衡方程

$$\sum M_C = 0, \quad F_{EG} \times 4\text{m} - F_A \times 8\text{m} + q \times 8\text{m} \times 4\text{m} = 0$$

得

$$F_{EG} = 80\text{kN}$$

取结点 E 为研究对象[图 10.14(c)],列出平衡方程

$$\sum X = 0, \quad F_{EG} - F_{EA}\cos45° = 0$$

得

$$F_{EA} = 113.1\text{kN}$$

$$\sum Y = 0, \quad F_{EA}\sin45° + F_{ED} = 0$$

得

$$F_{ED} = -80\text{kN}$$

(3) 求梁式杆的内力。仍取 I—I 截面左边部分为研究对象[图 10.14(b)],列出平衡方程

$$\sum X = 0, \quad -F_{Cx} + F_{EG} = 0$$

得

$$F_{Cx} = F_{EG} = 80\text{kN}$$

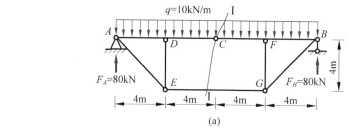

(a)

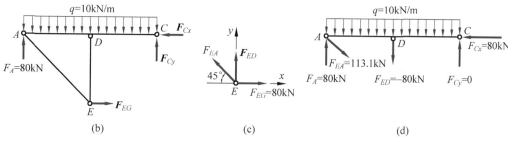

(b)   (c)   (d)

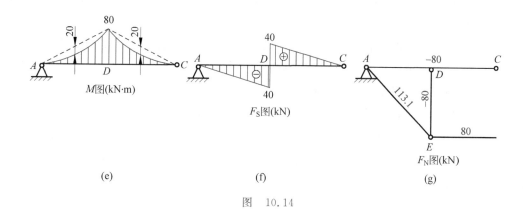

(e)   (f)   (g)

图 10.14

$$\sum Y = 0, \quad F_{Cy} + F_A - q \times 8\text{m} = 0$$

得

$$F_{Cy} = 0$$

根据梁式杆 AC 的受力[图 10.14(d)]，计算各控制截面上的内力如下：

$$M_{AD} = 0$$

$$M_{DA} = M_{DC} = -q \times 4\text{m} \times 2\text{m} = -80\text{kN} \cdot \text{m}(上侧受拉)$$

$$M_{CD} = 0$$

$$F_{SAD} = F_A - F_{EA}\cos 45° = 0$$

$$F_{SDA} = F_A - F_{EA}\cos 45° - q \times 4\text{m} = -40\text{kN}$$

$$F_{SDC} = q \times 4\text{m} = 40\text{kN}$$

$$F_{SCD} = 0$$

根据铰 C 处的水平反力 F_{Cx}，可求得杆 AC 的轴力 $F_{NAC} = -80\text{kN}$。

（4）绘制内力图。求得各控制截面上的内力后，可绘出内力图[图 10.14(e)、(f)、(g)]。

该组合结构左、右两部分内力图相同。

（5）讨论。在组合结构中，由于链杆的存在，改善了梁式杆的受力状态。本例若使用同跨度同荷载的简支梁，其最大弯矩 $M_{max} = \dfrac{ql^2}{8} = 320\text{kN} \cdot \text{m}$，最大剪力 $F_{Smax} = 80\text{kN}$。显然，组合结构的最大弯矩和最大剪力都要比相应简支梁小得多。

10.5 三 铰 拱

10.5.1 三铰拱的工程实例和计算简图

1. 拱的特点

杆轴线为曲线，在竖向荷载作用下支座处会产生水平推力的结构称为拱。水平推力是指拱两个支座处指向拱内部的水平反力。在竖向荷载作用下有无水平推力，是拱式结构和梁式结构的主要区别。

在拱结构中，由于水平推力的存在，拱横截面上的弯矩比相应简支梁对应横截面上的弯矩小得多，并且可使拱横截面上的内力以轴向压力为主。这样，拱可以用抗压强度较高而抗拉强度较低的砖、石和混凝土等材料来建造。因此，拱结构在房屋建筑、桥梁建筑和水利建筑工程中得到广泛应用。例如，在桥梁工程中，拱桥是基本的桥型之一；又如图 10.15(a)所示为某隧道的钢筋混凝土衬砌，它是由 AB、AC 和 BC 三个钢筋混凝土构件组成。因为这三个钢筋混凝土构件是分别浇筑的，所以 A、B、C 三处都可以看作铰结点，AB 是反拱底板，AC 与 BC 则组成一个三铰拱。图 10.15(b)是它的计算简图。

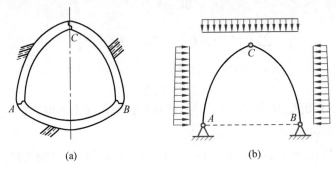

(a)	(b)

图　10.15

2. 拱的分类

按铰的多少，拱可以分为**无铰拱**[图 10.16(a)]、**两铰拱**[图 10.16(b)]和**三铰拱**[图 10.16(c)]。三铰拱属静定结构，两铰拱和无铰拱属超静定结构。

按拱轴线的曲线形状，拱又可以分为**抛物线拱**、**圆弧拱**和**悬链线拱**等。

在拱结构中，由于水平推力的存在，使得拱对其基础的要求较高，若基础不能承受水平推力，可用一根拉杆来代替水平支座链杆承受拱的推力（图 10.17），这种拱称为**拉杆拱**。

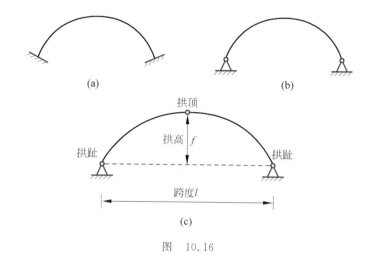

图 10.16

拱的两端支座称为**拱趾**,两趾间的水平距离 l 称为**跨度**,拱轴线的最高点称为**拱顶**,拱顶到两拱趾连线的高度 f 称为**拱高**,如图 10.16(c)所示。拱高与跨度之比 $\dfrac{f}{l}$ 称为拱的**高跨比**,它是影响拱的受力性能的重要的几何参数。

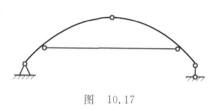

图 10.17

10.5.2 三铰拱的内力计算

以图 10.18(a)所示三铰拱为例介绍内力计算公式。此拱两支座在同一水平线上,且只承受竖向荷载。

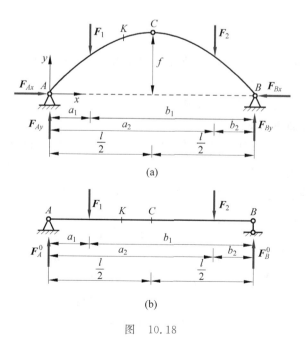

图 10.18

1. 求支座反力

先取拱整体为研究对象,由平衡方程 $\sum M_B = 0$,得

$$F_{Ay} = \frac{1}{l}(F_1 b_1 + F_2 b_2) \tag{a}$$

由 $\sum M_A = 0$,得

$$F_{By} = \frac{1}{l}(F_1 a_1 + F_2 a_2) \tag{b}$$

由 $\sum X = 0$,得

$$F_{Ax} = F_{Bx} = F_x \tag{c}$$

再取左半个拱为研究对象,由平衡方程 $\sum M_C = 0$,得

$$F_{Ax} = \frac{1}{f}\left[F_{Ay} \times \frac{l}{2} - F_1 \times \left(\frac{l}{2} - a_1\right)\right] \tag{d}$$

与三铰拱同跨度同荷载的相应简支梁如图 10.18(b)所示,其支座反力为

$$\left.\begin{array}{l} F_{Ay}^0 = \frac{1}{l}(F_1 b_1 + F_2 b_2) \\[2mm] F_{By}^0 = \frac{1}{l}(F_1 a_1 + F_2 a_2) \\[2mm] F_{Ax}^0 = 0 \end{array}\right\} \tag{e}$$

同时,可以计算出相应简支梁横截面 C 上的弯矩为

$$M_C^0 = F_{Ay}^0 \times \frac{l}{2} - F_1 \times \left(\frac{l}{2} - a_1\right) \tag{f}$$

比较以上诸式,可得三铰拱的支座反力与相应简支梁的支座反力之间的关系为

$$\left.\begin{array}{l} F_{Ay} = F_{Ay}^0 \\[2mm] F_{By} = F_{By}^0 \\[2mm] F_{Ax} = F_{Bx} = F_x = \frac{M_C^0}{f} \end{array}\right\} \tag{10.2}$$

利用上式,可以借助相应简支梁的支座反力和内力的计算结果来求三铰拱的支座反力。

由式(10.2)可知,当荷载与跨度不变时,M_C^0 为定值,其水平推力 F_x 与拱高 f 成反比。若 $f=0$,则 $F_x \to \infty$,此时三铰共线,成为瞬变体系。

2. 求任一横截面 K 上的内力

取 K 横截面以左部分为研究对象(图 10.19),设 K 横截面形心到坐标原点 A 的距离分别为 x_K、y_K,拱轴线在 K 横截面的倾角为 φ_K。弯矩以拱内侧纤维受拉为正。由平衡方程,可求得 K 横截面上的内力为

$$\left.\begin{array}{l} M_K = M_K^0 - F_x y_K \\[2mm] F_{SK} = F_{SK}^0 \cos\varphi_K - F_x \sin\varphi_K \\[2mm] F_{NK} = -F_{SK}^0 \sin\varphi_K - F_x \cos\varphi_K \end{array}\right\} \tag{10.3}$$

式中:M_K^0、F_{SK}^0——相应简支梁的 K 横截面上的弯矩和剪力;

F_x——水平推力。

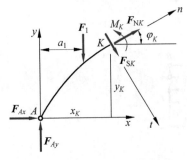

图 10.19

由式(10.3)可知,拱的任意横截面上的弯矩、剪力比相应简支梁的弯矩、剪力要小。相应简支梁在竖向荷载作用下的轴力为零,而拱的轴力不等于零。

【例 10.5】 图 10.20(a)所示三铰拱的拱跨 $l=16\text{m}$,拱高 $f=4\text{m}$,拱轴线方程为 $y=\dfrac{4f}{l^2}(l-x)x$;$q=10\text{kN/m}$,$F=40\text{kN}$。试求 K 横截面和 D 横截面上的内力。

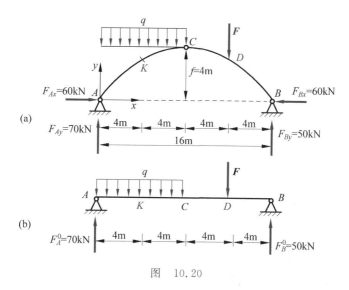

图 10.20

【解】 (1)求支座反力。相应简支梁[图 10.20(b)]的支座反力为
$$F_A^0 = \frac{40\text{kN} \times 4\text{m} + 10\text{kN/m} \times 8\text{m} \times 12\text{m}}{16\text{m}} = 70\text{kN}$$
$$F_B^0 = 40\text{kN} + 10\text{kN/m} \times 8\text{m} - 70\text{kN} = 50\text{kN}$$

相应简支梁跨中横截面 C 上的弯矩为
$$M_C^0 = 70\text{kN} \times 8\text{m} - 10\text{kN/m} \times 8\text{m} \times 4\text{m} = 240\text{kN} \cdot \text{m}$$

由式(10.2),三铰拱的支座反力为
$$F_{Ay} = 70\text{kN}, \quad F_{By} = 50\text{kN}$$
$$F_{Ax} = F_{Bx} = F_x = \frac{M_C^0}{f} = \frac{240\text{kN} \cdot \text{m}}{4\text{m}} = 60\text{kN}$$

(2)计算 K 横截面上的内力。计算所需有关数据为
$$x_K = 4\text{m}, \quad y_K = \frac{4f}{l^2}(l-x_K)x_K = 3\text{m}$$
$$\tan\varphi_K = \frac{\text{d}y}{\text{d}x}\bigg|_{x=4\text{m}} = \frac{4f}{l}\left(1 - \frac{2x}{l}\right)\bigg|_{x=4\text{m}} = 0.5, \quad \varphi_K = 26°34'$$
$$\sin\varphi_K = 0.4472$$
$$\cos\varphi_K = 0.8944$$

由式(10.3)计算得
$$M_K = M_K^0 - F_x y_K$$
$$= 70\text{kN} \times 4\text{m} - \frac{1}{2} \times 10\text{kN/m} \times 4^2\text{m}^2 - 60\text{kN} \times 3\text{m}$$
$$= 20\text{kN} \cdot \text{m}$$

$$F_{SK} = F_{SK}^0 \cos\varphi_K - F_x \sin\varphi_K$$
$$= (70 - 10 \times 4)kN \times 0.8944 - 60kN \times 0.4472$$
$$= 0$$
$$F_{NK} = -(F_{SK}^0 \sin\varphi_K + F_x \cos\varphi_K)$$
$$= -[(70 - 10 \times 4)kN \times 0.4472 + 60kN \times 0.8944]$$
$$= -67.08kN$$

（3）计算 D 横截面上的内力。计算所需有关数据为

$$x_D = 12m, \quad y_D = \frac{4f}{l^2}(l - x_D)x_D = 3m$$

$$\tan\varphi_D = \frac{dy}{dx}\Big|_{x=12m} = \frac{4f}{l}\left(1 - \frac{2x}{l}\right)\Big|_{x=12m} = -0.5, \quad \varphi_D = -26°34'$$

$$\sin\varphi_D = -0.4472$$

$$\cos\varphi_D = 0.8944$$

由式(10.3)计算得

$$M_D = M_D^0 - F_x y_D$$
$$= 70kN \times 12m - 10kN/m \times 8m \times 8m - 60kN \times 3m$$
$$= 20kN \cdot m$$

因为 D 横截面受集中力作用，F_{SD}^0 有突变，所以要分别计算出 D 左、右两横截面上的剪力和轴力。

$$F_{SD}^L = F_{SD}^{0L} \cos\varphi_D - F_x \sin\varphi_D$$
$$= (70 - 10 \times 8)kN \times 0.8944 - 60kN \times (-0.4472)$$
$$= 17.888kN$$

$$F_{ND}^L = -(F_{SD}^{0L} \sin\varphi_D + F_x \cos\varphi_D)$$
$$= -[(70 - 10 \times 8)kN \times (-0.4472) + 60kN \times 0.8944]$$
$$= -58.136kN$$

$$F_{SD}^R = F_{SD}^{0R} \cos\varphi_D - F_x \sin\varphi_D$$
$$= (70 - 10 \times 8 - 40)kN \times 0.8944 - 60kN \times (-0.4472)$$
$$= -17.888kN$$

$$F_{ND}^R = -(F_{SD}^{0R} \sin\varphi_D + F_x \cos\varphi_D)$$
$$= -[(70 - 10 \times 8 - 40)kN \times (-0.4472) + 60kN \times 0.8944]$$
$$= -76.024kN$$

10.5.3　合理拱轴的概念

在给定荷载作用下，如能选取一条适当的拱轴线，使拱的各横截面上的弯矩都等于零，则这样的拱轴线称为**合理拱轴**。

由式(10.3)，拱的任意横截面上的弯矩为

$$M = M^0 - F_x y$$

令其等于零，得

$$y = \frac{M^0}{F_x} \tag{10.4}$$

当拱上所受荷载为已知时，只要求出相应简支梁的弯矩方程，然后除以水平推力 F_x，便可得合理拱轴方程。

采用合理拱轴，拱的各横截面主要承受轴力，横截面上正应力分布趋于均匀，因而拱体材料能够得到充分利用。当拱体主要承受压力时，可以使用抗压强度较高而抗拉强度较低的砖、石、混凝土等建筑材料来建造。

需要指出，三铰拱的合理拱轴只是对于一种给定荷载而言的，在不同的荷载作用下有不同的合理拱轴。例如，对称三铰拱在满跨的竖向均布荷载作用下的合理拱轴为一条抛物线[图 10.21(a)]；在径向均布荷载作用下的合理拱轴为一条圆弧线[图 10.21(b)]；在拱上填土（填土表面为水平）的重力作用下的合理拱轴为悬链线[图 10.21(c)]。

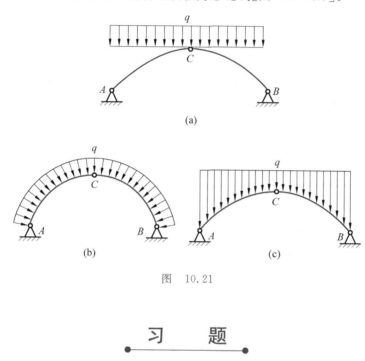

图 10.21

习 题

10.1 试绘制习题 10.1 图所示多跨梁的弯矩图和剪力图。

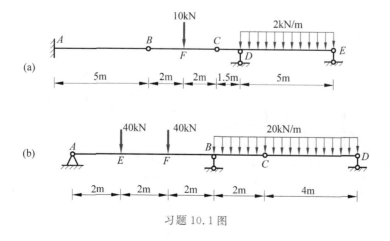

习题 10.1 图

10.2 试绘制习题 10.2 图所示刚架的内力图。

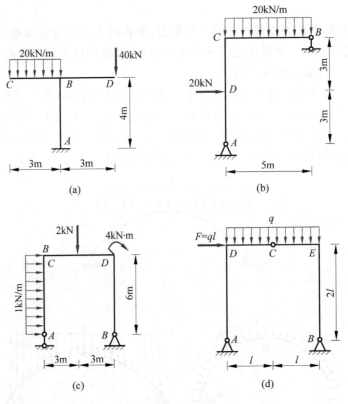

习题 10.2 图

10.3 试求习题 10.3 图所示桁架中各杆的轴力。

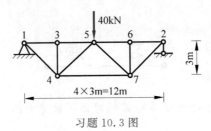

习题 10.3 图

10.4 试求习题 10.4 图所示桁架中指定杆的轴力。

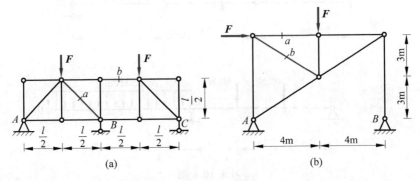

习题 10.4 图

10.5　试求习题 10.5 图所示组合结构的内力,并绘制梁式杆的内力图。

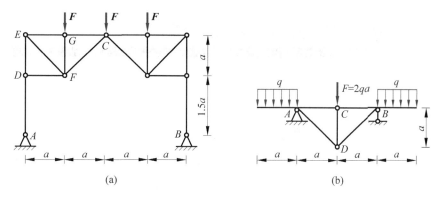

(a)　　　　　　　　(b)

习题 10.5 图

10.6　试求习题 10.6 图所示三铰拱横截面 D 和 E 上的内力,已知拱轴线方程为 $y=\dfrac{4f}{l^2}(l-x)x$。

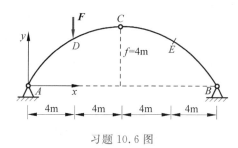

习题 10.6 图

第11章 静定结构的位移

内容提要

本章介绍静定结构的位移计算,结构位移计算的理论基础是虚功原理,由此建立起来的单位荷载法和图乘法是静定结构位移计算的基本方法。静定结构的位移计算是其强度、刚度以及稳定性计算的依据,也是超静定结构计算的基础。

学习要求

1. 了解结构位移的概念和位移计算的目的。
2. 掌握用单位荷载法计算静定结构在荷载作用下的位移。
3. 熟练掌握用图乘法计算静定梁和静定平面刚架在荷载作用下的位移。

11.1 概　　述

11.1.1 位移的概念

任何结构在荷载作用下,杆件都会产生变形,结构中各截面的位置也将发生变化。例如图 11.1(a)所示的刚架,在荷载 F 作用下发生图中虚线所示的变形,截面 A 的位置发生了变化,这种截面位置的改变称为结构的位移。

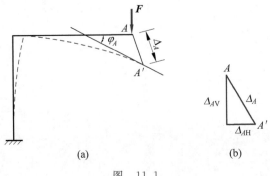

图　11.1

结构的位移可以用**线位移**和**角位移**来度量。线位移是结构中某截面形心的移动,例如图 11.1(a)中 A 截面形心沿某方向移动到 A' 点,$\overline{AA'}$ 称为 A 点的线位移,用 Δ_A 表示。Δ_A

又可以用两个相互垂直的分量来表示,如图11.1(b)中的 Δ_{AH} 和 Δ_{AV},它们分别称为 A 点的**水平位移**和**竖向位移**。角位移是结构中某截面转过的角度。例如图11.1(a)中 A 截面相对原来方向转过的角度 φ_A,就是 A 截面的角位移。

上述线位移和角位移称为**绝对位移**。此外,在计算中还涉及另一种位移,即**相对位移**。如图11.2所示刚架,在荷载作用下发生图中虚线所示的变形,C、D 点的水平位移分别为 Δ_{CH} 和 Δ_{DH},两点的水平位移之和 $\Delta_{CD} = \Delta_{CH} + \Delta_{DH}$,称为 C、D 两点沿连线方向的**相对线位移**,它表示两截面之间相互距离的改变量。同时,截面 A 发生顺时针角位移 φ_A,截面 B 发生逆时针角位移 φ_B,两截面的角位移之和 $\varphi_{AB} = \varphi_A + \varphi_B$,称为 A、B 两截面的**相对角位移**。

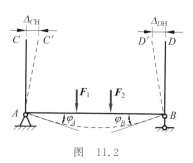

图 11.2

 特别提示

引起结构位移的原因除了荷载因素外,还有其他一些因素,例如温度的变化、支座的移动和杆件的制造误差等。

11.1.2 位移计算的目的

计算结构位移的目的如下:
(1) 验算结构的刚度,使结构的变形和位移控制在允许的限度内。
(2) 由于超静定结构的未知力数目大于平衡方程数目,因此在计算超静定结构的反力和内力时,除了利用平衡条件外,还必须考虑位移条件,补充变形协调方程。所以,位移计算是求解超静定结构的基础。
(3) 在结构的制作、架设与养护等过程中,经常需要预先知道结构变形后的位置,以便采取相应的施工措施。

11.2 静定结构在荷载作用下的位移计算

11.2.1 荷载作用下的位移计算公式

在图11.3(a)所示结构中,欲求 A 点的竖向位移 Δ,可在 A 点的竖直方向虚加一个单位力 $\bar{F} = 1$,构成一个虚拟的力状态[图11.3(b)]。在 F 上加一杠表示虚拟力。同样,由虚拟力所产生的内力也在内力符号上面加一杠来表示。结构在荷载作用下的状态[图11.3(a)]作为实际的位移状态。由**虚功原理**可以得到(推导从略)

$$\Delta = \sum \int_l \frac{\bar{F}_N F_N}{EA} \mathrm{d}s + \sum \int_l \frac{\overline{M} M}{EI} \mathrm{d}s + \sum \int_l \kappa \frac{\bar{F}_S F_S}{GA} \mathrm{d}s \tag{11.1}$$

式中:F_N、M、F_S——实际位移状态中由荷载引起的结构内力;

$\overline{F}_N$、$\overline{M}$、$\overline{F}_S$——虚拟力状态中由虚拟单位力引起的结构内力；

EA、EI、GA——杆件的拉压刚度、弯曲刚度、剪切刚度；

κ——切应力分布不均匀因数,与截面的形状有关；

$\sum$ ——对结构中每一根杆件积分后再求和。

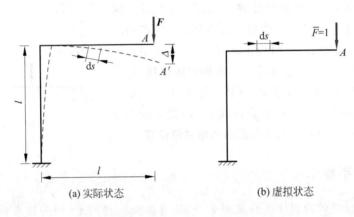

(a) 实际状态   (b) 虚拟状态

图 11.3

式(11.1)就是结构在荷载作用下的位移计算公式。当计算结果为正时,表示实际位移方向与虚拟单位力所指方向相同；当计算结果为负时,则相反。上述方法称为**单位荷载法**。

11.2.2 几种典型结构的位移计算公式

在具体的结构位移计算中,对于以弯曲变形为主的结构,例如梁、刚架,由轴力和剪力产生的位移一般情况下只占弯矩产生位移的 3% 以下。若不计轴力和剪力的影响,式(11.1)成为

$$\Delta = \sum \int_l \frac{\overline{M}M}{EI} \mathrm{d}s \tag{11.2}$$

对于桁架,因为每根杆只产生轴力,且每根杆的轴力 $\overline{F}_N$、F_N 和 EA 都是常量,所以式(11.1)成为

$$\Delta = \sum \int_l \frac{\overline{F}_N F_N}{EA} \mathrm{d}s = \sum \frac{\overline{F}_N F_N l}{EA} \tag{11.3}$$

式中：l——杆件的长度。

对于组合结构,梁式杆只考虑弯矩的影响,链杆只考虑轴力的影响,对两种杆件分别计算后相加即可。其位移计算公式为

$$\Delta = \sum \int_l \frac{\overline{M}M}{EI} \mathrm{d}s + \sum \frac{\overline{F}_N F_N l}{EA} \tag{11.4}$$

【例 11.1】 试求图 11.4(a)所示等截面悬臂梁 B 截面的竖向位移 Δ_{BV} 和角位移 φ_B。设梁的弯曲刚度 EI 为常数。

【解】 1) 求竖向位移 Δ_{BV}

(1) 设置虚拟力状态。为求 B 截面的竖向位移 Δ_{BV},在 B 截面沿竖向虚加单位力 $\overline{F}=1$,得到如图 11.4(b)所示的虚拟力状态。

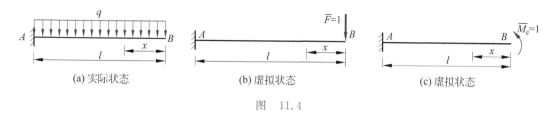

图 11.4

（2）分别求出在实际位移状态和虚拟力状态中梁的弯矩。图 11.4(a)、(b)中，两种状态下梁的弯矩方程分别为

$$M = -\frac{qx^2}{2} \quad (0 \leqslant x < l)$$

$$\overline{M} = -x \quad (0 \leqslant x < l)$$

（3）应用公式计算位移。由式(11.2)，得

$$\Delta_{BV} = \sum \int_l \frac{\overline{M}M\mathrm{d}s}{EI} = \frac{1}{EI}\int_0^l (-x)\left(-\frac{qx^2}{2}\right)\mathrm{d}x = \frac{qx^4}{8EI}\bigg|_0^l = \frac{ql^4}{8EI} \quad (\downarrow)$$

计算结果为正，表示 Δ_{BV} 的方向与所设单位力方向一致，即位移是铅直向下的。

2）求角位移 φ_B

（1）设置虚拟力状态。为求 B 截面的角位移 φ_B，在 B 截面虚加单位力偶 $\overline{M}_e = 1$，得到如图 11.4(c)所示的虚拟力状态。

（2）分别求出在实际位移状态和虚拟力状态中梁的弯矩。图 11.4(a)、(c)中，两种状态下梁的弯矩方程分别为

$$M = -\frac{qx^2}{2} \quad (0 \leqslant x < l)$$

$$\overline{M} = 1 \quad (0 \leqslant x < l)$$

（3）应用公式计算位移。由式(11.2)，得

$$\varphi_B = \sum \int_l \frac{\overline{M}M\mathrm{d}s}{EI} = \frac{1}{EI}\int_0^l 1 \times \left(-\frac{qx^2}{2}\right)\mathrm{d}x = -\frac{qx^3}{6EI}\bigg|_0^l = -\frac{ql^3}{6EI} \quad (\circlearrowright)$$

计算结果为负，表示 φ_B 的转向与所设单位力偶的转向相反，即顺时针转向。

【例 11.2】 试求图 11.5(a)所示刚架上 C 截面的水平位移 Δ_{CH} 和角位移 φ_C。设各杆的弯曲刚度 EI 为常数。

【解】 1）求水平位移 Δ_{CH}

（1）设置虚拟力状态。为求 C 截面的水平位移 Δ_{CH}，在 C 截面沿水平方向虚加单位力 $\overline{F} = 1$，得到如图 11.5(b)所示的虚拟力状态。

（2）分别求出在实际位移状态和虚拟力状态中各杆的弯矩。图 11.5(a)、(b)中，两种状态下刚架各杆的弯矩方程分别为

横梁 BC： $\qquad M = -\frac{1}{2}qx^2, \quad \overline{M} = 0$

竖柱 AB： $\qquad M = -\frac{1}{2}ql^2, \quad \overline{M} = x$

（3）应用公式计算位移。由式(11.2)，得

$$\Delta_{CH} = \sum \int_l \frac{\overline{M}M}{EI}\mathrm{d}x = \frac{1}{EI}\int_0^l x\left(-\frac{1}{2}ql^2\right)\mathrm{d}x = -\frac{ql^4}{4EI} \quad (\rightarrow)$$

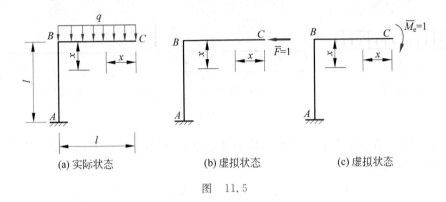

(a) 实际状态　　　　　　(b) 虚拟状态　　　　　　(c) 虚拟状态

图　11.5

计算结果为负，表示 Δ_{CH} 的方向与所设单位力的方向相反，即 Δ_{CH} 水平向右。

2）求截面 C 的转角 φ_C

（1）设置虚拟力状态。为求截面 C 的转角 φ_C，在截面 C 虚加单位力偶 $\overline{M}_e = 1$，得到如图 11.5(c) 所示的虚拟力状态。

（2）分别求出在实际位移状态和虚拟力状态中各杆的弯矩。图 11.5(a)、(c) 中，两种状态下刚架各杆的弯矩方程分别为

横梁 BC：$\qquad\qquad\qquad M = -\dfrac{1}{2}qx^2, \quad \overline{M} = -1$

竖柱 AB：$\qquad\qquad\qquad M = -\dfrac{1}{2}ql^2, \quad \overline{M} = -1$

（3）应用公式计算位移。由式(11.2)，得

$$\varphi_C = \frac{1}{EI}\int_0^l (-1) \times \left(-\frac{1}{2}ql^2\right)\mathrm{d}x + \frac{1}{EI}\int_0^l (-1) \times \left(-\frac{1}{2}qx^2\right)\mathrm{d}x = \frac{2ql^3}{3EI} \quad (\circlearrowright)$$

计算结果为正，表示 φ_C 的转向与所设单位力偶的转向相同，即 φ_C 顺时针转向。

11.2.3　虚拟力状态的设置

由上述例题可知，应用位移计算公式，每次可计算一个位移，它们可以是线位移，也可以是角位移或者其他性质的位移。计算时要根据问题的需要正确设置虚拟力状态。在图 11.6 中给出了几种典型的虚拟力状态，以供参考。

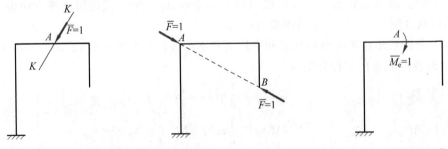

(a) 求A点沿K-K方向的线位移　　(b) 求A、B两点沿其连线方向的相对线位移　　(c) 求A截面的角位移

图　11.6

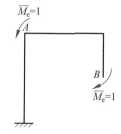
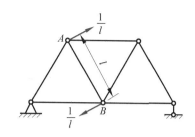

(d) 求A、B两截面的相对角位移　　　　　(e) 求A、B杆的角位移

图　11.6(续)

11.3　图　乘　法

11.3.1　图乘法的适用条件和图乘公式

1. 适用条件

用单位荷载法求梁或刚架的位移时,需要计算积分[式(11.2)],即

$$\Delta = \sum \int_l \frac{\overline{M}M}{EI}\mathrm{d}s$$

其计算过程往往比较繁杂。如果结构满足以下两个条件,就可以用弯矩图互乘的方法(**图乘法**)代替积分运算,从而简化计算工作。

(1) 杆件(或杆段)为等截面直杆,且弯曲刚度 EI 为常数。

(2) 杆件(或杆段)在两种状态下的弯矩 M 和 $\overline{M}$ 图形中至少有一个是直线图形。

对于等截面直杆,第一个条件自然满足。至于第二个条件,虽然在均布荷载的作用下 M 图的形状是曲线形状,但 $\overline{M}$ 图却总是由直线段组成,只要分段考虑也可满足。因此,对于由等截面直杆所构成的梁和刚架,在计算位移时均可应用图乘法。

2. 图乘公式

图 11.7 所示为直杆(或杆段)AB 的两个弯矩图,其中 $\overline{M}$ 图为一直线,M 图为任意形状。若该杆(或杆段)的弯曲刚度 EI 为一常数,则式(11.2)成为

$$\Delta = \frac{1}{EI}\int_l \overline{M}M\mathrm{d}s \tag{a}$$

由图可知,$\overline{M}$ 图中某一点的竖标(纵坐标)为

$$\overline{M} = y = x\tan\alpha$$

代入式(a),有

$$\Delta = \frac{1}{EI}\int_l \overline{M}M\mathrm{d}s = \frac{1}{EI}\int_l x\tan\alpha M\mathrm{d}x = \frac{1}{EI}\tan\alpha \int_A x\mathrm{d}A \tag{b}$$

式中:$\mathrm{d}A$——M 图的微面积(图 11.7 中阴影部分的面积);

$\displaystyle\int_A x\mathrm{d}A$——$M$ 图的面积 A 对于轴 y 的**静矩**。

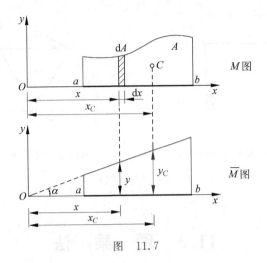

图　11.7

静矩 $\int_A x \mathrm{d}A$ 等于 M 图的面积 A 乘以其形心 C 的坐标 x_C（证明从略），即

$$\int_A x \mathrm{d}A = A x_C$$

代入式(b)，有

$$\Delta = \frac{1}{EI} A x_C \tan\alpha$$

设 M 图的形心 C 所对应的 $\overline{M}$ 图中的竖标为 y_C，由图 11.7，有

$$x_C \tan\alpha = y_C$$

因此

$$\Delta = \int_l \frac{\overline{M}M}{EI} \mathrm{d}s = \frac{1}{EI} A y_C \tag{11.5}$$

式(11.5)就是图乘法的计算公式。它表明：计算位移的积分式的数值等于 M 图的面积 A 乘以其形心所对应的 $\overline{M}$ 图的竖标 y_C，再除以杆(或杆段)的弯曲刚度 EI。

3. 公式应用时的注意事项

(1) 面积 A 与竖标 y_C 分别取自两个弯矩图，y_C 必须从直线图形上取得。若 M 图和 $\overline{M}$ 图均为直线图形，也可用 $\overline{M}$ 图的面积乘其形心所对应的 M 图的竖标来计算。

(2) 乘积 $A y_C$ 的正负号规定为：当面积 A 与竖标 y_C 在杆的同侧时，乘积 $A y_C$ 取正号；当 A 与 y_C 在杆的异侧时，$A y_C$ 取负号。

(3) 对于由多根等截面直杆组成的结构，只要将每段杆图乘的结果相加，即图乘法的计算公式为

$$\Delta = \sum \int_l \frac{\overline{M}M}{EI} \mathrm{d}s = \sum \frac{1}{EI} A y_C \tag{11.6}$$

11.3.2　图乘计算中的几个问题

1. 常见图形的面积和形心位置

用图乘法计算位移时，需要确定弯矩图的图形面积及其形心位置。图 11.8 给出几种简

单图形的面积和形心位置,以备查用。在应用抛物线图形的公式时,必须注意图中的抛物线是标准抛物线,在顶点处的切线必须与基线平行,即杆在顶点处的剪力为零。

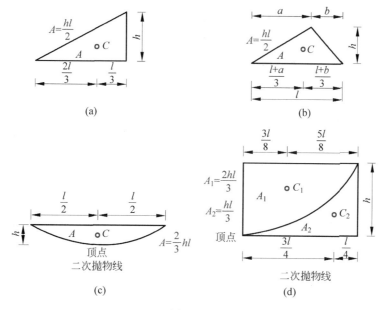

图 11.8

2. 图乘法应用技巧

1) 复杂图形分解为简单图形

对于一些面积和形心位置不易确定的图形,可采用图形分解的方法,将复杂图形分解为几个简单图形,以方便计算。

(1) 若弯矩图为梯形,可将其分解为两个三角形。例如在图 11.9(a)中,设两个三角形的面积分别为 A_1 和 A_2,该两面积的形心所对应的 $\overline{M}$ 图的竖标分别为 y_{C1} 和 y_{C2},则有

$$\sum A y_C = A_1 y_{C1} + A_2 y_{C2} = \frac{1}{3}acl + \frac{1}{6}bcl$$

对图 11.9(b)计算时,A_1、A_2 要分别与 $\overline{M}$ 中的两个三角形相乘,然后再相加,即

$$\sum A y_C = A_1(y_{C1} + y_{C2}) + A_2(y_{C3} + y_{C4}) = \frac{1}{3}acl + \frac{1}{6}adl + \frac{1}{3}bdl + \frac{1}{6}bcl$$

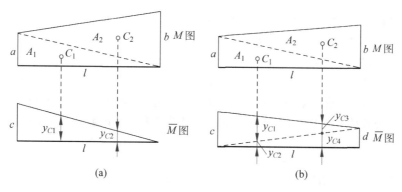

图 11.9

(2) 当两个弯矩图都是直线图形,但都含有不同符号的两部分时(图 11.10),可将其中一个图形分解为 ABC 和 ABD 两个三角形,分别与另一个图形相乘并求和,即

$$\sum Ay_c = A_1 y_{C1} + A_2 y_{C2} = \frac{1}{2}al\left(\frac{2}{3}c - \frac{1}{3}d\right) + \frac{1}{2}bl\left(\frac{2}{3}d - \frac{1}{3}c\right)$$

(3) 若 M 图是由竖向均布荷载和杆端弯矩所引起的,例如图 11.11(a)、(b)所示图形时,可将其分解为三角形(或梯形)和抛物线形,分别与 $\overline{M}$ 图相乘,然后再求和。

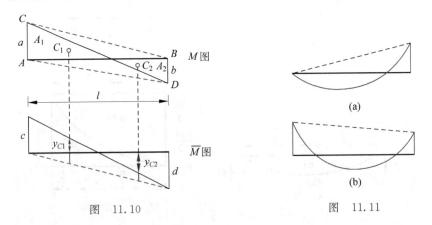

图　11.10　　　　　　　　　　图　11.11

2) 分段图乘

如果杆件(或杆段)的两个弯矩图的图形都不是直线图形,其中一个(或两个)图形为折线形,则应分段图乘。另外,即使图形是直线形,但杆件为阶梯杆,EI 不是常数,也应分段图乘。图 11.12 所示为几种分段图乘的常见情况。

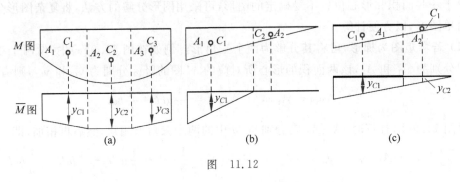

图　11.12

【例 11.3】　试用图乘法求图 11.13(a)所示简支梁 C 截面的竖向位移 Δ_{CV} 和 B 截面的角位移 φ_B。设梁的弯曲刚度 EI 为常数。

【解】　1) 求竖向位移 Δ_{CV}

(1) 绘出在实际位移状态和虚拟力状态中梁的弯矩图。绘出荷载作用下的 M 图[图 11.13(b)]。在 C 截面虚加一竖向单位力 $\overline{F}=1$,绘出 $\overline{M}_1$ 图[图 11.13(c)]。

(2) 应用公式计算位移。因 M 图和 $\overline{M}_1$ 图都为折线,故必须分 AC、CB 两段图乘后相加。由式(11.6),得

$$\Delta_{CV} = \sum \frac{1}{EI} Ay_c = \frac{1}{EI}\left[\left(\frac{1}{2} \times \frac{Fl}{4} \times \frac{l}{2}\right) \times \frac{l}{6}\right] \times 2 = \frac{Fl^3}{48EI} \quad (\downarrow)$$

计算结果为正,表示 Δ_{CV} 的方向与所设单位力 $\overline{F}=1$ 的方向相同,即铅直向下。

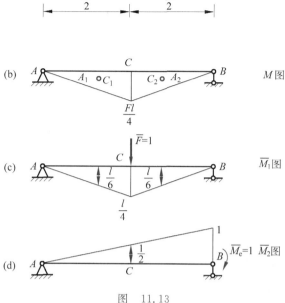

图 11.13

2）求角位移 φ_B

（1）绘出在实际位移状态和虚拟力状态中梁的弯矩图。荷载作用下的 M 图如图 11.13（b）所示。在 B 截面虚加一单位力偶 $\overline{M}_e = 1$，绘出 $\overline{M}_2$ 图[图 11.13（d）]。

（2）应用公式计算位移。由式（11.6），得

$$\varphi_B = \frac{1}{EI} A y_C = -\frac{1}{EI}\left(\frac{1}{2} \times \frac{Fl}{4} \times l\right) \times \frac{1}{2} = -\frac{Fl^2}{16EI} \quad （\circlearrowleft）$$

计算结果为负，表示 φ_B 的转向与所设单位力偶 $\overline{M}_e = 1$ 的转向相反，即逆时针方向。

【例 11.4】 试用图乘法求图 11.14（a）所示外伸梁 C 截面的竖向位移 Δ_{CV}。设梁的弯曲刚度 EI 为常数。

【解】 （1）绘出在实际位移状态和虚拟力状态中梁的弯矩图。绘出荷载作用下的 M 图[图 11.14（b）]。在 C 截面虚加一竖向单位力 $\overline{F} = 1$，绘出 $\overline{M}$ 图[图 11.14（c）]。

（2）应用公式计算位移。应分 AB、BC 两段图乘。AB 段的 M 图可以分解为一个三角形（面积为 A_1）减去一个标准抛物线形（面积为 A_2），BC 段的 M 图则为一个标准抛物线形（面积为 A_3）。M 图中各部分面积与相应的 $\overline{M}$ 图中的竖标分别为

$$A_1 = \frac{1}{2} \times l \times \frac{ql^2}{8} = \frac{ql^3}{16}, \quad y_{C1} = \frac{2}{3} \times \frac{l}{2} = \frac{l}{3}$$

$$A_2 = \frac{2}{3} \times l \times \frac{ql^2}{8} = \frac{ql^3}{12}, \quad y_{C2} = \frac{1}{2} \times \frac{l}{2} = \frac{l}{4}$$

$$A_3 = \frac{1}{3} \times \frac{l}{2} \times \frac{ql^2}{8} = \frac{ql^3}{48}, \quad y_{C3} = \frac{3}{4} \times \frac{l}{2} = \frac{3l}{8}$$

由式（11.6），两图分段图乘后相加，得

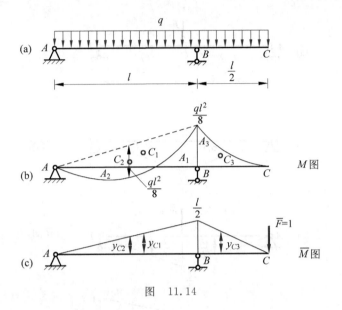

图 11.14

$$\Delta_{CV} = \frac{1}{EI}(A_1 y_{C1} - A_2 y_{C2} + A_3 y_{C3})$$

$$= \frac{1}{EI}\left(\frac{ql^3}{16} \times \frac{l}{3} - \frac{ql^3}{12} \times \frac{l}{4} + \frac{ql^3}{48} \times \frac{3l}{8}\right) = \frac{ql^4}{128EI} \quad (\downarrow)$$

计算结果为正，表示 Δ_{CV} 的方向与所设单位力 $\overline{F}=1$ 的方向相同，即 Δ_{CV} 铅直向下。

【例 11.5】 试用图乘法求图 11.15(a)所示刚架 C 截面的水平位移 Δ_{CH}。设各杆的弯曲刚度 EI 为常数。

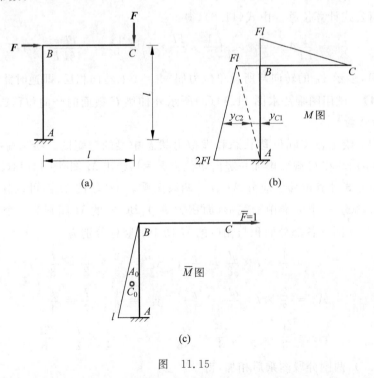

图 11.15

【解】　(1) 绘出在实际位移状态和虚拟力状态中刚架的弯矩图。绘出荷载作用下的 M 图[图 11.15(b)]。在 C 截面虚加一水平单位力 $\overline{F}=1$，绘出 $\overline{M}$ 图[图 11.15(c)]。

(2) 应用公式计算位移。因 $\overline{M}$ 图中的 BC 段没有弯矩，故只需在 AB 段进行图乘。将 AB 段的 M 图分解为两个三角形，与 $\overline{M}$ 图相乘后相加。由式(11.6)得

$$\Delta_{CH} = \sum \frac{1}{EI} A y_C = \frac{1}{EI}\left[\left(\frac{1}{2}\times l \times l\right) \times \left(\frac{1}{3}\times Fl + \frac{2}{3}\times 2Fl\right)\right] = \frac{5Fl^3}{6EI} \quad (\rightarrow)$$

计算结果为正，表示 Δ_{CH} 的方向与所设单位力 $\overline{F}=1$ 的方向相同，即水平向右。

【例 11.6】　试用图乘法求图 11.16(a)所示刚架 D 截面的水平位移 Δ_{DH} 和 B 截面的角位移 φ_B。设各杆的弯曲刚度 EI 为常数。

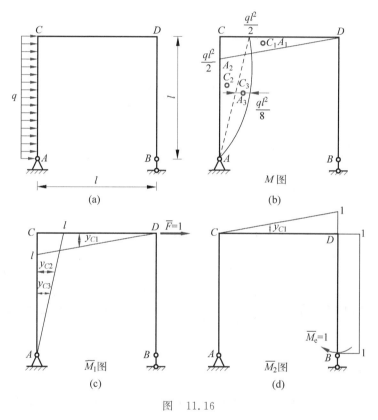

图　11.16

【解】　1) 求水平位移 Δ_{DH}

(1) 绘出在实际位移状态和虚拟力状态中刚架的弯矩图。绘出荷载作用下的 M 图[图 11.16(b)]。在 D 截面虚加一水平单位力 $\overline{F}=1$，绘出 $\overline{M}_1$ 图[图 11.16(c)]。

(2) 应用公式计算位移。在 AC 段图乘时，将 AC 段的 M 图分解为三角形和抛物线形，再分别与 $\overline{M}_1$ 图相乘，然后相加。由式(11.6)，将 M 图与 $\overline{M}_1$ 图分段图乘后相加，得

$$\Delta_{DH} = \sum \frac{1}{EI} A y_C$$

$$= \frac{1}{EI}\left[\left(\frac{1}{2}\times \frac{ql^2}{2}\times l \times \frac{2}{3}l\right) + \left(\frac{1}{2}\times \frac{ql^2}{2}\times l \times \frac{2l}{3} + \frac{2}{3}\times \frac{ql^2}{8}\times l \times \frac{l}{2}\right)\right]$$

$$= \frac{3ql^4}{8EI} \quad (\rightarrow)$$

计算结果为正,表示 Δ_{DH} 的方向与所设单位力 $\bar{F}=1$ 的方向相同,即水平向右。

2)求角位移 φ_B

(1)绘出在实际位移状态和虚拟力状态中刚架的弯矩图。荷载作用下的 M 图如图 11.16(b)所示。在 B 截面虚加一单位力偶 $\bar{M}_e=1$,绘出 $\bar{M}_2$ 图[图 11.16(d)]。

(2)应用公式计算位移。由式(11.6),将 M 图与 $\bar{M}_2$ 图分段图乘,得

$$\varphi_B = \sum \frac{1}{EI} A y_C$$
$$= -\frac{1}{EI} \times \frac{1}{2} \times \frac{ql^2}{2} \times l \times \frac{1}{3}$$
$$= -\frac{ql^3}{12EI} \quad (\circlearrowleft)$$

计算结果为负,表示 φ_B 的转向与所设单位力偶 $\bar{M}_e=1$ 的转向相反,即逆时针方向。

习　题

11.1　试求习题 11.1 图所示简支梁 C 截面的竖向位移 Δ_{CV} 和 B 截面的角位移 φ_B,设梁的弯曲刚度 EI 为常数。

11.2　试求习题 11.2 图所示刚架 D 截面的水平位移 Δ_{DH} 和角位移 φ_D,设各杆的弯曲刚度 EI 为常数。

11.3　试求习题 11.3 图所示桁架 C 截面的竖向位移 Δ_{CV},设各杆的拉压刚度 EA 均相同。

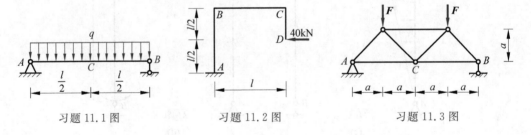

习题 11.1 图　　　　习题 11.2 图　　　　习题 11.3 图

11.4　试用图乘法求习题 11.4 图所示梁 C 截面的竖向位移 Δ_{CV},设梁的弯曲刚度 EI 为常数。

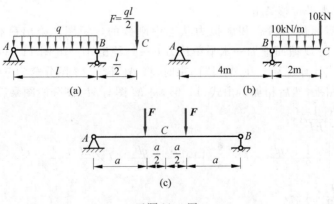

习题 11.4 图

11.5 试用图乘法求习题 11.5 图所示刚架指定截面的位移,设各杆的弯曲刚度 EI 为常数。

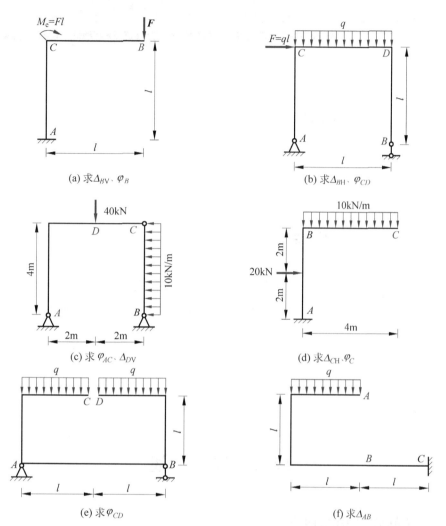

(a) 求 Δ_{BV}、φ_B

(b) 求 Δ_{BH}、φ_{CD}

(c) 求 φ_{AC}、Δ_{DV}

(d) 求 Δ_{CH}、φ_C

(e) 求 φ_{CD}

(f) 求 Δ_{AB}

习题 11.5 图

第12章 超静定结构的内力与位移

内容提要

　　本章介绍超静定结构内力与位移计算的三种方法：力法、位移法和力矩分配法。力法和位移法是超静定结构计算的基本方法；力矩分配法是在位移法基础上发展起来的一种渐近解法。

学习要求

　　1. 掌握超静定次数的确定方法。

　　2. 了解力法的基本原理和解题步骤，熟练掌握用力法求解简单超静定梁和刚架的内力，会用力法求解超静定结构的位移。

　　3. 了解位移法的基本原理和解题步骤，熟练掌握用位移法求解简单超静定梁和刚架的内力。

　　4. 了解力矩分配法的基本原理和解题步骤，熟练掌握用力矩分配法求解连续梁和无侧移刚架的内力。

12.1 概　　述

12.1.1 超静定结构的概念

　　超静定结构是工程实际中广泛采用的一类结构，与静定结构相比，超静定结构有如下两方面的特点。

　　(1) 从几何组成来说，超静定结构是有多余约束的几何不变体系。例如，图 12.1(a)所示梁有一个多余约束的几何不变体系，图 12.1(b)所示桁架有两个多余约束的几何不变体系，它们都是超静定结构。

　　(2) 从静力特征方面来说，仅由静力平衡条件不能解出超静定结构中的所有反力和内力，这是因为超静定结构存在多余约束，多余约束所对应的力称为**多余未知力**[①]。由于有多余未知力，所以超静定结构中未知力的个数多于可列出的独立的平衡方程数，仅用

──────────

　　① 由于多余未知力是未知的广义力(包括集中力和力偶)，为叙述的统一和完整，本章以 X 代表，对于文中所对应的物理量和相应单位，则视具体问题而定。

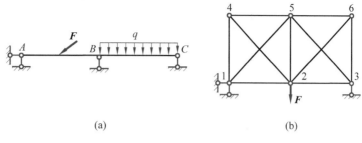

图　12.1

静力平衡条件无法确定其全部反力和内力。例如,图 12.1(a)所示梁有四个支座反力,但只有三个独立的平衡方程,因此不能由平衡条件求出其全部支座反力,其内力也无法完全确定;图 12.1(b)所示桁架的支座链杆和内部链杆共有 14 根,每一根链杆对应一个未知力,共 14 个未知力,但只能列出 12 个独立的平衡方程,所以也不能由平衡条件解出所有未知力。

综上所述,因存在多余约束,所以所有支座反力和内力不能仅用静力平衡条件确定,这就是超静定结构与静定结构的根本区别。

12.1.2　超静定次数的确定

超静定结构中多余约束的数目,称为超静定次数。一个超静定结构具有几个多余约束,就称为几次超静定结构。因此得到确定超静定结构的次数的方法:把超静定结构中的多余约束去掉,使之变成静定结构,去掉了几个多余约束即为几次超静定结构。

在超静定结构中去掉多余约束的方式,通常有以下几种。

(1)去掉支座处的一根链杆或切断结构内部的一根链杆,相当于去掉一个约束(图 12.2)。

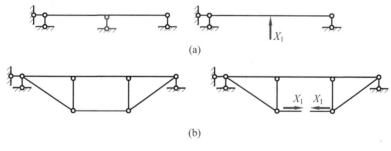

图　12.2

(2)去掉一个固定铰支座或去掉结构内部的一个单铰,相当于去掉两个约束(图 12.3)。

(3)去掉一个固定端支座或切断结构内部的一个刚性连接,相当于去掉三个约束(图 12.4)。

(4)将一个固定端支座改为固定铰支座或将结构内部的一个刚性连接改为单铰连接,相当于去掉一个约束(图 12.5)。

(5)切开一个封闭框相当于去掉三个约束(图 12.6)。图 12.7 所示结构有两个封闭框,为六次超静定结构。

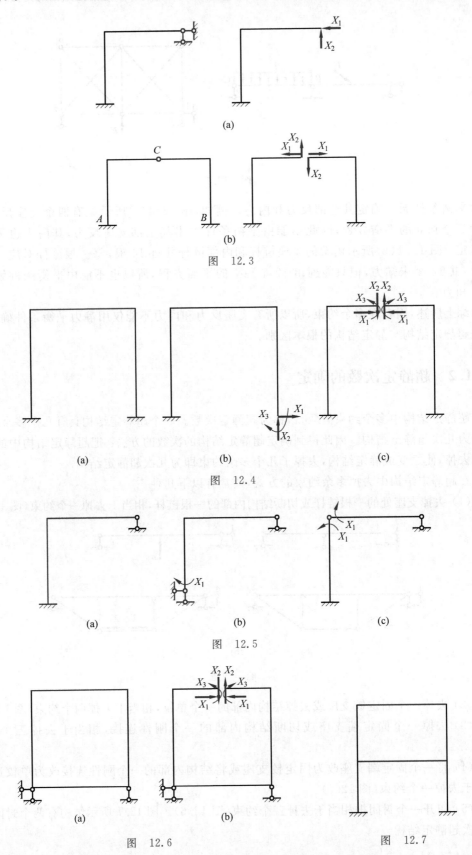

图 12.3

图 12.4

图 12.5

图 12.6

图 12.7

应用上述去掉约束的方式,可以确定任何结构的超静定次数。由于去掉约束的方式具有多样性,所以对同一超静定结构可以得到与其对应的不同形式的静定结构。必须注意,不管以何种方式去掉多余约束,得到的结构必须是无多余约束的几何不变体系,即静定结构。例如,若将图 12.8(a)所示结构变为图 12.8(b)所示的瞬变体系是错误的。

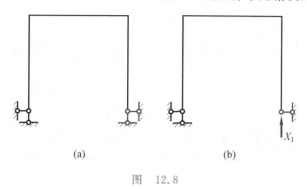

(a)   (b)

图　12.8

12.2　力　　法

12.2.1　力法的基本原理

力法是最早出现的求解超静定结构的方法。力法的基本思想是将超静定问题转化为静定问题。

1. 基本结构和基本未知量

图 12.9(a)所示为一超静定梁,有一个多余约束,是一次超静定结构。现将支座 B 处的竖向链杆作为多余约束去掉,并用相应的多余未知力 X_1 代替其作用,得到图 12.9(b)所示的静定结构。我们把这个去掉了多余约束而代之以相应多余未知力的静定结构(这里为悬臂梁),称为**力法的基本结构**。我们让基本结构的受力和变形与原结构的受力和变形完全一样,这样就可以用基本结构代替原结构进行计算。于是,原结构的内力计算问题就转变为基本结构在多余未知力 X_1 及荷载 q 共同作用下的内力计算问题了。由于基本结构是静定的,故只要设法求出多余未知力 X_1,则其余的计算就与静定结构的计算完全相同了。因此,力法计算的**基本未知量**是多余未知力,"**力法**"名称也因此而来。

2. 力法方程

多余未知力 X_1 必须考虑结构的位移条件才能求解。由于基本结构的受力、变形和原结构是相同的,而在原结构[图 12.9(a)]中,支座 B 处的竖向位移等于零,因此在基本结构[图 12.9(b)]中,B 点沿 X_1 方向的位移 Δ_1 也应该为零。即

$$\Delta_1 = 0 \tag{a}$$

令 Δ_{1F} 和 Δ_{11} 分别表示荷载 q 和多余未知力 X_1 单独作用于基本结构上时,B 点沿 X_1 方向的位移,分别如图 12.9(c)、(d)所示。根据叠加原理,式(a)可写为

$$\Delta_1 = \Delta_{1F} + \Delta_{11} = 0 \tag{b}$$

式中,位移 Δ_1、Δ_{1F} 和 Δ_{11} 的方向如果与 X_1 的方向相同,则规定为正。

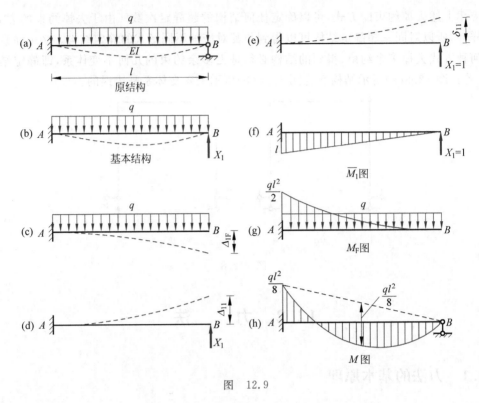

图 12.9

若以 δ_{11} 表示 $X_1=1$ 单独作用于基本结构上时，B 点沿 X_1 方向的位移[图 12.9（e）]，则有

$$\Delta_{11} = \delta_{11} X_1 \tag{c}$$

将式（c）代入式（b），有

$$\delta_{11} X_1 + \Delta_{1F} = 0 \tag{d}$$

这就是一次超静定结构的**力法方程**。

δ_{11} 和 Δ_{1F} 是静定结构在已知荷载作用下的位移，可由第 11 章所述的位移计算的方法求得，多余未知力 X_1 可由式（d）解出。

计算 δ_{11} 和 Δ_{1F} 时可采用图乘法。分别绘出基本结构在 $X_1=1$ 和荷载 q 单独作用下的 $\overline{M}_1$ 图和 M_F 图[图 12.9（f）、（g）]，则由 $\overline{M}_1$ 图自乘，得

$$\delta_{11} = \frac{1}{EI} \times \frac{1}{2} l \times l \times \frac{2}{3} l = \frac{l^3}{3EI}$$

由 $\overline{M}_1$ 图与 M_F 图互乘，得

$$\Delta_{1F} = -\frac{1}{EI} \times \frac{1}{3} \times \frac{ql^2}{2} \times l \times \frac{3}{4} l = -\frac{ql^4}{8EI}$$

将 δ_{11} 和 Δ_{1F} 代入力法方程（d），解得

$$X_1 = \frac{3}{8} ql$$

所得结果 X_1 为正号，表示 X_1 的实际方向与假设的方向相同，即是铅直向上的。

当 X_1 求出后，其余的反力和内力计算就与静定结构（这里为悬臂梁）一样。在绘制原结构的弯矩图时，可采用叠加原理，即由

$$M = \overline{M}_1 X_1 + M_{\mathrm{F}}$$

算出控制截面(这里可取 A 截面)上的弯矩值后,即可绘出 M 图[图 12.9(h)]。

12.2.2 力法的典型方程

由上述可知,力法是以多余未知力作为基本未知量,以去掉多余约束而代之相应的多余未知力后的静定结构作为基本结构,根据基本结构在多余约束处的位移与原结构完全相同的条件建立力法方程,解出多余未知力,进而求出结构内力。因此,在实际计算时,首先要判断结构的超静定次数,从而确定其有多少个多余未知力,然后,列出数目相等的位移条件求解这些多余未知力。因此,正确选取力法基本结构和列出力法方程是至关重要的。

对于 n 次超静定结构,共有 n 个多余未知力,可根据 n 个已知位移条件建立 n 个独立的方程。当已知多余未知力作用处的位移为零时,其力法方程为

$$\left.\begin{array}{l} \delta_{11} X_1 + \delta_{12} X_2 + \cdots + \delta_{1i} X_i + \cdots + \delta_{1n} X_n + \Delta_{1\mathrm{F}} = 0 \\ \delta_{21} X_1 + \delta_{22} X_2 + \cdots + \delta_{2i} X_i + \cdots + \delta_{2n} X_n + \Delta_{2\mathrm{F}} = 0 \\ \vdots \\ \delta_{i1} X_1 + \delta_{i2} X_2 + \cdots + \delta_{ii} X_i + \cdots + \delta_{in} X_n + \Delta_{i\mathrm{F}} = 0 \\ \vdots \\ \delta_{n1} X_1 + \delta_{n2} X_2 + \cdots + \delta_{ni} X_i + \cdots + \delta_{nn} X_n + \Delta_{n\mathrm{F}} = 0 \end{array}\right\} \qquad (12.1)$$

式中:δ_{ii}——**主系数**,表示基本结构在 $X_i = 1$ 单独作用下引起的 $X_i = 1$ 作用点沿 X_i 方向的位移,恒为正;

δ_{ij}——**副系数**,表示基本结构在 $X_j = 1$ 单独作用下引起的 $X_i = 1$ 作用点沿 X_i 方向的位移,可为正、为负或为零;

$\Delta_{i\mathrm{F}}$——**自由项**,表示基本结构在荷载单独作用下引起的 $X_i = 1$ 作用点沿 X_i 方向的位移。根据位移互等定理(证明从略),副系数有互等关系,即

$$\delta_{ij} = \delta_{ji}$$

由于各系数和自由项都是静定结构的位移,因此可按第 11 章的方法求得。

不论超静定结构的类型、超静定次数以及所选的基本结构如何,所得方程都具有上面的形式,故式(12.1)也称为**力法的典型方程**。

由力法的典型方程求出各多余未知力后,再按静定结构的分析方法求出原结构的内力和绘制内力图,也可由叠加原理按式

$$M = \overline{M}_1 X_1 + \overline{M}_2 X_2 + \cdots + \overline{M}_i X_i + \cdots + \overline{M}_n X_n + M_{\mathrm{F}}$$

绘制原结构的弯矩图。

12.2.3 力法的计算步骤

综上所述,用力法计算超静定结构的步骤可归纳如下:

(1)选取基本结构。去掉原结构中的多余约束,以代之相应的多余未知力的静定结构作为基本结构。力法的基本结构不是唯一的,无论选取何种基本结构计算,最后的计算结果

都是一样的,只是计算的繁简程度不同。

（2）建立力法方程。根据基本结构再去掉多余约束处的位移与原结构相应位置的位移相同的条件,建立力法方程。

（3）计算力法方程中各系数和自由项。分别绘出基本结构在单位多余未知力 $X_i=1$ 和荷载单独作用下的弯矩图,或写出内力表达式,然后按求静定结构位移的方法计算各系数和自由项。

（4）解力法方程求多余未知力。将所得各系数和自由项代入力法方程,求出多余未知力。

（5）绘制原结构的内力图。按静定结构的分析方法求其余反力和内力,从而绘出原结构的内力图。也可由叠加公式 $M = \sum \overline{M}_i X_i + M_F$ 计算各杆端弯矩值,绘制原结构的弯矩图,进而绘制剪力图和轴力图。

【例 12.1】 试用力法计算图 12.10(a)所示超静定梁,并绘制弯矩图。

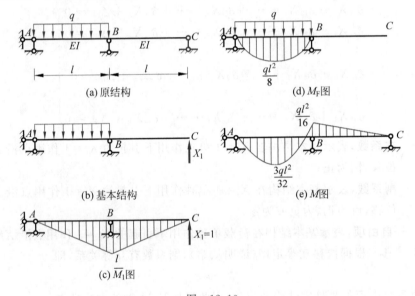

图 12.10

【解】 （1）选取基本结构。该梁为一次超静定结构,现去掉支座 C 处的链杆,代之以多余未知力 X_1,得到图 12.10(b)所示基本结构。

（2）建立力法方程。由基本结构在多余未知力 X_1 及荷载共同作用下,C 点处沿 X_1 方向上的位移等于零的位移条件,建立力法方程为

$$\delta_{11} X_1 + \Delta_{1F} = 0$$

（3）计算方程中各系数和自由项。分别绘出基本结构在单位多余未知力 $X_1=1$ 作用下的弯矩图 $\overline{M}_1$ 图[图 12.10(c)],及荷载作用下的弯矩图 M_F[图 12.10(d)]。由 $\overline{M}_1$ 图自乘,得

$$\delta_{11} = \frac{1}{EI} \times \frac{l^2}{2} \times \frac{2}{3} l \times 2 = \frac{2l^3}{3EI}$$

由 $\overline{M}_1$ 图与 M_F 图互乘,得

$$\Delta_{1F} = \frac{1}{EI} \times \frac{2}{3} \times \frac{ql^2}{8} \times l \times \frac{1}{2}l = \frac{ql^4}{24EI}$$

（4）解方程求多余未知力。将以上系数和自由项代入力法方程,有

$$\frac{2l^3}{3EI}X_1 + \frac{ql^4}{24EI} = 0$$

解得

$$X_1 = -\frac{1}{16}ql$$

X_1 为负值,表示其实际方向与所设方向相反。

（5）绘制弯矩图。由叠加公式 $M = \overline{M}_1 X_1 + M_F$ 计算各杆端弯矩值,绘出原结构的弯矩图[图 12.10(e)]。

（6）讨论。前面已经说明,力法的基本结构不是唯一的,本例也可取图 12.11(a)或(b)作为基本结构,但无论取何种基本结构进行计算,最后的计算结果都是一样的,只是计算的繁简程度不同。读者不妨试算。

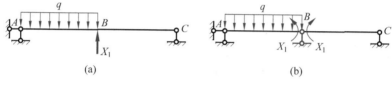

图 12.11

【例 12.2】 试用力法计算图 12.12(a)所示超静定刚架,并绘制弯矩图。

【解】 （1）选取基本结构。该刚架为两次超静定结构,现去掉支座 B 处的两根链杆,代之以多余未知力 X_1、X_2,得到图 12.12(b)所示基本结构。

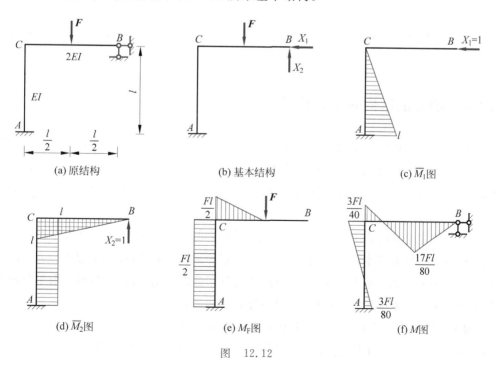

图 12.12

（2）建立力法方程。由基本结构在多余未知力 X_1、X_2 及荷载共同作用下，支座 B 处沿 X_1、X_2 方向上的位移分别为零的位移条件，建立力法方程为

$$\begin{cases} \delta_{11}X_1 + \delta_{12}X_2 + \Delta_{1F} = 0 \\ \delta_{21}X_1 + \delta_{22}X_2 + \Delta_{2F} = 0 \end{cases}$$

（3）计算方程中各系数和自由项。分别绘出基本结构在 $X_1=1$、$X_2=1$ 及荷载单独作用下的弯矩图 $\overline{M}_1$、$\overline{M}_2$ 及 M_F［图 12.12(c)、(d)、(e)］。由图乘法计算系数和自由项为

$$\delta_{11} = \frac{1}{EI} \times \frac{1}{2} \times l \times \frac{2}{3} \times l = \frac{l^3}{3EI}$$

$$\delta_{12} = \delta_{21} = \frac{1}{EI} \times \frac{l^2}{2} \times l = \frac{l^3}{2EI}$$

$$\delta_{22} = \frac{1}{2EI} \times \frac{l^2}{2} \times \frac{2}{3} \times l + \frac{1}{EI} \times l \times l \times l = \frac{7l^3}{6EI}$$

$$\Delta_{1F} = -\frac{1}{EI} \times \frac{l^2}{2} \times \frac{Fl}{2} = -\frac{Fl^3}{4EI}$$

$$\Delta_{2F} = -\frac{1}{2EI} \times \frac{1}{2} \times \frac{l}{2} \times \frac{Fl}{2} \times \frac{5l}{6} - \frac{1}{EI} \times \frac{Fl}{2} \times l \times l = -\frac{53Fl^3}{96EI}$$

（4）解方程求多余未知力。将以上系数和自由项代入力法方程，整理后得

$$\frac{1}{3}X_1 + \frac{1}{2}X_2 - \frac{F}{4} = 0$$

$$\frac{1}{2}X_1 + \frac{7}{6}X_2 - \frac{53F}{96} = 0$$

联立解得

$$X_1 = \frac{9}{80}F, \quad X_2 = \frac{17}{40}F$$

（5）绘制弯矩图。由叠加公式 $M = \overline{M}_1 X_1 + \overline{M}_2 X_2 + M_F$ 计算各杆端的弯矩值，绘出原结构的弯矩图［图 12.12(f)］。

12.2.4 超静定结构的位移计算

计算超静定结构的位移和计算静定结构的位移一样，可采用单位荷载法。由力法计算可知，当多余未知力解出后，原结构的内力、变形与静定的基本结构在多余未知力和荷载共同作用下的内力、变形是一致的。因此，原结构的位移计算就转化为静定的基本结构的位移计算了。

由于超静定结构的内力不随计算的基本结构不同而异，故最后的内力图可以认为是由与原结构对应的任意基本结构求得的，故在计算超静定结构的位移时，虚拟单位力可以施加在其中任何一种形式的基本结构上。这样，在计算超静定结构的位移时，可选取单位内力图较简单的基本结构来施加虚拟单位力，以使计算更加简便。

【例 12.3】 试求图 12.13(a)所示超静定刚架 C 截面的水平位移 Δ_{CH} 和横梁中点 D 截面的竖向位移 Δ_{DV}。设此超静定刚架的弯矩图已由力法求出，如图 12.13(b)所示。

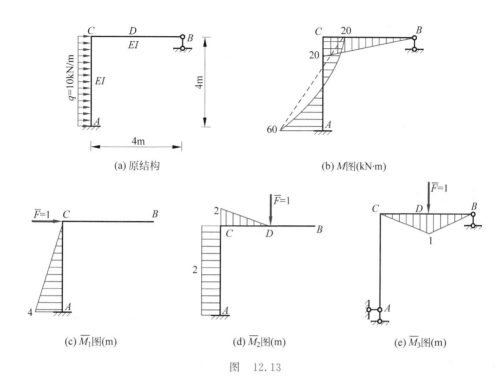

图 12.13

【解】 (1) 求 C 截面的水平位移 Δ_{CH}。求 C 截面的水平位移时,可在图 12.13(c)所示的基本结构 C 截面虚加一水平单位力 $\overline{F}=1$,绘出 $\overline{M}_1$ 图[图 12.13(c)]。将 M 图与 $\overline{M}_1$ 图进行图乘,得

$$\Delta_{CH}=\frac{1}{EI}\Big(\frac{1}{2}\times 60\times 4\times \frac{2}{3}\times 4-\frac{1}{2}\times 20\times 4\times \frac{1}{3}\times 4-\frac{2}{3}\times 20\times 4\times \frac{1}{2}\times 4\Big)$$

$$=\frac{480}{3EI}\quad(\rightarrow)$$

计算结果为正,表示 C 点的实际位移方向与所设单位力方向一致,即水平向右。

(2) 求 D 截面的竖向位移 Δ_{DV}。求 D 截面的竖向位移时,我们分别取图 12.13(d)、(e)所示的基本结构作为虚拟力状态,用图乘法计算如下。

由图 12.13(b)、(d)计算得

$$\Delta_{DV}=\frac{1}{EI}\Big(-10\times 2\times \frac{1}{2}\times 2-\frac{1}{2}\times 10\times 2\times \frac{2}{3}\times 2+\frac{1}{2}\times 60\times 4\times 2-$$

$$\frac{1}{2}\times 20\times 4\times 2-\frac{2}{3}\times 20\times 4\times 2\Big)$$

$$=\frac{20}{EI}\quad(\downarrow)$$

由图 12.13(b)、(e)计算得

$$\Delta_{DV}=\frac{1}{EI}\Big(\frac{1}{2}\times 1\times 4\times 10\Big)=\frac{20}{EI}\quad(\downarrow)$$

计算结果均为正,表示 D 截面的实际位移方向与所设单位力方向一致,即铅直向下。

以上选取两种不同的基本结构,计算结果完全相同,但后者较为简便。

12.3 位 移 法

力法是以多余未知力为基本未知量,当结构的超静定次数较高时,未知量的个数较多,用力法计算十分麻烦。而位移法是以独立的结点位移为基本未知量,未知量的个数与结构的超静定次数无关,故一些高次超静定结构用位移法计算比较简便。

12.3.1 位移法的基本原理

位移法的基本思想是将超静定结构的计算问题转化为单跨超静定梁的计算问题。以图 12.14(a)所示等截面连续梁为例,这是一个两次超静定结构,在荷载 q 的作用下产生如图虚线所示的变形,其中杆 AB 和杆 BC 在 B 点处刚性连接,两杆在 B 端发生了共同的角位移 Z_1。杆 AB 的受力和变形情况,相当于两端固定的梁仅在 B 端发生角位移 Z_1;杆 BC 的受力和变形情况,相当于 B 端固定、C 端铰支的梁受荷载 q 作用,并在 B 端发生角位移 Z_1。因此,该连续梁的受力和变形情况与图 12.14(b)所示情况相同。如果把结点 B 的角位移作为支座移动,那么只要知道角位移 Z_1 的大小,就可由力法计算出两个单跨超静定梁的全部内力,即可求得该连续梁的全部内力。这样,就将上述连续梁转化为两个单跨超静定梁来计算。

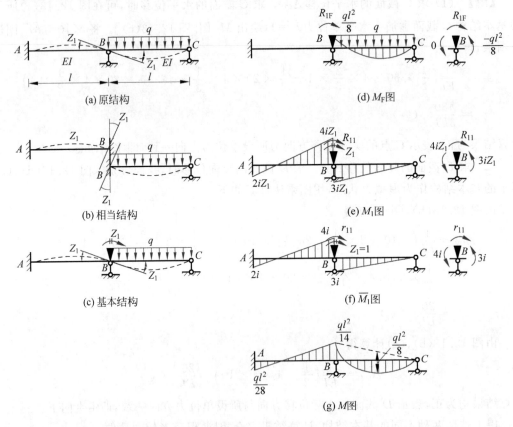

(a) 原结构 (b) 相当结构 (c) 基本结构
(d) M_F图 (e) M_1图 (f) $\overline{M}_1$图 (g) M图

图 12.14

由上可知,用位移法计算该梁是以结点角位移 Z_1 作为基本未知量。下面研究角位移 Z_1 的计算。为了将图 12.14(a)转化为图 12.14(b)进行计算,设想在连续梁结点 B 处加入一附加刚臂,用记号"▼"表示[图 12.14(c)]。附加刚臂的作用是限制结点 B 不发生转动(但不能限制移动)。首先由于 B 处无线位移,B 处就相当于固定端,原结构就变成了由 AB 和 BC 两个单跨超静定梁的组合体,称为位移法的基本结构。然后使附加刚臂转过与实际变形相同的转角 Z_1,这样基本结构的受力和变形就与原结构的受力和变形完全相同[图 12.14(c)]。因此,可用基本结构代替原结构进行计算。

为了计算的方便,单跨超静定梁在支座移动或荷载作用下的内力已用力法求出,列于表 12.1 中,以备查用。在表 12.1 中,$i=\dfrac{EI}{l}$ 表示梁的单位长度的弯曲刚度值,称为线刚度。

表 12.1 等截面单跨超静定梁的杆端弯矩和剪力

编号	梁的简图和变形曲线	弯矩图与杆端剪力
1		
2		
3		
4		
5		

续表

编号	梁的简图和变形曲线	弯矩图与杆端剪力
6	l	$\dfrac{3i}{l}$; $3i$; $\dfrac{3i}{l}$
7	l	$\dfrac{3i}{l}$; $\dfrac{3i}{l^2}$; $\dfrac{3i}{l^2}$
8	q ; l	$\dfrac{ql^2}{8}$; $\dfrac{5ql}{8}$; $\dfrac{3ql}{8}$
9	F ; a ; b ; l	$\dfrac{Fab(l+b)}{2l^2}$; $\dfrac{Fb(3l^2-b^2)}{2l^3}$; $\dfrac{Fa^2(2l+b)}{2l^3}$
10	M_e ; a ; b ; l	$\dfrac{l^2-3b^2}{2l^2}M_e$; $\dfrac{3(l^2-b^2)}{2l^3}M_e$; $\dfrac{3(l^2-b^2)}{2l^3}M_e$
11	M_e ; l	M_e ; $\dfrac{M_e}{2}$; $\dfrac{3}{2l}M_e$; $\dfrac{3}{2l}M_e$
12	l	0 ; 0 ; i

续表

编号	梁的简图和变形曲线	弯矩图与杆端剪力
13	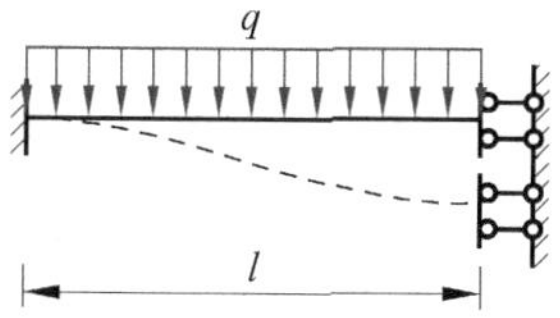	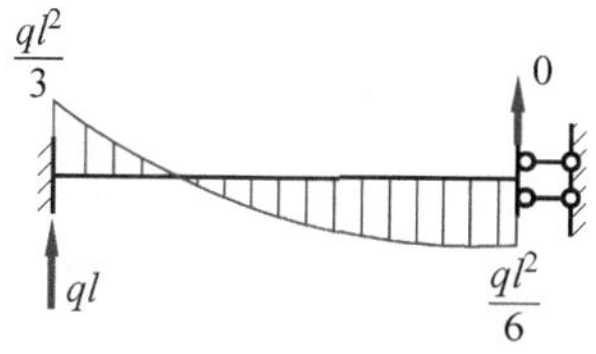
14	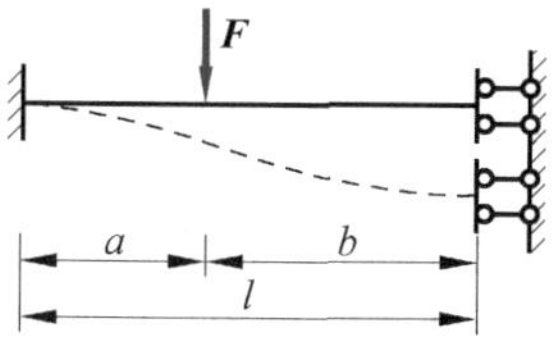	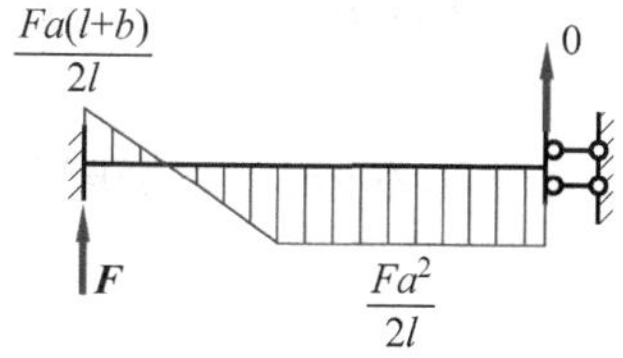
15	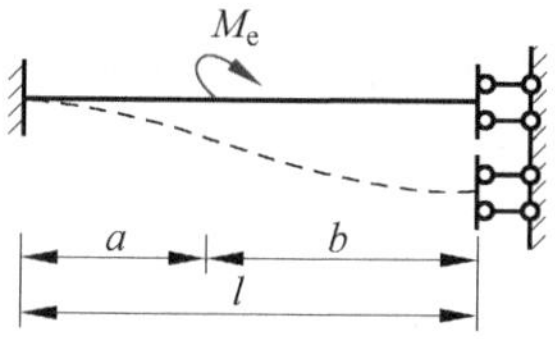	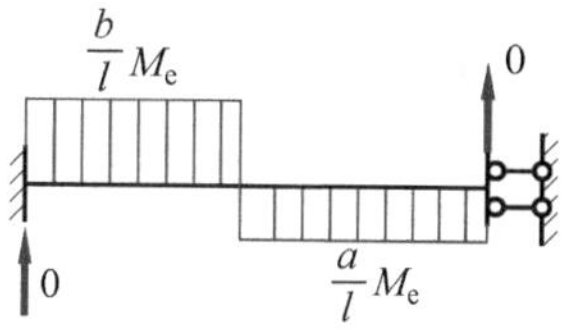

在位移法计算中,杆端弯矩对杆端而言,以顺时针转向为正(对支座或结点而言,则以逆时针转向为正);反之为负(图 12.15)。杆端剪力的正负号仍与以前规定相同。杆端角位移以顺时针转向为正,反之为负。

借助表 12.1,分别绘出基本结构在荷载 q 单独作用以及单独发生角位移 Z_1 时的弯矩图[图 12.14(d)、(e)]。用 R_{1F} 表示基本结构由于荷载 q 单独作用时,附加刚臂中的约束力矩;用 R_{11} 表示基本结构由于附加刚臂产生角位移 Z_1 时,附加刚臂中的约束力矩。由于原结构在结点角位移 Z_1 和荷载 q 共同作用下,附加刚臂中的约束力矩应为零。所以,由叠加原理得

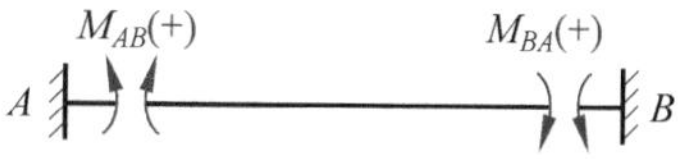

图 12.15

$$R_{11} + R_{1F} = 0 \tag{a}$$

若令 r_{11} 表示当附加刚臂产生单位角位移 $Z_1 = 1$ 时,附加刚臂中的约束力矩[图 12.14(f)],则有 $R_{11} = r_{11}Z_1$,故式(a)改写为

$$r_{11}Z_1 + R_{1F} = 0 \tag{b}$$

(b)式称为**位移法方程**。式中,r_{11} 和 R_{1F} 的正负号规定为:凡与 Z_1 方向相同者为正,反之为负。

在图 12.14(d)、(f)中,分别取结点 B 为研究对象,由力矩平衡方程,得

$$R_{1F} = -\frac{ql^2}{8}$$

$$r_{11} = 4i + 3i = 7i$$

将 r_{11}、R_{1F} 代入式(b),有

$$7iZ_1 - \frac{1}{8}ql^2 = 0$$

得

$$Z_1 = \frac{ql^2}{56i}$$

求出 Z_1 后,将图 12.14(e)与图 12.14(d)叠加,即按 $M = \overline{M}_1 Z_1 + M_F$ 得到原结构 [图 12.14(a)]的弯矩图[图 12.14(g)]。

12.3.2 位移法的典型方程

1. 位移法基本未知量的确定

用位移法计算结构内力,是以结构上刚结点的角位移和独立的结点线位移为基本未知量的(为叙述的方便,以下把截面的线位移和角位移称为结点的线位移和角位移)。对于结构上的铰结点所对应的角位移,是由各杆自身的变形和受力情况所决定的,与其他杆件无关,故不作为基本未知量。这样结构角位移未知量数目就等于刚结点的数目(不包括固定端支座)。例如,图 12.16(a)所示结构有两个刚结点(1、2 结点),故其角位移未知量数目为 2。设为 Z_1、Z_2。

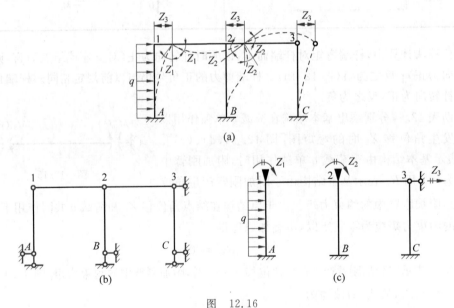

图 12.16

确定结构独立的结点线位移时,既要考虑刚结点的水平和竖向线位移,也要考虑铰结点的水平和竖向线位移。对于受弯直杆通常略去轴向变形,即认为杆件长度是不变的,从而减少了结构独立的线位移未知量数目。例如,图 12.16(a)所示结构的结点 1、2、3 均无竖向线位移,由于横杆长度不变,结点 1、2、3 水平线位移是相同的,故只有一个独立的水平线位移未知量 Z_3,因此结构[图 12.16(a)]的基本未知量数目为 3。

结构独立的结点线位移一般可用"铰化结点、增加链杆"的方法确定:先把结构中所有刚结点和固定端支座都改为铰结点和固定铰支座,然后增加最少的支座链杆使结构成为几何不变体系,所增加的链杆数目就是独立的结点线位移数目。例如图 12.16(a)所示结构,将其"铰化"后须增加一个支座链杆才能成为几何不变体系[图 12.16(b)],故结构有一个独立的结点线位移。

2. 位移法基本结构的形成

位移法是以单跨超静定梁的组合体作为原结构的基本结构。为了构成基本结构,要在刚结点上附加刚臂,以控制刚结点的转动;在有线位移的结点处附加支座链杆,以控制结点线位移。附加刚臂和附加支座链杆统称为附加约束,例如,图 12.16(a)所示刚架的位移法基本结构如图 12.16(c)所示,其中附加刚臂上"↶"表示角位移;附加支座链杆上"↦"表示线位移。

3. 位移法典型方程的建立

前面以只有一个结点角位移的结构介绍了位移法基本原理。由前可知,位移法是以独立的结点位移作为基本未知量,以单跨超静定梁的组合体作为基本结构,根据基本结构在结点处的附加约束中的受力与原结构完全相同的条件,建立位移法方程,解出结点位移,进而求出结构内力。在实际计算时,首先要判断结构的独立的结点位移,然后确定其有多少个基本未知量,再列出数目相等的平衡条件,最后求解这些结点位移。因此,正确选取位移法基本结构和列出位移法方程是至关重要的。

对于具有 n 个基本未知量的超静定结构,其位移法基本结构上附加约束也有 n 个,由 n 个附加约束中的受力与原结构完全相同的平衡条件(附加约束中的受力都为零),可建立位移法方程为

$$
\left.
\begin{aligned}
r_{11}Z_1 + r_{12}Z_2 + \cdots + r_{1i}Z_i + \cdots + r_{1n}Z_n + R_{1\mathrm{F}} = 0 \\
r_{21}Z_1 + r_{22}Z_2 + \cdots + r_{2i}Z_i + \cdots + r_{2n}Z_n + R_{2\mathrm{F}} = 0 \\
\vdots \\
r_{i1}Z_1 + r_{i2}Z_2 + \cdots + r_{ii}Z_i + \cdots + r_{in}Z_n + R_{i\mathrm{F}} = 0 \\
\vdots \\
r_{n1}Z_1 + r_{n2}Z_2 + \cdots + r_{ni}Z_i + \cdots + r_{nn}Z_n + R_{n\mathrm{F}} = 0
\end{aligned}
\right\}
\tag{12.2}
$$

式中:r_{ii}——**主系数**,表示基本结构由于 $Z_i=1$ 引起的附加约束 i 中沿 Z_i 方向的约束力或约束力矩,恒为正值;

r_{ij}——**副系数**,表示基本结构由于 $Z_j=1$ 引起的附加约束 i 中沿 Z_i 方向的约束力或约束力矩,可为正、为负或为零;

$R_{i\mathrm{F}}$——**自由项**,表示基本结构由于荷载作用引起的附加约束 i 中沿 Z_i 方向的约束力或约束力矩。

附加约束中的约束力的指向与线位移指向一致为正;约束力矩与角位移指向一致为正。

根据反力互等定理(证明从略),副系数有互等关系,即

$$r_{ij} = r_{ji}$$

式(12.2)称为**位移法的典型方程**。由典型方程求出结点位移后,就可求出原结构的内力和绘制内力图。也可由叠加原理按式

$$M = \overline{M}_1 Z_1 + \overline{M}_2 Z_2 + \cdots + \overline{M}_i Z_i + \cdots + \overline{M}_n Z_n + M_{\mathrm{F}}$$

计算各杆端弯矩值,绘出原结构的弯矩图,进而绘制剪力图和轴力图。

12.3.3 位移法的计算步骤

用位移法计算超静定结构的步骤如下：

（1）选取基本结构。取刚结点的角位移和独立的结点线位移作为基本未知量。附加约束限制所有结点位移，形成单跨超静定梁的组合体作为基本结构。

（2）建立位移法方程。根据基本结构的附加刚臂、附加支座链杆中的约束力矩、约束力为零的条件，建立位移法方程。

（3）计算位移法方程中各系数和自由项。分别绘出基本结构由单位结点位移所引起的弯矩图和荷载作用下的弯矩图，利用平衡条件求位移法方程中各系数和自由项。

（4）解位移法方程求基本未知量。将所得各系数和自由项代入位移法方程，解出基本未知量。

（5）绘制原结构的内力图。求出结点位移后，就可求出原结构的内力和绘制内力图。也可由叠加公式 $M = \sum \overline{M}_i Z_i + M_F$ 计算各杆端弯矩值，绘制原结构的弯矩图，进而绘制剪力图和轴力图。

【例 12.4】 试用位移法计算图 12.17(a)所示超静定刚架，并绘制弯矩图。

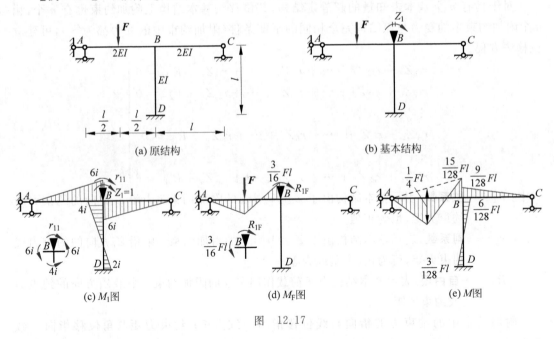

图 12.17

【解】 （1）选取基本结构。此刚架有一个刚结点 B，故有一个角位移 Z_1，无结点线位移，因此，选取基本结构如图 12.17(b)所示。

（2）建立位移法方程。由结点 B 处附加刚臂中的约束力矩为零，建立位移法方程为

$$r_{11}Z_1 + R_{1F} = 0$$

（3）计算位移法方程中各系数和自由项。令 $i = \dfrac{EI}{l}$，利用表 12.1，绘出 $Z_1 = 1$ 和荷载单独作用于基本结构上时的弯矩图 $\overline{M}_1$ 图和 M_F 图（其中杆 AB 为 A 端是固定铰支座，B 端是

固定端支座的杆件,在不考虑轴向变形的情况下,与 A 端是活动铰支座的杆件受力是一致的),分别如图 12.17(c)、(d)所示。

分别在图 12.17(c)、(d)中取结点 B 为研究对象,由力矩平衡条件,得

$$r_{11} = 16i, \quad R_{1F} = \frac{3}{16}Fl$$

(4)解位移法方程求基本未知量。将系数和自由项代入位移法方程,有

$$16iZ_1 + \frac{3}{16}Fl = 0$$

解得

$$Z_1 = -\frac{3}{256i}Fl$$

Z_1 为负值表示其实际转向与假设转向相反。

(5)绘制原结构的弯矩图。由叠加公式 $M = \overline{M}_1 Z_1 + M_F$ 计算各杆端弯矩值,绘出刚架的弯矩图[图 12.17(e)]。

【例 12.5】 试用位移法计算图 12.18(a)所示超静定刚架,并绘制弯矩图。

【解】 (1)选取基本结构。此刚架的基本未知量是结点 B 的角位移 Z_1 和结点 B、C 共同的线位移 Z_2,选取基本结构如图 12.18(b)所示。

(2)建立位移法方程。由结点 B 处附加刚臂中的约束力矩等于零、结点 C 处附加支座链杆水平约束力等于零,建立位移法方程为

$$r_{11}Z_1 + r_{12}Z_2 + R_{1F} = 0$$
$$r_{21}Z_1 + r_{22}Z_2 + R_{2F} = 0$$

(3)计算位移法方程中各系数和自由项。令 $i = \frac{EI}{6}$,利用表 12.1,绘出 $Z_1 = 1$、$Z_2 = 1$ 和荷载单独作用于基本结构上时的弯矩图 $\overline{M}_1$ 图、$\overline{M}_2$ 图和 M_F 图,分别如图 12.18(c)、(d)、(e)所示。

在图 12.18(c)、(d)、(e)中,分别取结点 B 及杆 BC 为研究对象,根据结点 B 的力矩平衡条件及杆 BC 上的力在水平方向的平衡条件,可得

$$r_{11} = 7i, \quad r_{12} = r_{21} = -i, \quad r_{22} = \frac{5}{12}i$$
$$R_{1F} = 30, \quad R_{2F} = -50$$

(4)解位移法方程求基本未知量。将系数和自由项代入位移法方程,有

$$7iZ_1 - iZ_2 + 30 = 0$$
$$-iZ_1 + \frac{5}{12}iZ_2 - 50 = 0$$

解得

$$Z_1 = \frac{19.565}{i}, \quad Z_2 = \frac{166.957}{i}$$

(5)绘制原结构的弯矩图。由叠加公式 $M = \overline{M}_1 Z_1 + \overline{M}_2 Z_2 + M_F$ 计算各杆端弯矩值,绘出刚架的弯矩图[图 12.18(f)]。

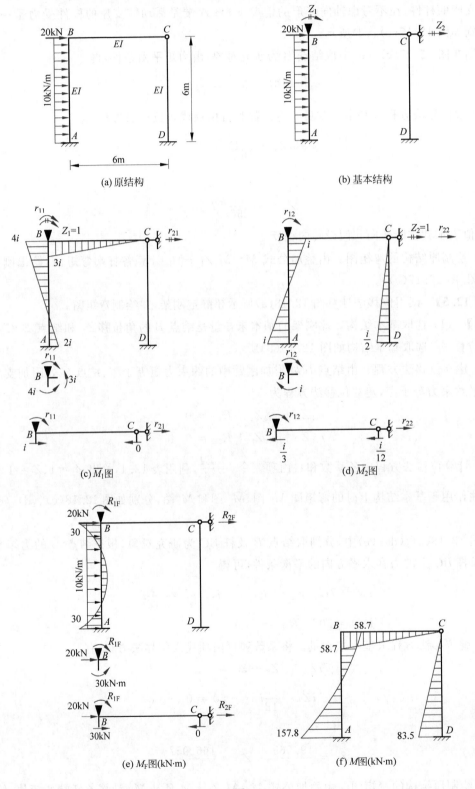

(a) 原结构

(b) 基本结构

(c) $\overline{M}_1$图

(d) $\overline{M}_2$图

(e) M_F图(kN·m)

(f) M图(kN·m)

图 12.18

12.4　力矩分配法

力矩分配法是建立在位移法基础上的一种渐近解法,它不必计算结点位移,可直接计算杆端弯矩。适用于连续梁和无结点线位移(无侧移)刚架的计算。

12.4.1　力矩分配法的基本原理

力矩分配法的基本思路是直接整体分析结构的受力情况。现以具有一个刚结点的刚架[图 12.19(a)]为例,说明力矩分配法的基本原理。当不考虑杆件轴向变形时,在荷载作用下刚结点 1 处不产生线位移,只产生一个角位移 Z_1。刚架中各杆的杆端弯矩值可看成是由两种因素引起的:一种是在结点 1 处附加一个刚臂(限制转动),由荷载引起的杆端弯矩值,我们称这种情况为**固定状态**[图 12.19(b)],这时在附加刚臂中产生的约束力矩为 R_{1F};另一种是在结点 1 处施加一力矩 $M_1 = -R_{1F}$,使结点 1 转动 Z_1 角位移时的杆端弯矩值,我们称这种情况为**放松状态**[图 12.19(c)]。通过固定和放松,刚架回复到原来的状态。于是我们可以分别对固定状态和放松状态进行计算,再把得出的各杆杆端弯矩值对应叠加,即可得到原刚架各杆的杆端弯矩值。

在力矩分配法计算中,杆端弯矩及转角的正、负号规定与位移法相同。

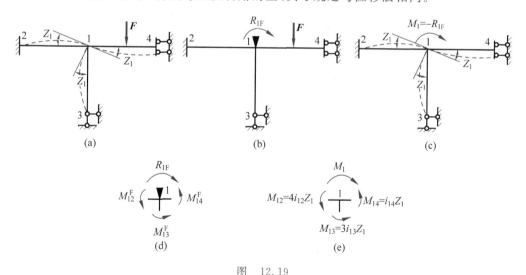

图　12.19

1. 固端弯矩

我们先对固定状态[图 12.19(b)]进行计算。在此状态中由荷载引起的杆端弯矩称为**固端弯矩**,以 M_{ij}^F 表示。刚架各杆的固端弯矩可根据荷载情况及杆两端约束情况,从表 12.1 中查出,然后利用结点 1 的力矩平衡条件[图 12.19(d)],可以求得 1 点的约束力矩 R_{1F} 为

$$R_{1F} = M_{12}^F + M_{13}^F + M_{14}^F$$

(12.3)

式(12.3)表明,结点的约束力矩等于汇交于该结点的各杆固端弯矩的代数和,以顺时针转向为正。汇交于结点 1 的各杆的固端弯矩不能互相平衡,其距离平衡所差的力矩值正好等于约束力矩 R_{1F},故 R_{1F} 也称为**不平衡力矩**。

2. 力矩分配系数和分配弯矩

现在对放松状态[图 12.19(c)]进行计算。在此状态中,在结点 1 的力矩 M_1 的作用下,各杆 1 端都产生了 Z_1 转角,由图 12.20 可知,各杆 1 端的杆端弯矩为

$$\left.\begin{aligned} M_{12} &= 4i_{12}Z_1 = S_{12}Z_1 \\ M_{13} &= i_{13}Z_1 = S_{13}Z_1 \\ M_{14} &= 3i_{14}Z_1 = S_{14}Z_1 \end{aligned}\right\} \tag{a}$$

式中:$S_{1j}(j=2,3,4)$——杆件在 1 端的**转动刚度**。

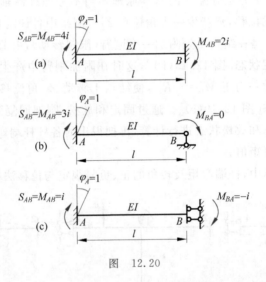

图 12.20

转动刚度 S_{1j} 表示杆件 1 端转动单位转角时,在 1 端所需施加的力矩值。其中转动端(1 端)又称为近端,另一端(2,3,4 端)称为远端。当远端的支承条件不同时,S_{1j} 的值也不同。

由结点 1 的平衡条件[图 12.19(e)],有

$$M_{12} + M_{13} + M_{14} = M_1$$

或

$$S_{12}Z_1 + S_{13}Z_1 + S_{14}Z_1 = M_1$$

故

$$Z_1 = \frac{M_1}{\sum_{(1)} S_{1j}} \tag{b}$$

式中:$\sum_{(1)} S_{1j}$——汇交于结点 1 的各杆 1 端转动刚度之和。

将式(b)代入式(a),得

$$M_{12} = \frac{S_{12}}{\sum\limits_{(1)} S_{1j}} M_1 = \frac{S_{12}}{\sum\limits_{(1)} S_{1j}} (-R_{1F})$$

$$M_{13} = \frac{S_{13}}{\sum\limits_{(1)} S_{1j}} M_1 = \frac{S_{13}}{\sum\limits_{(1)} S_{1j}} (-R_{1F}) \left.\vphantom{\frac{S}{S}}\right\} \qquad \text{(c)}$$

$$M_{14} = \frac{S_{14}}{\sum\limits_{(1)} S_{1j}} M_1 = \frac{S_{14}}{\sum\limits_{(1)} S_{1j}} (-R_{1F})$$

由式(c)可见,各杆 1 端的弯矩与各杆 1 端转动刚度成正比。将式(c)改写为

$$M_{1j} = \frac{S_{1j}}{\sum\limits_{(1)} S_{1j}} M_i \qquad \text{(d)}$$

令

$$\mu_{1j} = \frac{S_{1j}}{\sum\limits_{(1)} S_{1j}} \qquad (12.4)$$

则式(d)可表示为

$$M_{1j} = \mu_{1j} M_1 \qquad \text{(e)}$$

式中:μ_{1j}——**力矩分配系数**。

力矩分配系数 μ_{1j} 等于所考察杆 1 端的转动刚度除以汇交于 1 点的各杆转动刚度之和。显然,汇交于同一结点各杆力矩分配系数之和应等于 1,即

$$\sum \mu_{1j} = 1 \qquad (12.5)$$

为了区别由其他运算得到的杆端弯矩值,把由式(e)算得的杆端弯矩用 M_{1j}^{μ} 表示,称为**分配弯矩**(也称为近端弯矩),即

$$M_{1j}^{\mu} = \mu_{1j} M_1 \qquad (12.6)$$

式中:$M_1 = -R_{1F}$。

式(12.6)表明,作用于结点 1 处的力矩 M_1,按照汇交于该点的各杆力矩分配系数分配给该结点处的各杆的近端。这一过程称为**力矩的分配**。

3. 传递系数和传递弯矩

当 1 端转动时,杆 $1j(j=1,2,3)$ 变形,因此使远端 j 处也产生一定弯矩。在放松状态中,通过力矩分配运算,各杆的近端弯矩已经得出,现在考虑远端弯矩的计算。杆的远端弯矩与近端弯矩的比值,称为由近端向远端传递弯矩的**传递系数**。即

$$C_{1j} = \frac{M_{j1}}{M_{1j}}$$

当远端取不同约束时,由图 12.19 和图 12.20 可知其传递系数为

$$\begin{aligned} \text{远端固定(杆 12)} \qquad & C_{12} = \frac{1}{2} \\ \text{远端铰支(杆 13)} \qquad & C_{13} = 0 \\ \text{远端定向支承(杆 14)} \qquad & C_{14} = -1 \end{aligned} \left.\vphantom{\begin{aligned}\frac{1}{2}\\0\\-1\end{aligned}}\right\} \qquad (12.7)$$

利用传递系数的概念,各杆的远端弯矩为

$$M_{j1} = C_{1j} M_{1j}^{\mu} \qquad \text{(f)}$$

为了区别由其他运算得到的杆端弯矩值,把由式(f)算得的杆端弯矩用 M_{j1}^C 表示,称为传递弯矩。即

$$M_{j1}^C = C_{1j} M_{1j}^\mu \tag{12.8}$$

式(12.8)表明,汇交于结点 1 的各杆的近端弯矩,按照各杆的传递系数传递给各杆的远端。这一过程称为**力矩的传递**。

4. 杆端的最后弯矩

结点 1 处施加的力矩 $M_1 = -R_{1F}$ 按照汇交于该结点各杆的力矩分配系数按比例分配给各杆的近端,得到分配弯矩;然后再按照各杆的传递系数将分配弯矩传递给各杆远端,得到传递弯矩;最后把固定状态下各杆的杆端的固端弯矩与放松状态中对应各杆的杆端的分配弯矩及传递弯矩相叠加,就得到各杆的杆端的最后弯矩。这种计算方法称为**力矩分配法**。

12.4.2 单结点的力矩分配法

综上所述,对于只有一个刚结点的结构,力矩分配法分为"固定"和"放松"两步,具体计算步骤如下:

(1) 计算力矩分配系数。在结点处附加刚臂限制转动,由图 12.20 查得各杆在结点处的转动刚度,再由式(12.4)计算结点处各杆的力矩分配系数。

(2) 计算固端弯矩和不平衡力矩。查表 12.1 计算各杆固端弯矩,再由式(12.3)计算不平衡力矩。

(3) 计算分配弯矩和传递弯矩。在结点处施加一个与不平衡力矩反号的力矩,由式(12.6)计算分配弯矩,再由式(12.7)和式(12.8)计算传递弯矩。

(4) 叠加计算各杆端最后弯矩。将各杆固端弯矩与对应的分配弯矩及传递弯矩叠加,便得到各杆端最后弯矩。

(5) 绘制原结构的内力图。根据各杆端最后弯矩值,绘制原结构的弯矩图,进而绘制其他内力图。

对于只有一个刚结点的结构,用力矩分配法只需一次分配和传递就可以求出结构的内力,并且得到的是精确解答。

【例 12.6】 试用力矩分配法计算超静定刚架[图 12.21(a)],并绘制弯矩图。已知各杆的弯曲刚度 EI 为常数。

【解】 (1) 计算力矩分配系数。该刚架有一个刚结点 B,在结点 B 处附加刚臂限制转动。令

$$\frac{EI}{4} = 1$$

各杆在结点 B 处的转动刚度为

$$S_{BA} = 3 \times 1 = 3, \quad S_{BC} = 4 \times 1 = 4, \quad S_{BD} = 0$$

代入式(12.4),结点 B 处各杆的力矩分配系数为

$$\mu_{BA} = \frac{3}{3+4} = 0.429, \quad \mu_{BC} = \frac{4}{3+4} = 0.571, \quad \mu_{BD} = 0$$

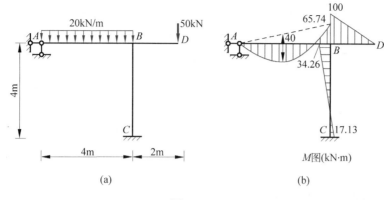

图 12.21

（2）计算固端弯矩和不平衡力矩。查表12.1,各杆的固端弯矩为

$$M_{BA}^{F} = \frac{1}{8} \times 20\text{kN/m} \times (4\text{m})^2 = 40\text{kN} \cdot \text{m}$$

$$M_{AB}^{F} = 0$$

$$M_{BD}^{F} = -50\text{kN} \times 2\text{m} = -100\text{kN} \cdot \text{m}$$

$$M_{DB}^{F} = 0$$

$$M_{BC}^{F} = M_{CB}^{F} = 0$$

由式(12.3),结点 B 处的不平衡力矩为

$$R_{BF} = M_{BA}^{F} + M_{BD}^{F} + M_{BC}^{F} = -60\text{kN} \cdot \text{m}$$

（3）计算分配弯矩和传递弯矩。在结点 B 处施加一个与不平衡力矩 R_{BF} 反号的力矩。由式(12.6)可知,分配弯矩为

$$M_{BA}^{\mu} = \mu_{BA}(-R_{BF}) = 0.429 \times 60\text{kN} \cdot \text{m} = 25.74\text{kN} \cdot \text{m}$$

$$M_{BC}^{\mu} = \mu_{BC}(-R_{BF}) = 0.571 \times 60\text{kN} \cdot \text{m} = 34.26\text{kN} \cdot \text{m}$$

$$M_{BD}^{\mu} = \mu_{BD}(-R_{BF}) = 0$$

由式(12.7)和式(12.8)可知,传递弯矩为

$$M_{AB}^{C} = C_{BA}M_{BA}^{\mu} = 0$$

$$M_{CB}^{C} = C_{BC}M_{BC}^{\mu} = \frac{1}{2} \times 34.26\text{kN} \cdot \text{m} = 17.13\text{kN} \cdot \text{m}$$

$$M_{DB}^{C} = 0$$

（4）计算杆端最后弯矩。将各杆固端弯矩与对应的分配弯矩及传递弯矩叠加,得

$$M_{BA} = M_{BA}^{F} + M_{BA}^{\mu} = 40\text{kN} \cdot \text{m} + 25.74\text{kN} \cdot \text{m} = 65.74\text{kN} \cdot \text{m}$$

$$M_{BC} = M_{BC}^{F} + M_{BC}^{\mu} = 0 + 34.26\text{kN} \cdot \text{m} = 34.26\text{kN} \cdot \text{m}$$

$$M_{CB} = M_{CB}^{F} + M_{CB}^{C} = 0 + 17.13\text{kN} \cdot \text{m} = 17.13\text{kN} \cdot \text{m}$$

$$M_{BD} = M_{BD}^{F} = -50\text{kN} \times 2\text{m} = -100\text{kN} \cdot \text{m}$$

$$M_{AB} = 0$$

$$M_{DB} = 0$$

以上计算过程也可列表进行(表12.2)。表中结点 B 分配弯矩下画一横线表示结点 B 处力矩分配完毕,结点已达到新的平衡。表中箭头表示将近端分配弯矩按照传递系数传向远端。

表 12.2　例 12.6 计算表　　　　　　　　　力矩单位：kN · m

结点	A	B			C	D
杆端	AB	BA	BC	BD	CB	DB
力矩分配系数		0.429	0.571			
固端弯矩	0	40	0	−100	0	0
力矩分配与力矩传递	0←	25.74	34.26	0	→17.13	→0
最后弯矩	0	65.74	34.26	−100	17.13	0

（5）绘制弯矩图。根据各杆端最后弯矩值,绘出弯矩图[图 12.21(b)]。

12.4.3　多结点的力矩分配法

对于具有多个刚结点的结构,用力矩分配法计算时,只要对各刚结点依次分配和传递,就可求出杆端弯矩。

现以一个三跨连续梁为例,说明逐步渐近的过程。连续梁在中间跨受集中荷载作用,其变形曲线的实际情况如图 12.22(a)的虚线所示。为计算连续梁的弯矩,可按以下步骤进行。

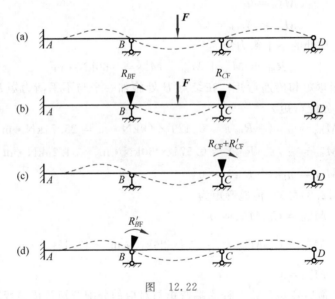

图　12.22

第一步,在结点 B、C 处附加刚臂约束转动。在荷载 **F** 作用下,结点 B、C 的不平衡力矩分别为 R_{BF}、R_{CF}。此时,连续梁仅在荷载作用跨有变形,如图 12.22(b)所示。

第二步,松开 B 点的约束刚臂(但 C 点的约束刚臂仍夹紧),B 点产生一定转角,连续梁的变形如图 12.22(c)所示。此时消除了 B 点的不平衡力矩 R_{BF},即将 R_{BF} 反号进行力矩分配、传递。这时 C 结点上的不平衡力矩又新增加了 R'_{CF},它等于 B 点力矩分配时传递过来的传递力矩 M^{C}_{CB}。

第三步,重新约束 B 点转动,然后松开 C 点约束刚臂,C 点产生一定转角,连续梁的变形如图 12.22(d)所示。此时将 C 点的不平衡力矩 $R_{CF}+R'_{CF}$ 反号进行力矩分配、传递。这

时 B 结点又重新产生了一个约束力矩 R'_{BF}，它等于 C 点力矩分配时传递过来的传递力矩 M^C_{BC}。

至此，完成了第一轮计算。连续梁变形曲线和杆端弯矩已比较接近实际情况，为了进一步消除不平衡力矩，可重复第二步和第三步，进行第二轮计算。依次类推，经过几轮计算后，直到各点不平衡力矩很小时，就可停止力矩的分配、传递。

第四步，把以上计算过程中各杆杆端的固端弯矩、分配弯矩和传递弯矩对应叠加，就得到该杆端弯矩的最后值。

由上可见，对于具有多个刚结点的结构，用力矩分配法得到的结果是渐近解，因此该法是一种渐近法。为了使计算时收敛速度较快，通常可从不平衡力矩值较大的刚结点开始计算。

【例 12.7】　试用力矩分配法计算三跨连续梁[图 12.23(a)]，并绘制弯矩图和剪力图。已知各杆的弯曲刚度 EI 为常数。

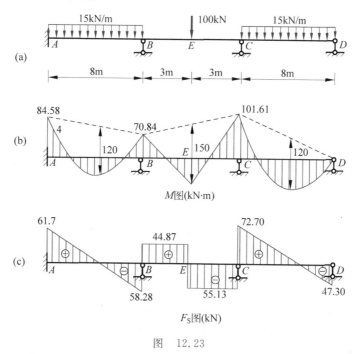

图　12.23

【解】　(1) 计算力矩分配系数。该刚架有两个刚结点 B 和 C，在两结点处附加刚臂限制转动。令

$$EI = 1$$

由图 12.20，杆件在两结点处的转动刚度分别为

$$S_{BA} = 4i_{BA} = 4 \times \frac{1}{8} = \frac{1}{2}, \quad S_{BC} = 4i_{BC} = 4 \times \frac{1}{6} = \frac{2}{3}$$

$$S_{CB} = 4i_{BC} = 4 \times \frac{1}{6} = \frac{2}{3}, \quad S_{CD} = 3i_{CD} = 3 \times \frac{1}{8} = \frac{3}{8}$$

由式(12.4)，两结点处杆件的力矩分配系数分别为

$$\mu_{BA} = \frac{\frac{1}{2}}{\frac{1}{2}+\frac{2}{3}} = 0.429, \quad \mu_{BC} = \frac{\frac{2}{3}}{\frac{1}{2}+\frac{2}{3}} = 0.571$$

$$\mu_{CB} = \frac{\frac{2}{3}}{\frac{2}{3}+\frac{3}{8}} = 0.64, \quad \mu_{CD} = \frac{\frac{3}{8}}{\frac{2}{3}+\frac{3}{8}} = 0.36$$

（2）计算固端弯矩。查表 12.1，各杆的固端弯矩为

$$M_{AB}^{\mathrm{F}} = -\frac{ql^2}{12} = -\frac{15\mathrm{kN/m} \times (8\mathrm{m})^2}{12} = -80\mathrm{kN \cdot m}$$

$$M_{BA}^{\mathrm{F}} = \frac{ql^2}{12} = 80\mathrm{kN \cdot m}$$

$$M_{BC}^{\mathrm{F}} = -\frac{Fl}{8} = -\frac{100\mathrm{kN} \times 6\mathrm{m}}{8} = -75\mathrm{kN \cdot m}$$

$$M_{CB}^{\mathrm{F}} = \frac{Fl}{8} = 75\mathrm{kN \cdot m}$$

$$M_{CD}^{\mathrm{F}} = -\frac{ql^2}{8} = -\frac{15\mathrm{kN/m} \times (8\mathrm{m})^2}{8} = -120\mathrm{kN \cdot m}$$

$$M_{DC}^{\mathrm{F}} = 0$$

（3）放松结点 C，固定结点 B，进行力矩分配和传递。因为结点 C 处的不平衡力矩较大，所以先放松结点 C。由式(12.3)，结点 C 处的不平衡力矩为

$$R_{CF} = M_{CB}^{\mathrm{F}} + M_{CD}^{\mathrm{F}} = 75\mathrm{kN \cdot m} - 120\mathrm{kN \cdot m} = -45\mathrm{kN \cdot m}$$

在结点 C 处施加一个与不平衡力矩 R_{CF} 反号的力矩。由式(12.6)，分配弯矩为

$$M_{CB}^{\mu} = 0.64 \times 45\mathrm{kN \cdot m} = 28.8\mathrm{kN \cdot m}$$

$$M_{CD}^{\mu} = 0.36 \times 45\mathrm{kN \cdot m} = 16.2\mathrm{kN \cdot m}$$

由式(12.7)和式(12.8)，传递弯矩为

$$M_{BC}^{\mathrm{C}} = \frac{1}{2} \times 28.8\mathrm{kN \cdot m} = 14.4\mathrm{kN \cdot m}$$

（4）放松结点 B，固定结点 C，进行力矩分配和传递。由式(12.3)，以及考虑到由放松结点 C 传递过来的弯矩 M_{BC}^{C}，结点 B 处的不平衡力矩为

$$R_{BF} + R_{BF}' = M_{BA}^{\mathrm{F}} + M_{BC}^{\mathrm{F}} + M_{BC}^{\mathrm{C}} = 80\mathrm{kN \cdot m} - 75\mathrm{kN \cdot m} + 14.4\mathrm{kN \cdot m} = 19.4\mathrm{kN \cdot m}$$

在结点 B 处施加一个与不平衡力矩 $R_{BF} + R_{BF}'$ 反号的力矩。由式(12.6)，分配弯矩为

$$M_{BA}^{\mu} = 0.429 \times (-19.4\mathrm{kN \cdot m}) = -8.32\mathrm{kN \cdot m}$$

$$M_{BC}^{\mu} = 0.571 \times (-19.4\mathrm{kN \cdot m}) = -11.08\mathrm{kN \cdot m}$$

由式(12.7)和式(12.8)，传递弯矩为

$$M_{AB}^{\mathrm{C}} = \frac{1}{2} \times (-8.32\mathrm{kN \cdot m}) = -4.16\mathrm{kN \cdot m}$$

$$M_{CB}^{\mathrm{C}} = \frac{1}{2} \times (-11.08\mathrm{kN \cdot m}) = -5.54\mathrm{kN \cdot m}$$

至此进行了第一轮计算。在第二轮计算时，重新固定 B 点，放松 C 点，把第一轮计算中 B 点传来的新的不平衡力矩 $R_{CF}' = M_{CB}^{\mathrm{C}} = -5.54\mathrm{kN \cdot m}$ 反号分配、传递，依次进行下去，直

至达到精度为止。计算过程及格式见表12.3。

表 12.3 例 12.7 计算表 力矩单位: kN·m

杆端	AB	BA	BC	CB	CD	DC
力矩分配系数		0.429	0.571	0.64	0.36	
固端弯矩	−80	80	−75	75	−120	0
第一轮力矩分配、传递	−4.16 ←	−8.32	14.4 ← −11.08 →	28.8 −5.54	16.2 →	0
第二轮力矩分配、传递	−0.38 ←	−0.76	1.78 ← −1.02 →	3.55 −0.51	1.99 →	0
第三轮力矩分配、传递	−0.04 ←	−0.07	0.17 ← −0.10 →	0.33 −0.05	0.18 →	0
第四轮力矩分配、传递		−0.01	0.02 ← −0.01	0.03	0.02	
最后弯矩	−84.58	70.84	−70.84	101.61	−101.61	0

（5）计算杆端最后弯矩。将固端弯矩与各轮计算的分配弯矩、传递弯矩叠加得到杆端最后弯矩(表 12.3)。

（6）绘制弯矩图和剪力图。由各杆端最后弯矩值绘出弯矩图,再由弯矩图及荷载情况绘出剪力图,分别如图 12.23(b)、(c)所示。

习 题

12.1 试确定习题 12.1 图所示结构的超静定次数。

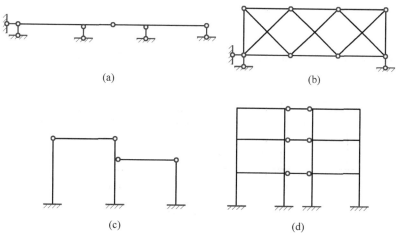

(a) (b)

(c) (d)

习题 12.1 图

12.2　试用力法计算习题 12.2 图所示结构,并绘制弯矩图。

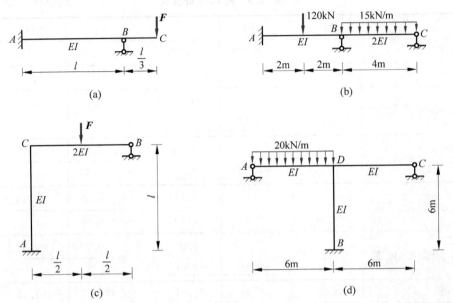

习题 12.2 图

12.3　试求习题 12.3 图所示结构中指定截面的位移,设弯曲刚度 EI 为常数。

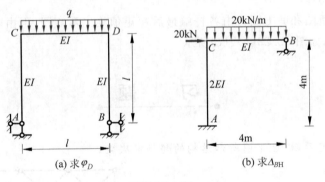

习题 12.3 图

12.4　试确定习题 12.4 图所示结构用位移法计算时的基本未知量数目,并绘出位移法的基本结构。

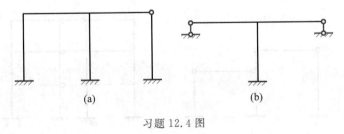

习题 12.4 图

12.5　试用位移法计算习题 12.5 图所示结构,并绘制弯矩图。

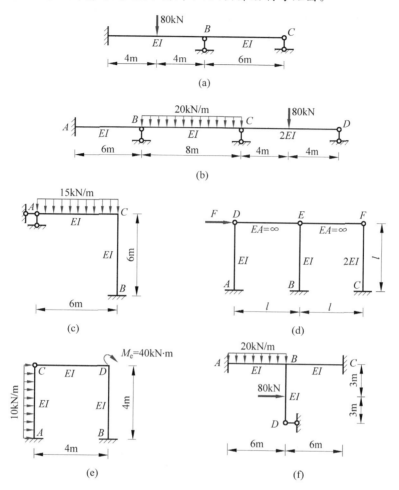

习题 12.5 图

12.6　试用力矩分配法计算习题 12.6 图所示结构,并绘制弯矩图。

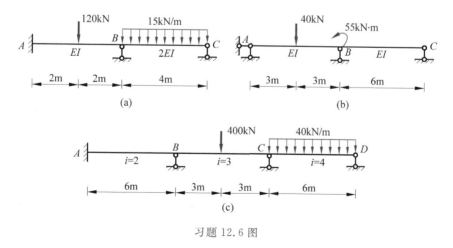

习题 12.6 图

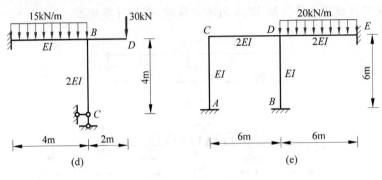

习题 12.6 图 （续）

参 考 文 献

[1] 华东水利学院工程力学教研室《理论力学》编写组.理论力学：上册,下册[M].北京：高等教育出版社,1985.

[2] 哈尔滨工业大学理论力学教研室.理论力学：上册,下册[M].北京：高等教育出版社,1998.

[3] 陈莹莹.理论力学[M].北京：高等教育出版社,1993.

[4] 沈养中,李桐栋.理论力学[M].4版.北京：科学出版社,2016.

[5] 沈养中,张翠英.理论力学同步辅导与题解[M].北京：科学出版社,2016.

[6] 孙训方,方孝淑,关来泰.材料力学：上册,下册[M],北京：高等教育出版社,1987.

[7] 刘鸿文.材料力学：上册,下册[M].北京：高等教育出版社,1992.

[8] 顾玉林,沈养中.材料力学[M].北京：高等教育出版社,1993.

[9] 沈养中,李桐栋.材料力学[M].3版.北京：科学出版社,2016.

[10] 沈养中,李桐栋.材料力学同步辅导与题解[M].北京：科学出版社,2016.

[11] 范钦珊.工程力学教程（Ⅰ）[M].北京：高等教育出版社,1998.

[12] 北京科技大学,东北大学.工程力学[M].北京：高等教育出版社,1997.

[13] 张秉荣,章剑青.工程力学[M].北京：机械工业出版社,1996.

[14] 陈位宫.工程力学[M].3版.北京：高等教育出版社,2012.

[15] 张定华.工程力学[M].3版.北京：高等教育出版社,2014.

[16] 沈养中.工程力学[M].4版.北京：高等教育出版社,2014.

[17] 龙驭球,包世华.结构力学：上册,下册[M].2版.北京：高等教育出版社,1996.

[18] 李廉锟.结构力学：上册,下册[M].3版.北京：高等教育出版社,1997.

[19] 杨弗康,李家宝.结构力学：上册,下册[M].4版.北京：高等教育出版社,1998.

[20] 薛光瑾.结构力学[M].北京：高等教育出版社,1994.

[21] 沈养中,孟胜国.结构力学[M].4版.北京：科学出版社,2016.

[22] 沈养中,闫礼平.结构力学同步辅导与题解[M].北京：科学出版社,2017.

[23] 武汉水利学院建筑力学教研室.建筑力学：上册,中册[M].北京：高等教育出版社,1980.

[24] 陈永龙.建筑力学：上册,下册[M].3版.北京：高等教育出版社,2011.

[25] 刘寿梅.建筑力学[M].北京：高等教育出版社,2003.

[26] 沈养中.建筑力学：上册,下册[M].4版.北京：科学出版社,2016.

[27] 沈养中,李桐栋.建筑力学题解[M].2版.北京：科学出版社,2016.

[28] 沈养中.建筑力学[M].2版.北京：高等教育出版社,2015.

[29] 沈养中.建筑力学同步辅导与题解[M].北京：高等教育出版社,2015.

[30] 中国钢铁工业协会.热轧型钢 GB/T 706—2016[S].北京：中国标准出版社,2017.

附录 1 型钢规格表(GB/T 706—2016)

附表 1 等边角钢截面尺寸、截面面积、理论重量及截面特性

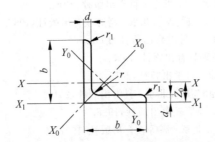

说明:
b——边宽度;
d——边厚度;
r——内圆弧半径;
r_1——边端圆弧半径;
Z_0——重心距离。

型号	截面尺寸/mm			截面面积/cm²	理论重量/(kg/m)	外表面积/(m²/m)	惯性矩/cm⁴				惯性半径/cm			截面模数/cm³			重心距离/cm
	b	d	r				I_x	I_{x1}	I_{x0}	I_{y0}	i_x	i_{x0}	i_{y0}	W_x	W_{x0}	W_{y0}	Z_0
2	20	3	3.5	1.132	0.89	0.078	0.40	0.81	0.63	0.17	0.59	0.75	0.39	0.29	0.45	0.20	0.60
		4		1.459	1.15	0.077	0.50	1.09	0.78	0.22	0.58	0.73	0.38	0.36	0.55	0.24	0.64
2.5	25	3		1.432	1.12	0.098	0.82	1.57	1.29	0.34	0.76	0.95	0.49	0.46	0.73	0.33	0.73
		4		1.859	1.46	0.097	1.03	2.11	1.62	0.43	0.74	0.93	0.48	0.59	0.92	0.40	0.76
3.0	30	3		1.749	1.37	0.117	1.46	2.71	2.31	0.61	0.91	1.15	0.59	0.68	1.09	0.51	0.85
		4		2.276	1.79	0.117	1.84	3.63	2.92	0.77	0.90	1.13	0.58	0.87	1.37	0.62	0.89
3.6	36	3	4.5	2.109	1.66	0.141	2.58	4.68	4.09	1.07	1.11	1.39	0.71	0.99	1.61	0.76	1.00
		4		2.756	2.16	0.141	3.29	6.25	5.22	1.37	1.09	1.38	0.70	1.28	2.05	0.93	1.04
		5		3.382	2.65	0.141	3.95	7.84	6.24	1.65	1.08	1.36	0.7	1.56	2.45	1.00	1.07
4	40	3		2.359	1.85	0.157	3.59	6.41	5.69	1.49	1.23	1.55	0.79	1.23	2.01	0.96	1.09
		4		3.086	2.42	0.157	4.60	8.56	7.29	1.91	1.22	1.54	0.79	1.60	2.58	1.19	1.13
		5		3.792	2.98	0.156	5.53	10.7	8.76	2.30	1.21	1.52	0.78	1.96	3.10	1.39	1.17
4.5	45	3	5	2.659	2.09	0.177	5.17	9.12	8.20	2.14	1.40	1.76	0.89	1.58	2.58	1.24	1.22
		4		3.486	2.74	0.177	6.65	12.2	10.6	2.75	1.38	1.74	0.89	2.05	3.32	1.54	1.26
		5		4.292	3.37	0.176	8.04	15.2	12.7	3.33	1.37	1.72	0.88	2.51	4.00	1.81	1.30
		6		5.077	3.99	0.176	9.33	18.4	14.8	3.89	1.36	1.70	0.80	2.95	4.64	2.06	1.33
5	50	3	5.5	2.971	2.33	0.197	7.18	12.5	11.4	2.98	1.55	1.96	1.00	1.96	3.22	1.57	1.34
		4		3.897	3.06	0.197	9.26	16.7	14.7	3.82	1.54	1.94	0.99	2.56	4.16	1.96	1.38
		5		4.803	3.77	0.196	11.2	20.9	17.8	4.64	1.53	1.92	0.98	3.13	5.03	2.31	1.42
		6		5.688	4.46	0.196	13.1	25.1	20.7	5.42	1.52	1.91	0.98	3.68	5.85	2.63	1.46

续表

型号	截面尺寸/mm			截面面积/cm²	理论重量/(kg/m)	外表面积/(m²/m)	惯性矩/cm⁴				惯性半径/cm			截面模数/cm³			重心距离/cm
	b	d	r				I_x	I_{x1}	I_{x0}	I_{y0}	i_x	i_{x0}	i_{y0}	W_x	W_{x0}	W_{y0}	Z_0
5.6	56	3	6	3.343	2.62	0.221	10.2	17.6	16.1	4.24	1.75	2.20	1.13	2.48	4.08	2.02	1.48
		4		4.39	3.45	0.220	13.2	23.4	20.9	5.46	1.73	2.18	1.11	3.24	5.28	2.52	1.53
		5		5.415	4.25	0.220	16.0	29.3	25.4	6.61	1.72	2.17	1.10	3.97	6.42	2.98	1.57
		6		6.42	5.04	0.220	18.7	35.3	29.7	7.73	1.71	2.15	1.10	4.68	7.49	3.40	1.61
		7		7.404	5.81	0.219	21.2	41.2	33.6	8.82	1.69	2.13	1.09	5.36	8.49	3.80	1.64
		8		8.367	6.57	0.219	23.6	47.2	37.4	9.89	1.68	2.11	1.09	6.03	9.44	4.16	1.68
6	60	5	6.5	5.829	4.58	0.236	19.9	36.1	31.6	8.21	1.85	2.33	1.19	4.59	7.44	3.48	1.67
		6		6.914	5.43	0.235	23.4	43.3	36.9	9.60	1.83	2.31	1.18	5.41	8.70	3.98	1.70
		7		7.977	6.26	0.235	26.4	50.7	41.9	11.0	1.82	2.29	1.17	6.21	9.88	4.45	1.74
		8		9.02	7.08	0.235	29.5	58.0	46.7	12.3	1.81	2.27	1.17	6.98	11.0	4.88	1.78
6.3	63	4	7	4.978	3.91	0.248	19.0	33.4	30.2	7.89	1.96	2.46	1.26	4.13	6.78	3.29	1.70
		5		6.143	4.82	0.248	23.2	41.7	36.8	9.57	1.94	2.45	1.25	5.08	8.25	3.90	1.74
		6		7.288	5.72	0.247	27.1	50.1	43.0	11.2	1.93	2.43	1.24	6.00	9.66	4.46	1.78
		7		8.412	6.60	0.247	30.9	58.6	49.0	12.8	1.92	2.41	1.23	6.88	11.0	4.98	1.82
		8		9.515	7.47	0.247	34.5	67.1	54.6	14.3	1.90	2.40	1.23	7.75	12.3	5.47	1.85
		10		11.66	9.15	0.246	41.1	84.3	64.9	17.3	1.88	2.36	1.22	9.39	14.6	6.36	1.93
7	70	4	8	5.570	4.37	0.275	26.4	45.7	41.8	11.0	2.18	2.74	1.40	5.14	8.44	4.17	1.86
		5		6.876	5.40	0.275	32.2	57.2	51.1	13.3	2.16	2.73	1.39	6.32	10.3	4.95	1.91
		6		8.160	6.41	0.275	37.8	68.7	59.9	15.6	2.15	2.71	1.38	7.48	12.1	5.67	1.95
		7		9.424	7.40	0.275	43.1	80.3	68.4	17.8	2.14	2.69	1.38	8.59	13.8	6.34	1.99
		8		10.67	8.37	0.274	48.2	91.9	76.4	20.0	2.12	2.68	1.37	9.68	15.4	6.98	2.03
7.5	75	5	9	7.412	5.82	0.295	40.0	70.6	63.3	16.6	2.33	2.92	1.50	7.32	11.9	5.77	2.04
		6		8.797	6.91	0.294	47.0	84.6	74.4	19.5	2.31	2.90	1.49	8.64	14.0	6.67	2.07
		7		10.16	7.98	0.294	53.6	98.7	85.0	22.2	2.30	2.89	1.48	9.93	16.0	7.44	2.11
		8		11.50	9.03	0.294	60.0	113	95.1	24.9	2.28	2.88	1.47	11.2	17.9	8.19	2.15
		9		12.83	10.1	0.294	66.1	127	105	27.5	2.27	2.86	1.46	12.4	19.8	8.89	2.18
		10		14.13	11.1	0.293	72.0	142	114	30.1	2.26	2.84	1.46	13.6	21.5	9.56	2.22
8	80	5	9	7.912	6.21	0.315	48.8	85.4	77.3	20.3	2.48	3.13	1.60	8.34	13.7	6.66	2.15
		6		9.397	7.38	0.314	57.4	103	91.0	23.7	2.47	3.11	1.59	9.87	16.1	7.65	2.19
		7		10.86	8.53	0.314	65.6	120	104	27.1	2.46	3.10	1.58	11.4	18.4	8.58	2.23
		8		12.30	9.66	0.314	73.5	137	117	30.4	2.44	3.08	1.57	12.8	20.6	9.46	2.27
		9		13.73	10.8	0.314	81.1	154	129	33.6	2.43	3.06	1.56	14.3	22.7	10.3	2.31
		10		15.13	11.9	0.313	88.4	172	140	36.8	2.42	3.04	1.56	15.6	24.8	11.1	2.35
9	90	6	10	10.64	8.35	0.354	82.8	146	131	34.4	2.79	3.51	1.80	12.6	20.6	9.95	2.44
		7		12.30	9.66	0.354	94.8	170	150	39.2	2.78	3.50	1.78	14.5	23.6	11.2	2.48
		8		13.94	10.9	0.353	106	195	169	44.0	2.76	3.48	1.78	16.4	26.6	12.4	2.52
		9		15.57	12.2	0.353	118	219	187	48.7	2.75	3.46	1.77	18.3	29.4	13.5	2.56
		10		17.17	13.5	0.353	129	244	204	53.3	2.74	3.45	1.76	20.1	32.0	14.5	2.59
		12		20.31	15.9	0.352	149	294	236	62.2	2.71	3.41	1.75	23.6	37.1	16.5	2.67
10	100	6	12	11.93	9.37	0.393	115	200	182	47.9	3.10	3.90	2.00	15.7	25.7	12.7	2.67
		7		13.80	10.8	0.393	132	234	209	54.7	3.09	3.89	1.99	18.1	29.6	14.3	2.71
		8		15.64	12.3	0.393	148	267	235	61.4	3.08	3.88	1.98	20.5	33.2	15.8	2.76
		9		17.46	13.7	0.392	164	300	260	68.0	3.07	3.86	1.97	22.8	36.8	17.2	2.80
		10		19.26	15.1	0.392	180	334	285	74.4	3.05	3.84	1.96	25.1	40.3	18.5	2.84
		12		22.80	17.9	0.391	209	402	331	86.8	3.03	3.81	1.95	29.5	46.8	21.1	2.91
		14		26.26	20.6	0.391	237	471	374	99.0	3.00	3.77	1.94	33.7	52.9	23.4	2.99
		16		29.63	23.3	0.390	263	540	414	111	2.98	3.74	1.94	37.8	58.6	25.6	3.06

续表

型号	截面尺寸/mm			截面面积/cm²	理论重量/(kg/m)	外表面积/(m²/m)	惯性矩/cm⁴				惯性半径/cm			截面模数/cm³			重心距离/cm
	b	d	r				I_x	I_{x1}	I_{x0}	I_{y0}	i_x	i_{x0}	i_{y0}	W_x	W_{x0}	W_{y0}	Z_0
11	110	7	12	15.20	11.9	0.433	177	311	281	73.4	3.41	4.30	2.20	22.1	36.1	17.5	2.96
		8		17.24	13.5	0.433	199	355	316	82.4	3.40	4.28	2.19	25.0	40.7	19.4	3.01
		10		21.26	16.7	0.432	242	445	384	100	3.38	4.25	2.17	30.6	49.4	22.9	3.09
		12		25.20	19.8	0.431	283	535	448	117	3.35	4.22	2.15	36.1	57.6	26.2	3.16
		14		29.06	22.8	0.431	321	625	508	133	3.32	4.18	2.14	41.3	65.3	29.1	3.24
12.5	125	8	14	19.75	15.5	0.492	297	521	471	123	3.88	4.88	2.50	32.5	53.3	25.9	3.37
		10		24.37	19.1	0.491	362	652	574	149	3.85	4.85	2.48	40.0	64.9	30.6	3.45
		12		28.91	22.7	0.491	423	783	671	175	3.83	4.82	2.46	41.2	76.0	35.0	3.53
		14		33.37	26.2	0.490	482	916	764	200	3.80	4.78	2.45	54.2	86.4	39.1	3.61
		16		37.74	29.6	0.489	537	1050	851	224	3.77	4.75	2.43	60.9	96.3	43.0	3.68
14	140	10	14	27.37	21.5	0.551	515	915	817	212	4.34	5.46	2.78	50.6	82.6	39.2	3.82
		12		32.51	25.5	0.551	604	1100	959	249	4.31	5.43	2.76	59.8	96.9	45.0	3.90
		14		37.57	29.5	0.550	689	1280	1090	284	4.28	5.40	2.75	68.8	110	50.5	3.98
		16		42.54	33.4	0.549	770	1470	1220	319	4.26	5.36	2.74	77.5	123	55.6	4.06
15	150	8	14	23.75	18.6	0.592	521	900	827	215	4.69	5.90	3.01	47.4	78.0	38.1	3.99
		10		29.37	23.1	0.591	638	1130	1010	262	4.66	5.87	2.99	58.4	95.5	45.5	4.08
		12		34.91	27.4	0.591	749	1350	1190	308	4.63	5.84	2.97	69.0	112	52.4	4.15
		14		40.37	31.7	0.590	856	1580	1360	352	4.60	5.80	2.95	79.5	128	58.8	4.23
		15		43.06	33.8	0.590	907	1690	1440	374	4.59	5.78	2.95	84.6	136	61.9	4.27
		16		45.74	35.9	0.589	958	1810	1520	395	4.58	5.77	2.94	89.6	143	64.9	4.31
16	160	10	16	31.50	24.7	0.630	780	1370	1240	322	4.98	6.27	3.20	66.7	109	52.8	4.31
		12		37.44	29.4	0.630	917	1640	1460	377	4.95	6.24	3.18	79.0	129	60.7	4.39
		14		43.30	34.0	0.629	1050	1910	1670	432	4.92	6.20	3.16	91.0	147	68.2	4.47
		16		49.07	38.5	0.629	1180	2190	1870	485	4.89	6.17	3.14	103	165	75.3	4.55
18	180	12	16	42.24	33.2	0.710	1320	2330	2100	543	5.59	7.05	3.58	101	165	78.4	4.89
		14		48.90	38.4	0.709	1510	2720	2410	622	5.56	7.02	3.56	116	189	88.4	4.97
		16		55.47	43.5	0.709	1700	3120	2700	699	5.54	6.98	3.55	131	212	97.8	5.05
		18		61.96	48.6	0.708	1880	3500	2990	762	5.50	6.94	3.51	146	235	105	5.13
20	200	14	18	51.64	42.9	0.788	2100	3730	3340	864	6.20	7.82	3.98	145	236	112	5.46
		16		62.01	48.7	0.788	2370	4270	3760	971	6.18	7.79	3.96	164	266	124	5.54
		18		69.30	54.4	0.787	2620	4810	4160	1080	6.15	7.75	3.94	182	294	136	5.62
		20		76.51	60.1	0.787	2870	5350	4550	1180	6.12	7.72	3.93	200	322	147	5.69
		24		90.66	71.2	0.785	3340	6460	5290	1380	6.07	7.64	3.90	236	374	167	5.87
22	220	16	21	68.67	53.9	0.866	3190	5680	5060	1310	6.81	8.59	4.37	200	326	154	6.03
		18		76.75	60.3	0.866	3540	6400	5620	1450	6.79	8.55	4.35	223	361	168	6.11
		20		84.76	66.5	0.865	3870	7110	6150	1590	6.76	8.52	4.34	245	395	182	6.18
		22		92.68	72.8	0.865	4200	7830	6670	1730	6.73	8.48	4.32	267	429	195	6.26
		24		100.5	78.9	0.864	4520	8550	7170	1870	6.71	8.45	4.31	289	461	208	6.33
		26		108.3	85.0	0.864	4830	9280	7690	2000	6.68	8.41	4.30	310	492	221	6.41
25	250	18	24	87.84	69.0	0.985	5270	9380	8370	2170	7.75	9.76	4.97	290	473	224	6.84
		20		97.05	76.2	0.984	5780	10400	9180	2380	7.72	9.73	4.95	320	519	243	6.92
		22		106.2	83.3	0.983	6280	11500	9970	2580	7.69	9.69	4.93	349	564	261	7.00
		24		115.2	90.4	0.983	6770	12500	10700	2790	7.67	9.66	4.92	378	608	278	7.07
		26		124.2	97.5	0.982	7240	13600	11500	2980	7.64	9.62	4.90	406	650	295	7.15
		28		133.0	104	0.982	7700	14600	12200	3180	7.61	9.58	4.89	433	691	311	7.22
		30		141.8	111	0.981	8160	15700	12900	3380	7.58	9.55	4.88	461	731	327	7.30
		32		150.5	118	0.981	8600	16800	13600	3570	7.56	9.51	4.87	488	770	342	7.37
		35		163.4	128	0.980	9240	18400	14600	3850	7.52	9.46	4.86	527	827	364	7.48

注：截面图中的 $r_1 = \dfrac{1}{3}d$ 及表中 r 的数据用于孔型设计，不做交货条件。

附表 2　不等边角钢截面尺寸、截面积、理论重量及截面特性

说明:
B——长边宽度;
b——短边宽度;
d——边厚度;
r——内圆弧半径;
r_1——边端圆弧半径;
X_0——重心距离;
Y_0——重心距离。

型号	截面尺寸/mm				截面面积/cm²	理论重量/(kg/m)	外表面积/(m²/m)	惯性矩/cm⁴					惯性半径/cm			截面模数/cm³			tanα	重心距离/cm	
	B	b	d	r				I_x	I_{x1}	I_y	I_{y1}	I_u	i_x	i_y	i_u	W_x	W_y	W_u		X_0	Y_0
2.5/1.6	25	16	3	3.5	1.162	0.91	0.080	0.70	1.56	0.22	0.43	0.14	0.78	0.44	0.34	0.43	0.19	0.16	0.392	0.42	0.86
			4		1.499	1.18	0.079	0.88	2.09	0.27	0.59	0.17	0.77	0.43	0.34	0.55	0.24	0.20	0.381	0.46	0.90
3.2/2	32	20	3	3.5	1.492	1.17	0.102	1.53	3.27	0.46	0.82	0.28	1.01	0.55	0.43	0.72	0.30	0.25	0.382	0.49	1.08
			4		1.939	1.52	0.101	1.93	4.37	0.57	1.12	0.35	1.00	0.54	0.43	0.93	0.39	0.32	0.374	0.53	1.12
4/2.5	40	25	3	4	1.890	1.48	0.127	3.08	5.39	0.93	1.59	0.56	1.28	0.70	0.54	1.15	0.49	0.40	0.385	0.59	1.32
			4		2.467	1.94	0.127	3.93	8.53	1.18	2.14	0.71	1.36	0.69	0.54	1.49	0.63	0.52	0.381	0.63	1.37
4.5/2.8	45	28	3	5	2.149	1.69	0.143	4.45	9.10	1.34	2.23	0.80	1.44	0.79	0.61	1.47	0.62	0.51	0.383	0.64	1.47
			4		2.806	2.20	0.143	5.69	12.1	1.70	3.00	1.02	1.42	0.78	0.60	1.91	0.80	0.66	0.380	0.68	1.51
5/3.2	50	32	3	5.5	2.431	1.91	0.161	6.24	12.5	2.02	3.31	1.20	1.60	0.91	0.70	1.84	0.82	0.68	0.404	0.73	1.60
			4		3.177	2.49	0.160	8.02	16.7	2.58	4.45	1.53	1.59	0.90	0.69	2.39	1.06	0.87	0.402	0.77	1.65
5.6/3.6	56	36	3	6	2.743	2.15	0.181	8.88	17.5	2.92	4.7	1.73	1.80	1.03	0.79	2.32	1.05	0.87	0.408	0.80	1.78
			4		3.590	2.82	0.180	11.5	23.4	3.76	6.33	2.23	1.79	1.02	0.79	3.03	1.37	1.13	0.408	0.85	1.82
			5		4.415	3.47	0.180	13.9	29.3	4.49	7.94	2.67	1.77	1.01	0.78	3.71	1.65	1.36	0.404	0.88	1.87
6.3/4	63	40	4	7	4.058	3.19	0.202	16.5	33.3	5.23	8.63	3.12	2.02	1.14	0.88	3.87	1.70	1.40	0.398	0.92	2.04
			5		4.993	3.92	0.202	20.0	41.6	6.31	10.9	3.76	2.00	1.12	0.87	4.74	2.07	1.71	0.396	0.95	2.08
			6		5.908	4.64	0.201	23.4	50.0	7.29	13.1	4.34	1.96	1.11	0.86	5.59	2.43	1.99	0.393	0.99	2.12
			7		6.802	5.34	0.201	26.5	58.1	8.24	15.5	4.97	1.98	1.10	0.86	6.40	2.78	2.29	0.389	1.03	2.15

续表

型号	截面尺寸/mm				截面面积/cm²	理论重量/(kg/m)	外表面积/(m²/m)	惯性矩/cm⁴					惯性半径/cm			截面模数/cm³			tanα	重心距离/cm	
	B	b	d	r				I_x	I_{x1}	I_y	I_{y1}	I_u	i_x	i_y	i_u	W_x	W_y	W_u		X_0	Y_0
7/4.5	70	45	4	7.5	4.553	3.57	0.226	23.2	45.9	7.55	12.3	4.40	2.26	1.29	0.98	4.86	2.17	1.77	0.410	1.02	2.24
			5		5.609	4.40	0.225	28.0	57.1	9.13	15.4	5.40	2.23	1.28	0.98	5.92	2.65	2.19	0.407	1.06	2.28
			6		6.644	5.22	0.225	32.5	68.4	10.6	18.6	6.35	2.21	1.26	0.98	6.95	3.12	2.59	0.404	1.09	2.32
			7		7.658	6.01	0.225	37.2	80.0	12.0	21.8	7.16	2.20	1.25	0.97	8.03	3.57	2.94	0.402	1.13	2.36
7.5/5	75	50	5	8	6.126	4.81	0.245	34.9	70.0	12.6	21.0	7.41	2.39	1.44	1.10	6.83	3.3	2.74	0.435	1.17	2.40
			6		7.260	5.70	0.245	41.1	84.3	14.7	25.4	8.54	2.38	1.42	1.08	8.12	3.88	3.19	0.435	1.21	2.44
			8		9.467	7.43	0.244	52.4	113	18.5	34.2	10.9	2.35	1.40	1.07	10.5	4.99	4.10	0.429	1.29	2.52
			10		11.59	9.10	0.244	62.7	141	22.0	43.4	13.1	2.33	1.38	1.06	12.8	6.04	4.99	0.423	1.36	2.60
8/5	80	50	5	8	6.376	5.00	0.255	42.0	85.2	12.8	21.1	7.66	2.56	1.42	1.10	7.78	3.32	2.74	0.388	1.14	2.60
			6		7.560	5.93	0.255	49.5	103	15.0	25.4	8.85	2.56	1.41	1.08	9.25	3.91	3.20	0.387	1.18	2.65
			7		8.724	6.85	0.255	56.2	119	17.0	29.8	10.2	2.54	1.39	1.08	10.6	4.48	3.70	0.384	1.21	2.69
			8		9.867	7.75	0.254	62.8	136	18.9	34.3	11.4	2.52	1.38	1.07	11.9	5.03	4.16	0.381	1.25	2.73
9/5.6	90	56	5	9	7.212	5.66	0.287	60.5	121	18.3	29.5	11.0	2.90	1.59	1.23	9.92	4.21	3.49	0.385	1.25	2.91
			6		8.557	6.72	0.285	71.0	146	21.4	35.6	12.9	2.88	1.58	1.23	11.7	4.96	4.13	0.384	1.29	2.95
			7		9.881	7.76	0.286	81.0	170	24.4	41.7	14.7	2.86	1.57	1.22	13.5	5.70	4.70	0.382	1.33	3.00
			8		11.18	8.78	0.286	91.0	194	27.2	47.9	16.3	2.85	1.56	1.21	15.3	6.41	5.29	0.380	1.36	3.04
10/6.3	100	63	6	10	9.618	7.55	0.320	99.1	200	30.9	50.5	18.4	3.21	1.79	1.38	14.6	6.35	5.25	0.394	1.43	3.24
			7		11.11	8.72	0.320	113	233	35.3	59.1	21.0	3.20	1.78	1.38	16.9	7.29	6.02	0.394	1.47	3.28
			8		12.58	9.88	0.319	127	266	39.4	67.9	23.5	3.18	1.77	1.37	19.1	8.21	6.78	0.391	1.50	3.32
			10		15.47	12.1	0.319	154	333	47.1	85.7	28.3	3.15	1.74	1.35	23.3	9.98	8.24	0.387	1.58	3.40
10/8	100	80	6	10	10.64	8.35	0.354	107	200	61.2	103	31.7	3.17	2.40	1.72	15.2	10.2	8.37	0.627	1.97	2.95
			7		12.30	9.66	0.354	123	233	70.1	120	36.2	3.16	2.39	1.72	17.5	11.7	9.60	0.626	2.01	3.00
			8		13.94	10.9	0.353	138	267	78.6	137	40.6	3.14	2.37	1.71	19.8	13.2	10.8	0.625	2.05	3.04
			10		17.17	13.5	0.353	167	334	94.7	172	49.1	3.12	2.35	1.69	24.2	16.1	13.1	0.622	2.13	3.12
11/7	110	70	6	10	10.64	8.35	0.354	133	266	42.9	69.1	25.4	3.54	2.01	1.54	17.9	7.90	6.53	0.403	1.57	3.53
			7		12.30	9.66	0.354	153	310	49.0	80.8	29.0	3.53	2.00	1.53	20.6	9.09	7.50	0.402	1.61	3.57
			8		13.94	10.9	0.353	172	354	54.9	92.7	32.5	3.51	1.98	1.53	23.3	10.3	8.45	0.401	1.65	3.62
			10		17.17	13.5	0.353	208	443	65.9	117	39.2	3.48	1.96	1.51	28.5	12.5	10.3	0.397	1.72	3.70

续表

型号	截面尺寸/mm				截面面积/cm²	理论重量/(kg/m)	外表面积/(m²/m)	惯性矩/cm⁴					惯性半径/cm			截面模数/cm³			tanα	重心距离/cm	
	B	b	d	r				I_x	I_{x1}	I_y	I_{y1}	I_u	i_x	i_y	i_u	W_x	W_y	W_u		X_0	Y_0
12.5/8	125	80	7	11	14.10	11.1	0.403	228	455	74.4	120	43.8	4.02	2.30	1.76	26.9	12.0	9.92	0.408	1.80	4.01
			8		15.99	12.6	0.403	257	520	83.5	138	49.2	4.01	2.28	1.75	30.4	13.6	11.2	0.407	1.84	4.06
			10		19.71	15.5	0.402	312	650	101	173	59.5	3.98	2.26	1.74	37.3	16.6	13.6	0.404	1.92	4.14
			12		23.35	18.3	0.402	364	780	117	210	69.4	3.95	2.24	1.72	44.0	19.4	16.0	0.400	2.00	4.22
14/9	140	90	8	12	18.04	14.2	0.453	366	731	121	196	70.8	4.50	2.59	1.98	38.5	17.3	14.3	0.411	2.04	4.50
			10		22.26	17.5	0.452	446	913	140	246	85.8	4.47	2.56	1.96	47.3	21.2	17.5	0.409	2.12	4.58
			12		26.40	20.7	0.451	522	1100	170	297	100	4.44	2.54	1.95	55.9	25.0	20.5	0.406	2.19	4.66
			14		30.46	23.9	0.451	594	1280	192	349	114	4.42	2.51	1.94	64.2	28.5	23.5	0.403	2.27	4.74
15/9	150	90	8	13	18.84	14.8	0.473	442	898	123	196	74.1	4.84	2.55	1.98	43.9	17.5	14.5	0.364	1.97	4.92
			10		23.26	18.3	0.472	539	1120	149	246	89.9	4.81	2.53	1.97	54.0	21.4	17.7	0.362	2.05	5.01
			12		27.60	21.7	0.471	632	1350	173	297	105	4.79	2.50	1.95	63.8	25.1	20.8	0.359	2.12	5.09
			14		31.86	25.0	0.471	721	1570	196	350	120	4.76	2.48	1.94	73.3	28.8	23.8	0.356	2.20	5.17
			15		33.95	26.7	0.471	764	1680	207	376	127	4.74	2.47	1.93	78.0	30.5	25.3	0.354	2.24	5.21
			16		36.03	28.3	0.470	806	1800	217	403	134	4.73	2.45	1.93	82.6	32.3	26.8	0.352	2.27	5.25
16/10	160	100	10	13	25.32	19.9	0.512	669	1360	205	337	122	5.14	2.85	2.19	62.1	26.6	21.9	0.390	2.28	5.24
			12		30.05	23.6	0.511	785	1640	239	406	142	5.11	2.82	2.17	73.5	31.3	25.8	0.388	2.36	5.32
			14		34.71	27.2	0.510	896	1910	271	476	162	5.08	2.80	2.16	84.6	35.8	29.6	0.385	2.43	5.40
			16		39.28	30.8	0.510	1000	2180	302	548	183	5.05	2.77	2.16	95.3	40.2	33.4	0.382	2.51	5.48
18/11	180	110	10	14	28.37	22.3	0.571	956	1940	278	447	167	5.80	3.13	2.42	79.0	32.5	26.9	0.376	2.44	5.89
			12		33.71	26.5	0.571	1120	2330	325	539	195	5.78	3.10	2.40	93.5	38.3	31.7	0.374	2.52	5.98
			14		38.97	30.6	0.570	1290	2720	370	632	222	5.75	3.08	2.39	108	44.0	36.3	0.372	2.59	6.06
			16		44.14	34.6	0.569	1440	3110	412	726	249	5.72	3.06	2.38	122	49.4	40.9	0.369	2.67	6.14
20/12.5	200	125	12	14	37.91	29.8	0.641	1570	3190	483	788	286	6.44	3.57	2.74	117	50.0	41.2	0.392	2.83	6.54
			14		43.87	34.4	0.640	1800	3730	551	922	327	6.41	3.54	2.73	135	57.4	47.3	0.390	2.91	6.62
			16		49.74	39.0	0.639	2020	4260	615	1060	366	6.38	3.52	2.71	152	64.9	53.3	0.388	2.99	6.70
			18		55.53	43.6	0.639	2240	4790	677	1200	405	6.35	3.49	2.70	169	71.7	59.2	0.385	3.06	6.78

注:截面图中的 $r_1 = \frac{1}{3}d$ 及表中 r 的数据用于孔型设计,不做交货条件。

附表 3 槽钢截面尺寸、截面面积、理论重量及截面特性

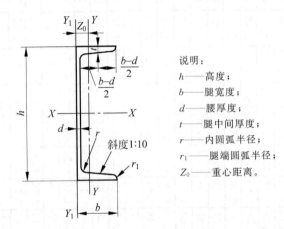

说明：

h——高度；

b——腿宽度；

d——腰厚度；

t——腿中间厚度；

r——内圆弧半径；

r_1——腿端圆弧半径；

Z_0——重心距离。

型号	截面尺寸/mm						截面面积/cm²	理论重量/(kg/m)	外表面积/(m²/m)	惯性矩/cm⁴			惯性半径/cm		截面模数/cm³		重心距离/cm
	h	b	d	t	r	r_1				I_x	I_y	I_{y1}	i_x	i_y	W_x	W_y	Z_0
5	50	37	4.5	7.0	7.0	3.5	6.925	5.44	0.226	26.0	8.30	20.9	1.94	1.10	10.4	3.55	1.35
6.3	63	40	4.8	7.5	7.5	3.8	8.446	6.63	0.262	50.8	11.9	28.4	2.45	1.19	16.1	4.50	1.36
6.5	65	40	4.3	7.5	7.5	3.8	8.292	6.51	0.267	55.2	12.0	28.3	2.54	1.19	17.0	4.59	1.38
8	80	43	5.0	8.0	8.0	4.0	10.24	8.04	0.307	101	16.6	37.4	3.15	1.27	25.3	5.79	1.43
10	100	48	5.3	8.5	8.5	4.2	12.74	10.0	0.365	198	25.6	54.9	3.95	1.41	39.7	7.80	1.52
12	120	53	5.5	9.0	9.0	4.5	15.36	12.1	0.423	346	37.4	77.7	4.75	1.56	57.7	10.2	1.62
12.6	126	53	5.5	9.0	9.0	4.5	15.69	12.3	0.435	391	38.0	77.1	4.95	1.57	62.1	10.2	1.59
14a	140	58	6.0	9.5	9.5	4.8	18.51	14.5	0.480	564	53.2	107	5.52	1.70	80.5	13.0	1.71
14b	140	60	8.0	9.5	9.5	4.8	21.31	16.7	0.484	609	61.1	121	5.35	1.69	87.1	14.1	1.67
16a	160	63	6.5	10.0	10.0	5.0	21.95	17.2	0.538	866	73.3	144	6.28	1.83	108	16.3	1.80
16b	160	65	8.5	10.0	10.0	5.0	25.15	19.8	0.542	935	83.4	161	6.10	1.82	117	17.6	1.75
18a	180	68	7.0	10.5	10.5	5.2	25.69	20.2	0.596	1270	98.6	190	7.04	1.96	141	20.0	1.88
18b	180	70	9.0	10.5	10.5	5.2	29.29	23.0	0.600	1370	111	210	6.84	1.95	152	21.5	1.84
20a	200	73	7.0	11.0	11.0	5.5	28.83	22.6	0.654	1780	128	244	7.86	2.11	178	24.2	2.01
20b	200	75	9.0	11.0	11.0	5.5	32.83	25.8	0.658	1910	144	268	7.64	2.09	191	25.9	1.95
22a	220	77	7.0	11.5	11.5	5.8	31.83	25.0	0.709	2390	158	298	8.67	2.23	218	28.2	2.10
22b	220	79	9.0	11.5	11.5	5.8	36.23	28.5	0.713	2570	176	326	8.42	2.21	234	30.1	2.03
24a	240	78	7.0	12.0	12.0	6.0	34.21	26.9	0.752	3050	174	325	9.45	2.25	254	30.5	2.10
24b	240	80	9.0	12.0	12.0	6.0	39.01	30.6	0.756	3280	194	355	9.17	2.24	274	32.5	2.03
24c	240	82	11.0	12.0	12.0	6.0	43.81	34.4	0.760	3510	213	388	8.96	2.21	293	34.4	2.00
25a	250	78	7.0	12.0	12.0	6.0	34.91	27.4	0.722	3370	176	322	9.82	2.24	270	30.6	2.07
25b	250	80	9.0	12.0	12.0	6.0	39.91	31.3	0.776	3530	196	353	9.41	2.22	282	32.7	1.98
25c	250	82	11.0	12.0	12.0	6.0	44.91	35.3	0.780	3690	218	384	9.07	2.21	295	35.9	1.92
27a	270	82	7.5	12.5	12.5	6.2	39.27	30.8	0.826	4360	216	393	10.5	2.34	323	35.5	2.13
27b	270	84	9.5	12.5	12.5	6.2	44.67	35.1	0.830	4690	239	428	10.3	2.31	347	37.7	2.06
27c	270	86	11.5	12.5	12.5	6.2	50.07	39.3	0.834	5020	261	467	10.1	2.28	372	39.8	2.03
28a	280	82	7.5	12.5	12.5	6.2	40.02	31.4	0.846	4760	218	388	10.9	2.33	340	35.7	2.10
28b	280	84	9.5	12.5	12.5	6.2	45.62	35.8	0.850	5130	242	428	10.6	2.30	366	37.9	2.02
28c	280	86	11.5	12.5	12.5	6.2	51.22	40.2	0.854	5500	268	463	10.4	2.29	393	40.3	1.95

续表

型号	截面尺寸/mm						截面面积/cm²	理论重量/(kg/m)	外表面积/(m²/m)	惯性矩/cm⁴			惯性半径/cm		截面模数/cm³		重心距离/cm
	h	b	d	t	r	r_1				I_x	I_y	I_{y1}	i_x	i_y	W_x	W_y	Z_0
30a	300	85	7.5	13.5	13.5	6.8	43.89	34.5	0.897	6050	260	467	11.7	2.43	403	41.1	2.17
30b		87	9.5				49.89	39.2	0.901	6500	289	515	11.4	2.41	433	44.0	2.13
30c		89	11.5				55.89	43.9	0.905	6950	316	560	11.2	2.38	463	46.4	2.09
32a	320	88	8.0	14.0	14.0	7.0	48.50	38.1	0.947	7600	305	552	12.5	2.50	475	46.5	2.24
32b		90	10.0				54.90	43.1	0.951	8140	336	593	12.2	2.47	509	49.2	2.16
32c		92	12.0				61.30	48.1	0.955	8690	374	643	11.9	2.47	543	52.6	2.09
36a	360	96	9.0	16.0	16.0	8.0	60.89	47.8	1.053	11900	455	818	14.0	2.73	660	63.5	2.44
36b		98	11.0				68.09	53.5	1.057	12700	497	880	13.6	2.70	703	66.9	2.37
36c		100	13.0				75.29	59.1	1.061	13400	536	948	13.4	2.67	746	70.0	2.34
40a	400	100	10.5	18.0	18.0	9.0	75.04	58.9	1.144	17600	592	1070	15.3	2.81	879	78.8	2.49
40b		102	12.5				83.04	65.2	1.148	18600	640	1140	15.0	2.78	932	82.5	2.44
40c		104	14.5				91.04	71.5	1.152	19700	688	1220	14.7	2.75	986	86.2	2.42

注：表中 r、r_1 的数据用于孔型设计,不做交货条件。

附表4 工字钢截面尺寸、截面面积、理论重量及截面特性

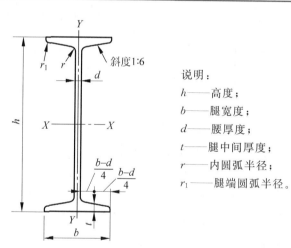

说明:

h——高度;

b——腿宽度;

d——腰厚度;

t——腿中间厚度;

r——内圆弧半径;

r_1——腿端圆弧半径。

型号	截面尺寸/mm						截面面积/cm²	理论重量/(kg/m)	外表面积/(m²/m)	惯性矩/cm⁴		惯性半径/cm		截面模数/cm³	
	h	b	d	t	r	r_1				I_x	I_y	i_x	i_y	W_x	W_y
10	100	68	4.5	7.6	6.5	3.3	14.33	11.3	0.432	245	33.0	4.14	1.52	49.0	9.72
12	120	74	5.0	8.4	7.0	3.5	17.80	14.0	0.493	436	46.9	4.95	1.62	72.7	12.7
12.6	126	74	5.0	8.4	7.0	3.5	18.10	14.2	0.505	488	46.9	5.20	1.61	77.5	12.7
14	140	80	5.5	9.1	7.5	3.8	21.50	16.9	0.553	712	64.4	5.76	1.73	102	16.1
16	160	88	6.0	9.9	8.0	4.0	26.11	20.5	0.621	1130	93.1	6.58	1.89	141	21.2
18	180	94	6.5	10.7	8.5	4.3	30.74	24.1	0.681	1660	122	7.36	2.00	185	26.0
20a	200	100	7.0	1.4	9.0	4.5	35.55	27.9	0.742	2370	158	8.15	2.12	237	31.5
20b		102	9.0				39.55	31.1	0.746	2500	169	7.96	2.06	250	33.1

续表

型号	截面尺寸/mm						截面面积/cm²	理论重量/(kg/m)	外表面积/(m²/m)	惯性矩/cm⁴		惯性半径/cm		截面模数/cm³	
	h	b	d	t	r	r_1				I_x	I_y	i_x	i_y	W_x	W_y
22a	220	110	7.5	12.3	9.5	4.8	42.10	33.1	0.817	3400	225	8.99	2.31	309	40.9
22b		112	9.5				46.50	36.5	0.821	3570	239	8.78	2.27	325	42.7
24a	240	116	8.0	13.0	10.0	5.0	47.71	37.5	0.878	4570	280	9.77	2.42	381	48.4
24b		118	10.0				52.51	41.2	0.882	4800	297	9.57	2.38	400	50.4
25a	250	116	8.0				48.51	38.1	0.898	5020	280	10.2	2.40	402	48.3
25b		118	10.0				53.51	42.0	0.902	5280	309	9.94	2.40	423	52.4
27a	270	122	8.5	13.7	10.5	5.3	54.52	42.8	0.958	6550	345	10.9	2.51	485	56.6
27b		124	10.5				59.92	47.0	0.962	6870	366	10.7	2.47	509	58.9
28a	280	122	8.5				55.37	43.5	0.978	7110	345	11.3	2.50	508	56.6
28b		124	10.5				60.97	47.9	0.982	7480	379	11.1	2.49	534	61.2
30a	300	126	9.0	14.4	11.0	5.5	61.22	48.1	1.031	8950	400	12.1	2.55	597	63.5
30b		128	11.0				67.22	52.8	1.035	9400	422	11.8	2.50	627	65.9
30c		130	13.0				73.22	57.5	1.039	9850	445	11.6	2.46	657	68.5
32a	320	130	9.5	15.0	11.5	5.8	67.12	52.7	1.084	11100	460	12.8	2.62	692	70.8
32b		132	11.5				73.52	57.7	1.088	11600	502	12.6	2.61	726	76.0
32c		134	13.5				79.92	62.7	1.092	12200	544	12.3	2.61	760	81.2
36a	360	136	10.0	15.8	12.0	6.0	76.44	60.0	1.185	15800	552	14.4	2.69	875	81.2
36b		138	12.0				83.64	65.7	1.189	16500	582	14.1	2.64	919	84.3
36c		140	14.0				90.84	71.3	1.193	17300	612	13.8	2.60	962	87.4
40a	400	142	10.5	16.5	12.5	6.3	86.07	67.6	1.285	21700	660	15.9	2.77	1090	93.2
40b		144	12.5				94.07	73.8	1.289	22800	692	15.6	2.71	1140	96.2
40c		146	14.5				102.1	80.1	1.293	23900	727	15.2	2.65	1190	99.6
45a	450	150	11.5	18.0	13.5	6.8	102.4	80.4	1.411	32200	855	17.7	2.89	1430	114
45b		152	13.5				111.4	87.4	1.415	33800	894	17.4	2.84	1500	118
45c		154	15.5				120.4	94.5	1.419	35300	938	17.1	2.79	1570	122
50a	500	158	12.0	20.0	14.0	7.0	119.2	93.6	1.539	46500	1120	19.7	3.07	1860	142
50b		160	14.0				129.2	101	1.543	48600	1170	19.4	3.01	1940	146
50c		162	16.0				139.2	109	1.547	50600	1220	19.0	2.96	2080	151
55a	550	166	12.5	21.0	14.5	7.3	134.1	105	1.667	62900	1370	21.6	3.19	2290	164
55b		168	14.5				145.1	114	1.671	65600	1420	21.2	3.14	2390	170
55c		170	16.5				156.1	123	1.675	68400	1480	20.9	3.08	2490	175
56a	560	166	12.5				135.4	106	1.687	65600	1370	22.0	3.18	2340	165
56b		168	14.5				146.6	115	1.691	68500	1490	21.6	3.16	2450	174
56c		170	16.5				157.8	124	1.695	71400	1560	21.3	3.16	2550	183
63a	630	176	13.0	22.0	15.0	7.5	154.6	121	1.862	93900	1700	24.5	3.31	2980	193
63b		178	15.0				167.2	131	1.866	98100	1810	24.2	3.29	3160	204
63c		180	17.0				179.8	141	1.870	102000	1920	23.8	3.27	3300	214

注：表中 r、r_1 的数据用于孔型设计，不做交货条件。

附录 2　习题参考答案

第 1 章　绪　论

1.1～1.5　略

第 2 章　刚体静力分析基础

2.1　是；否

2.2　否；略

2.3　相同；略

2.4　(a) $M_O = Fl$

　　(b) $M_O = 0$

　　(c) $M_O = Fl\sin\theta$

　　(d) $M_O = -Fa$

　　(e) $M_O = F(l+r)$

　　(f) $M_O = F\sqrt{l^2+a^2}\sin\theta$

2.5　$F_{min} = 44.7$N

2.6　不会倾倒

2.7～2.10　略

第 3 章　力系的平衡

3.1　$F'_R = 2\sqrt{2}F, M_A = 2Fa$；$F'_R = 2\sqrt{2}F, M_B = 0$；等效

3.2　$F_{1x} = -173.2$N，$F_{1y} = -100$N；$F_{2x} = 0, F_{2y} = 150$N；

　　$F_{3x} = 141.4$N，$F_{3y} = 141.4$N；$F_{4x} = -100$N，$F_{4y} = 173.2$N

3.3　(a) $F_{Ax} = 14.14$kN，$F_{Ay} = 7.07$kN；$F_B = 7.07$kN

　　(b) $F_{Ax} = 21.21$kN，$F_{Ay} = 7.07$kN；$F_B = 10$kN

3.4　(a) $F_{AB} = 0.577W$(拉)，$F_{AC} = 1.155W$(压)

　　(b) $F_{AB} = F_{AC} = 0.577W$(拉)

3.5　$F_A = F_B = 1.5$kN

3.6　(1) $F_A = 55.6$kN，$F_B = 24.4$kN；

　　(2) $W_{1max} = 46.7$kN

3.7　(a) $F_A = 200$kN，$F_B = 150$kN

　　(b) $F_A = 192$kN，$F_B = 288$kN

　　(c) $F_A = 3.75$kN，$F_B = -0.25$kN

　　(d) $F_A = -45$kN，$F_B = 85$kN

(e) $F_A = 80\text{kN}, M_A = 195\text{kN} \cdot \text{m}$

(f) $F_A = 24\text{kN}, F_B = 12\text{kN}$

3.8 (a) $F_{Ax} = -3\text{kN}, F_{Ay} = -0.25\text{kN}; F_B = 4.25\text{kN}$

(b) $F_{Ax} = 0, F_{Ay} = 17\text{kN}, M_A = 43\text{kN} \cdot \text{m}$

3.9 (a) $F_A = -2.5\text{kN}, F_B = 15\text{kN}, F_D = 2.5\text{kN}$

(b) $F_A = 2.5\text{kN}, M_A = 10\text{kN} \cdot \text{m}; F_B = 1.5\text{kN}$

3.10 (a) $F_{Ax} = -60\text{kN}, F_{Ay} = 20\text{kN}, M_A = 120\text{kN} \cdot \text{m}; F_C = 20\text{kN}$

(b) $F_{Ax} = 7.69\text{kN}, F_{Ay} = 57.7\text{kN}; F_{Bx} = -57.69\text{kN}, F_{By} = 142.3\text{kN}$

第 4 章 弹性变形体静力分析基础

4.1 否

4.2 (a) $F_{N1} = 1\text{kN}; F_{N2} = 3\text{kN}, M_2 = 1\text{kN} \cdot \text{m}$

(b) $F_{N1} = F, M_1 = M_e - Fa; F_{S2} = F, M_2 = M_e - Fb$

4.3 $\varepsilon_m = 5 \times 10^{-4}$

4.4 $\sigma < 200\text{MPa}$

4.5 $\sigma = 80\text{MPa}$

4.6 铝；钢

4.7 (b)图；略

4.8 1；3

第 5 章 杆件的内力

5.1 (a) $F_{N1} = F, F_{N2} = -F$

(b) $F_{N1} = F, F_{N2} = 0, F_{N3} = 2F$

5.2 BA 段：$T_1 = 1.59\text{kN} \cdot \text{m}; AC$ 段：$T_2 = -0.796\text{kN} \cdot \text{m}$

5.3 $T_1 = 3\text{kN} \cdot \text{m}, T_2 = -3\text{kN} \cdot \text{m}, T_3 = -1\text{kN} \cdot \text{m}$

5.4 (a) $F_{S1} = 0, M_1 = 0; F_{S2} = -qa, M_2 = -\dfrac{qa^2}{2}; F_{S3} = -qa, M_3 = \dfrac{qa^2}{2}$

(b) $F_{S1} = 0, M_1 = 0; F_{S2} = -F, M_2 = 0; F_{S3} = -F, M_3 = Fa; F_{S4} = 0, M_4 = Fa; F_{S5} = 0, M_5 = Fa$

5.5 (a) $F_{SA} = F, M_A = -Fl$

(b) $F_{SA} = ql, M_A = -\dfrac{ql^2}{2}$

(c) $F_{SA} = 0, M_A = M_e$

5.6 (a) $F_{SA} = -\dfrac{Fa}{l}, M_B = -Fa$

(b) $F_{SA} = -\dfrac{qa^2}{l}, M_B = -\dfrac{qa^2}{2}$

(c) $F_{SA} = \dfrac{M_e}{l}, M_B = M_e$

(d) $|F_S|_{max} = 2F, |M|_{max} = 3Fl$

(e) $|F_S|_{max} = \dfrac{7}{4}qa, |M|_{max} = \dfrac{49}{32}qa^2$

5.7 (a) $|F_S|_{max} = 25\text{kN}, |M|_{max} = 20\text{kN} \cdot \text{m}$

(b) $|F_S|_{max} = 30\text{kN}, |M|_{max} = 15\text{kN} \cdot \text{m}$

第6章 杆件的应力与强度

6.1 (a) $\sigma_{max}=50MPa$(压)

(b) $\sigma_{max}=100MPa$(压)

6.2 $\sigma=5.63MPa<[\sigma]$

6.3 $d=17mm$

6.4 $[W]=33.3kN$

6.5 $[W]=40.4kN$

6.6 $\tau_{max}=64MPa,\tau_{\rho}=32MPa$

6.7 $\tau_{ACmax}=49.4MPa<[\tau],\tau_{DBmax}=21.3MPa<[\tau]$

6.8 $d_1\geqslant45mm,D_2\geqslant46mm$

6.9 $[P]=50.8kW$

6.10 $\sigma_a=-54.3MPa,\sigma_b=0,\sigma_c=108.6MPa$

6.11 $\tau_a=0.225MPa,\tau_b=0.459MPa,\tau_c=0$

6.12 $\sigma_{max}=7.1MPa<[\sigma],\tau_{max}=0.48MPa<[\tau]$

6.13 $W_z\geqslant1.53\times10^6mm^3$,选用 45c 号

6.14 $[F]=56.8kN$

6.15 $[F]=44.3kN$

6.16 $\sigma_{tmax}=122.8MPa,\sigma_{cmax}=122.8MPa$

6.17 $b=90mm,h=180mm$

6.18 $\sigma_{tmax}=6.75MPa,\sigma_{cmax}=6.99MPa$

6.19 $\sigma_{max}=-0.0198MPa,\sigma_{min}=-0.122MPa$

6.20 $h=372mm$

6.21 (1) 开槽前 $\sigma_{cmax}=\dfrac{F}{a^2}$,开槽后 $\sigma_{cmax}=\dfrac{8F}{3a^2}$

(2) 对称开槽后 $\sigma_{cmax}=\dfrac{2F}{a^2}$

6.22 $n=3$ 个

6.23 $t=80mm$

第7章 杆件的变形与刚度

7.1 $\Delta l=2mm$

7.2 $E=208GPa,\nu=0.317$

7.3 $F=107.1kN$

7.4 $\tau_{max}=16.3MPa<[\tau],\theta=0.58°/m<[\theta]$

7.5 $d=101.1mm$

7.6 $P_{max}=11.21kW$

7.7 (a) $w_C=\dfrac{17ql^4}{384EI}$ ($\downarrow$); $\varphi_B=-\dfrac{ql^3}{8EI}$ ($\circlearrowleft$)

(b) $w_C=-\dfrac{Fl^3}{24EI}$ ($\uparrow$); $\varphi_B=\dfrac{13Fl^2}{48EI}$ ($\circlearrowright$)

(c) $w_C=-\dfrac{23ql^4}{384EI}$ ($\uparrow$); $\varphi_B=-\dfrac{ql^3}{3EI}$ ($\circlearrowleft$)

(d) $w_C = \dfrac{Fl^3}{6EI}$ （↓）; $\varphi_B = \dfrac{9Fl^2}{8EI}$ （↻）

7.8 $\dfrac{w_{max}}{l} = 7.5 \times 10^{-4}$

7.9 36a 号工字钢

7.10 $[q] = 9.9 \text{kN/m}$

第 8 章　压杆稳定

8.1 $F_{cr} = 67.2 \text{kN}$

8.2 $F_{cr} = 52.6 \text{kN}$

8.3 $F_{cr1} = 2540.0 \text{kN}, F_{cr2} = 4200.3 \text{kN}$

8.4 $\sigma = 24.5 \text{MPa}, [F]_{st} = 51 \text{kN}$

8.5 $\sigma = 477.7 \text{MPa}, \varphi [\sigma] = 114.8 \text{MPa}$

8.6 $\sigma = 4.22 \text{MPa}, \varphi [\sigma] = 4.32 \text{MPa}$

8.7 $[F] = 15.6 \text{kN}$

第 9 章　几何组成分析

9.1 无多余约束的几何不变体系

9.2 几何可变体系

9.3 无多余约束的几何不变体系

9.4 有两个多余约束的几何不变体系

9.5 瞬变体系

9.6 无多余约束的几何不变体系

9.7 瞬变体系

9.8 无多余约束的几何不变体系

9.9 有一个多余约束的几何不变体系

9.10 无多余约束的几何不变体系

第 10 章　静定结构的内力

10.1 (a) $M_A^R = -25 \text{kN} \cdot \text{m}, F_{SA}^R = 5 \text{kN}$

　　 (b) $M_B = -120 \text{kN} \cdot \text{m}, F_{SB}^L = -60 \text{kN}$

10.2 (a) $M_{AB} = 30 \text{kN} \cdot \text{m}(左侧受拉), F_{NAB} = -100 \text{kN}$

　　 (b) $M_{CA} = 60 \text{kN} \cdot \text{m}(右侧受拉), F_{NCA} = -38 \text{kN}$

　　 (c) $M_{DC} = 40 \text{kN} \cdot \text{m}(上侧受拉), F_{SCA} = -6 \text{kN}$

　　 (d) $M_{DA} = ql^2/2(右侧受拉), F_{SDA} = -ql/4$

10.3 $F_{N47} = 40 \text{kN}$

10.4 (a) $F_{Na} = -\sqrt{2}F, F_{Nb} = -F$

　　 (b) $F_{Na} = -\dfrac{5}{3}F, F_{Nb} = \dfrac{5}{6}F$

10.5 (a) $M_{DA} = 1.2Fa(左侧受拉), F_{NCF} = -\dfrac{\sqrt{2}}{2}F, F_{NDF} = -2F$

(b) $F_{NAD} = \dfrac{\sqrt{2}}{2} qa$，$M_{AC} = \dfrac{qa^2}{2}$（上侧受拉），$F_{SAC} = \dfrac{qa}{2}$

10.6　$M_E = -0.5F$，$F_{SE} = 0$，$F_{NE} = 0.559F$

第 11 章　静定结构的位移

11.1　$\Delta_{CV} = \dfrac{5ql^4}{384EI}$　（↓），$\varphi_B = \dfrac{ql^3}{24EI}$　（↺）

11.2　$\Delta_{DH} = \dfrac{15l^3}{EI}$　（←），$\varphi_D = \dfrac{25l^2}{EI}$　（↻）

11.3　$\Delta_{CV} = \dfrac{6.828Fa}{EA}$　（↓）

11.4　(a) $\Delta_{CV} = \dfrac{ql^4}{24EI}$　（↓）

　　　(b) $\Delta_{CV} = \dfrac{153.3}{EI}$　（↓）

　　　(c) $\Delta_{CV} = \dfrac{23Fa^3}{24EI}$　（↓）

11.5　(a) $\Delta_{BV} = \dfrac{7Fl^3}{3EI}$　（↓），$\varphi_B = \dfrac{5Fl^2}{2EI}$　（↻）

　　　(b) $\Delta_{BH} = \dfrac{11ql^4}{12EI}$　（→），$\varphi_{CD} = \dfrac{7ql^3}{12EI}$　（↺↻）

　　　(c) $\varphi_{AC} = \dfrac{240}{EI}$　（↺↻），$\Delta_{DV} = \dfrac{80}{3EI}$　（↑）

　　　(d) $\Delta_{CH} = \dfrac{733.3}{EI}$　（→），$\varphi_A = \dfrac{466.6}{EI}$　（↻）

　　　(e) $\varphi_{CD} = \dfrac{7ql^3}{3EI}$　（↻↺）

　　　(f) $\Delta_{AB} = \dfrac{17ql^4}{24EI}$　（→←）

第 12 章　超静定结构的内力与位移

12.1　(a) 1；(b) 1；(c) 2；(d) 21

12.2　(a) $M_{AB} = \dfrac{Fl}{6}$（下侧受拉）

　　　(b) $M_{AB} = 66\text{kN} \cdot \text{m}$（上侧受拉）

　　　(c) $M_{CB} = \dfrac{3Fl}{112}$（上侧受拉）

　　　(d) $M_{DA} = 51.43\text{kN} \cdot \text{m}$（上侧受拉），$M_{DB} = 12.86\text{kN} \cdot \text{m}$（右侧受拉）

12.3　$\varphi_D = \dfrac{ql^3}{60EI}$　（↻），$\Delta_{BH} = \dfrac{448}{3EI}$　（→）

12.4　(a) 两个角位移，一个线位移

　　　(b) 一个角位移，一个线位移

12.5　(a) $M_{AB} = -100\text{kN} \cdot \text{m}$，$M_{BA} = 40\text{kN} \cdot \text{m}$

　　　(b) $M_{AB} = 31.06\text{kN} \cdot \text{m}$，$M_{BA} = 62.09\text{kN} \cdot \text{m}$，$M_{CB} = 125.98\text{kN} \cdot \text{m}$

　　　(c) $M_{CA} = 38.57\text{kN} \cdot \text{m}$

　　　(d) $M_{AD} = -\dfrac{Fl}{4}$，$M_{CF} = -\dfrac{Fl}{2}$

(e) $M_{DC} = 48.67\text{kN} \cdot \text{m}$

(f) $M_{AB} = -177.3\text{kN} \cdot \text{m}, M_{BA} = -84.5\text{kN} \cdot \text{m}, M_{BD} = 49\text{kN} \cdot \text{m}$

12.6 (a) $M_{AB} = -66\text{kN} \cdot \text{m}, M_{BC} = -48\text{kN} \cdot \text{m}$

(b) $M_{BA} = -5\text{kN} \cdot \text{m}, M_{BC} = -50\text{kN} \cdot \text{m}$

(c) $M_{AB} = 71.35\text{kN} \cdot \text{m}, M_{BA} = 142.71\text{kN} \cdot \text{m}, M_{CB} = 293.51\text{kN} \cdot \text{m}$

(d) $M_{AB} = -12\text{kN} \cdot \text{m}, M_{BA} = 36\text{kN} \cdot \text{m}, M_{BC} = 24\text{kN} \cdot \text{m}$

(e) $M_{CA} = -4.3\text{kN} \cdot \text{m}, M_{BD} = 12.9\text{kN} \cdot \text{m}, M_{ED} = 72.8\text{kN} \cdot \text{m}$